JN057938

スバラシク実力がつくと評判の

熱力学

キャンパス・ゼミ

大学の物理がこんなに分かる！ 単位なんて楽に取れる！

馬場敬之

マセマ出版社

◆ はじめに ◆

みなさん，こんにちは。**マセマ**の**馬場 敬之(ばば けいし)**です。
大学数学「キャンパス・ゼミ」シリーズに続き，**大学物理学「キャンパス・ゼミ」シリーズ(力学，電磁気学，解析力学，統計力学，量子力学)**も多くの方々にご愛読頂き，大学物理学の学習の新たなスタンダードとして定着してきたようです。

そして，今回**「熱力学キャンパス・ゼミ 改訂 7」**を上梓することが出来て，心より嬉しく思っています。これは，熱力学についても，**本格的な内容を分かりやすく解説した参考書**を是非マセマから出版して欲しいという沢山の読者の皆様のご要望にお応えしたものなのです。

あなたが常温で無風の図書館で静かに読書をしているときでも，目の前のわずか **1cm^3** 程度の空間の中には実に約 **2.5×10^{19}(1** 兆の **2** 千 **5** 百万倍)もの夥しい個数の窒素分子や酸素分子が存在し，これらが毎秒数百 **m** もの速さで激しく衝突を繰り返しながら飛び交っています。このように，**非常に沢山の分子からなる集団について調べる学問**が**熱力学**なのです。

そして，この熱力学は，実用面では **19** 世紀の熱機関の効率を上げる問題と密接に関係しながら発展してきました。

また，この理論面での研究はカルノーから始まりました。若くして夭折したカルノーはその生涯にただ **1** 篇の論文を書きました。これが出た当初は誰も注目しなかったのですが，後に，クラウジウスとトムソンがこの論文の重要性に気付き，この中の“**カルノー・サイクル**”や“**カルノーの定理**”を基に，マクロ(巨視的)な観点からとらえた熱力学の体系を作り上げたのです。

さらに，電磁気学の創始者であるマクスウェルや，彼に触発された若きボルツマンは，統計数学を駆使して**気体の速度分布(マクスウェル・ボルツマンの速度分布則)**まで求めて，**統計力学**の礎を築きました。

さらに“**エントロピー増大の法則**”や“**宇宙の熱的死**”など，哲学的な観点から見ても，熱力学には興味深いテーマが目白押しなのです。しかし，その分，**偏微分と全微分，確率・統計学，ラグランジュの未定乗数法**など，かなりのレベルの数学的な知識も要求されます。これが，熱力学をマスターしようとする方々が挫折する大きな原因だと思います。

そうはならないよう，この実り豊かで魅力的な熱力学をどなたでもマスターできるよう，熱力学のイメージと数学的な解説のバランスの良い参考書を作るため，連日検討を重ねながら，この**「熱力学キャンパス・ゼミ 改訂 7」**を書き上げました。数学専門の出版社だからこそ，読者の目線に立ったスバラシク分かりやすい熱力学の参考書ができたと，秘かに自負しています。読者の皆様のご批評をお待ちしています。

この**「熱力学キャンパス・ゼミ 改訂 7」**は，全体が 7 章から構成されており，各章をさらにそれぞれ 10 ～ 20 ページ程度のテーマに分けていますので，非常に読みやすいはずです。熱力学は難しいものだと思っておられる方も，まず 1 回この本を流し読みされることを勧めます。初めは難しい公式の証明など飛ばしても構いません。**理想気体の状態方程式，シュワルツの定理，熱力学第 0 法則，準静的過程，ファン・デル・ワールスの状態方程式，還元状態方程式，マクスウェルの規則，熱力学第 1 法則，内部エネルギー，エンタルピー，定積モル比熱，定圧モル比熱，マイヤーの関係式，ポアソンの関係式，熱力学第 2 法則，クラウジウスの原理，トムソンの原理，熱力学的絶対温度，エントロピー，可逆・不可逆過程，熱力学的関係式，自由エネルギー，マクスウェルの関係式，ボルツマンの原理**などなど，次々と専門的な内容が目に飛び込んできますが，不思議と違和感なく読みこなしていけるはずです。この**通し読みだけなら，おそらく 1 週間もあれば十分**のはずです。これで**熱力学の全体像**をつかむ事が大切なのです。

1 回通し読みが終わりましたら，後は各テーマの詳しい解説文を**精読**して，例題を**実際に自分で解きながら**，勉強を進めていって頂きたい。

この精読が終わりましたならば，後はご自分で納得がいくまで何度でも**繰り返し練習**することです。この反復練習により本物の実践力が身につき，**「熱力学も自分自身の言葉で自由に語れる」**ようになるのです。こうなれば，**「熱力学の単位も，大学院の入試も，共に楽勝のはずです！」**

この**「熱力学キャンパス・ゼミ 改訂 7」**により，皆さんが**奥深くて面白い本格的な大学の物理学の世界**に開眼されることを心より願っています……。

マセマ代表　馬場 敬之（けいし）

この改訂 7 では，ラグランジュの未定乗数法の例題を，より教育的な問題に差し替えました。

◆ 目 次 ◆

熱力学のプロローグ

▶ 熱力学のプロローグ
(高校の熱力学と理想気体の状態方程式)

▶ 2 変数関数の偏微分と全微分

$$\left(\frac{\partial f}{\partial x},\ \frac{\partial f}{\partial y},\quad df = \frac{\partial f}{\partial x}dx + \frac{\partial f}{\partial y}dy \right)$$

§1. 熱力学のプロローグ

さァ，これから“**熱力学**”の講義を始めよう。熱力学とは何かと問われれば，「(主に気体だが) 非常に沢山の分子 (または原子) からなる集団を **1** つの系と見て，これをマクロ的 (巨視的) または統計的に調べる学問」と答えることが出来る。そして，この熱力学は主に，カルノー，クラウジウス，トムソン，マクスウェル，ボルツマン等によって体系化された。

(電磁気学の創始者のマクスウェルかって？ そう，熱力学の創始者の **1** 人でもあるんだ。)

こう書くと，何か堅苦しく感じるかも知れないね。

でも，熱力学の発達は **18** 世紀の産業革命における蒸気機関の開発と密接に関係している。また，「エントロピー的終末論」や「時間の矢」など，よく議論の引き合いに出される面白いテーマも含んでいる。さらに，最近の地球規模の環境問題にも熱力学的な考察は欠かせない。どう？こう書くと，熱力学も何か身近に感じられて興味が湧いてくるだろう？そう，熱力学は確かに面白い。この面白い熱力学をこれから順を追って分かりやすく解説していくつもりだ。

この節ではまず，高校の熱力学の復習を兼ねて，“**ボイルの法則**”と“**シャルルの法則**”から“**ボイル - シャルルの法則**”，および理想気体の“**状態方程式**”を導いてみることにしよう。

● まず，圧力 p と絶対温度 T を押さえよう！

図 **1** に示すように，空気などの気体を体積 V のある容器に入れたとき，ボク達はこの気体のマクロ的 (巨視的) な状態を表す量として圧力 p と絶対温度 T を観測できることを知っている。そして，この圧力 p，体積 V，絶対温度 T の単位はそれぞれ $p(\mathrm{Pa})$，$V(\mathrm{m^3})$，$T(\mathrm{K})$ となるのも大丈夫だね。

(Pa：“パスカル”と読む。$[\mathrm{N/m^2}]$ のこと)

(K：“ケー”または“ケルビン”と読む。)

図 **1** 気体の分子運動のイメージ

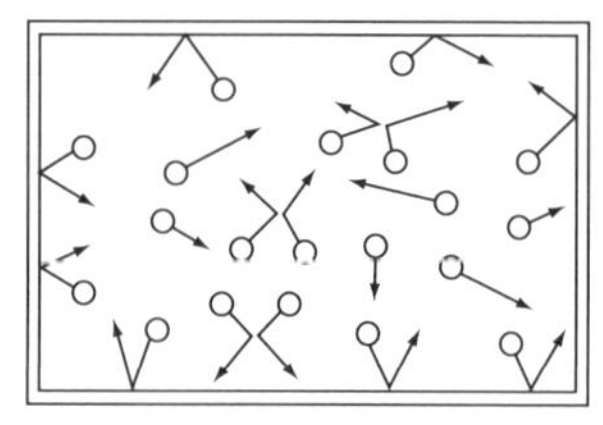

でも，実は体積 V の容器の中には夥しい数の気体分子が存在し，これらが常温付近であっても，数百 (m/s) というものすごい速さで不規則に衝突しながら飛び交っていることは，既に高校の熱力学の講義で御存知のことと思う。しかし，これはミクロ (微視的) な世界の話で，我々にはこの容器内の気体は静止して見える。そしてこの静止した気体のマクロな状態を示す量として，圧力 p (Pa) と絶対温度 T (K) があるんだね。

このミクロとマクロの関係について簡単に言うと，ミクロで見てものすごい数の気体分子が単位時間・単位面積当り，容器の壁面に衝突して与える力積の平均的な総量をボク達は圧力 p として感じ，またこれら夥しい数

(力)×(時間) のこと

の気体分子の不規則な運動の平均的な激しさの度合を絶対温度 T として感じているんだね。(温度に関しては固体分子 (原子) や液体分子 (原子) についても同様だ。)

これらの内容についても，高校の熱力学で **"気体分子運動論"** として既に習っておられると思うが，復習を兼ねて次章で詳しく解説するつもりだ。

ここで，通常用いる温度単位 t (℃) と，熱力学で用いる絶対温度

摂氏温度の単位。水の融点を 0(℃)，1 気圧における沸点を 100(℃) と定めている。

T(K) との間には，

$$T = t + 273.15 \quad \cdots\cdots (*a)$$

高校では簡単に $T = t + 273$ と習ったはずだ。

の関係が存在する。

つまり，$T = 0$(K) [$= -273.15$(℃)] を **"絶対零度 (ぜったいれいど)"** と呼び，このときはすべての分子 (または原子) が不規則な運動をやめて静止している状態を表す。よって，絶対温度 T が，0(K) より小さくなることはない。絶対温度に理論上上限はないが，絶対零度という下限は存在することを覚えておこう。

当然，0(℃) は 273.15(K) であり，100(℃) は 373.15(K) となる。
また，常温を 15(℃) ～ 25(℃) 程度の温度とすると，これを絶対温度でいうと約 290(K) ～ 300(K) 位になるんだね。
それでは，次の例題で通常用いられる 1(気圧) が何 (Pa) となるのかについても調べてみよう。

"atm" とも表す。

例題1　1気圧(標準大気圧)は，水銀柱を使って760mmHgで表される。(水銀のこと)
水銀の密度$\rho = 13.6(\mathrm{g/cm^3})$，重力加速度$g = 9.8(\mathrm{m/s^2})$として，1気圧が何(Pa)であるか？ 調べてみよう。

1気圧とは，高さ0.76m(＝760mm)の水銀柱が重力により底面に及ぼす圧力(単位面積当りの重力)に等しいということなんだね。

よって，右図に示すように，単位面積($1\mathrm{m^2}$)の正方形を底面にもち，高さ0.76mの水銀柱に働く重力を調べればいい。

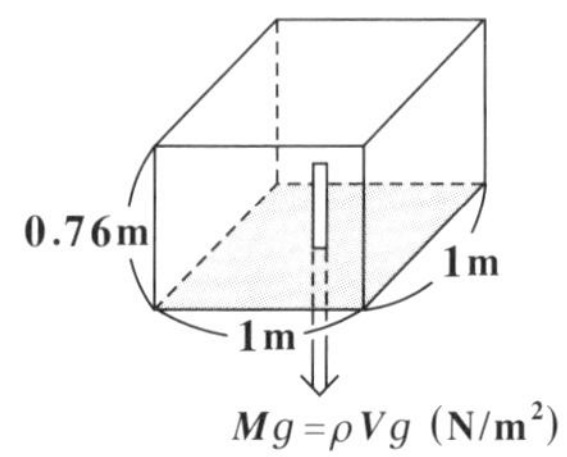

密度$\rho = 13.6(\mathrm{g/cm^3}) = 13.6 \times \dfrac{10^{-3}\mathrm{kg}}{10^{-6}\mathrm{m^3}} = 13.6 \times 10^3(\mathrm{kg/m^3})$

体積$V = 0.76 \times 1^2 = 0.76(\mathrm{m^3})$ ←(単位をMKSA系にそろえる。)

以上より，

$1(気圧) = \underline{\rho V} \cdot g = 13.6 \times 10^3 \times 0.76 \times 9.8$ (質量Mのこと)

$\fallingdotseq 1.013 \times 10^5(\mathrm{N/m^2}) = 1.013 \times 10^5(\mathrm{Pa})$となる。

容器内の気体のように，対象とする気体(または液体や固体)のことを，これからは“**熱力学的な系**”，または単に“**系**”と呼ぶことにしよう。そして，この熱力学的な系に対して，その圧力pや温度Tを定義する場合，その系の内部に対流などが存在して，圧力pや温度Tが不均一な状態であってはならない。あくまでも，熱力学的な系は，マクロ的に見て微小ないたる所すべてが等方･均一でなければならない。このような状態を“**熱平衡状態**”(ねつへいこうじょうたい)，または単に“**平衡状態**”と呼ぶ。

(熱力学では単に“**温度**”Tといっても，“**絶対温度**”Tを表すことを覚えておこう。)

本当のミクロで見た場合，真空中を気体分子がある分布には従うが，さまざまな速度で飛び交っているだけなので，均一な場所などどこにもない。マクロ的に微小な領域とは，少なくとも気体分子が相当な数以上存在する領域だと考えてくれたらいい。

熱力学的な系に変化を加えた直後は乱れが生じて，熱平衡状態ではない場合も考えられる。でも，たとえばビーカーの水の中に赤いインクを**1**滴ポタリと落とした場合，かき混ぜたりしなくても赤いインクは水中に自然に混ざりあっていき，しばらく経つと一様なピンク色の液体になるだろう。これと同様に，熱平衡状態でない熱力学的な系も，時間の経過と供に熱平衡状態になっていくと考えられるんだね。そして，熱力学が対象とするのは，常にこの熱平衡状態になった熱力学的な系の圧力や温度であることを頭に入れておこう。

● ボイルの法則とシャルルの法則は熱力学の基本だ！

一般に，低圧力で密度の小さい希薄な気体を**1**つの熱力学的な系と見た場合，次に示す"**ボイルの法則**"(***Boyle's law***)と"**シャルルの法則**"(***Charle's law***)が成り立つことが分かっている。

(Ⅰ)ボイルの法則

温度 T が一定のとき，
圧力 p と体積 V は反比例する。

$pV = (\text{一定})$ ……$(*b)$

(Ⅱ)シャルルの法則

圧力 p が一定のとき，
体積 V と温度 T は比例する。

$\dfrac{V}{T} = (\text{一定})$ ……$(*c)$

(Ⅰ)ボイルの法則により，ある一定の温度 T の下では，

- 圧力 p を上げれば，それに反比例して体積 V は収縮し，
- 圧力 p を下げれば，それに反比例して体積 V は膨張する。

(Ⅱ)シャルルの法則により，ある一定の圧力 p の下では，

- 温度 T を上げれば，それに比例して体積 V は膨張し，
- 温度 T を下げれば，それに比例して体積 V は収縮する。

これらは，日頃ボク達が経験する現象なので，直感的に分かりやすいと思う。

このボイルの法則を pV 図で，シャルルの法則を VT 図で，それぞれ図 **2**(ⅰ)，(ⅱ)に示そう。

図 **2** (ⅰ)ボイルの法則

pV = (一定) ……(＊b)

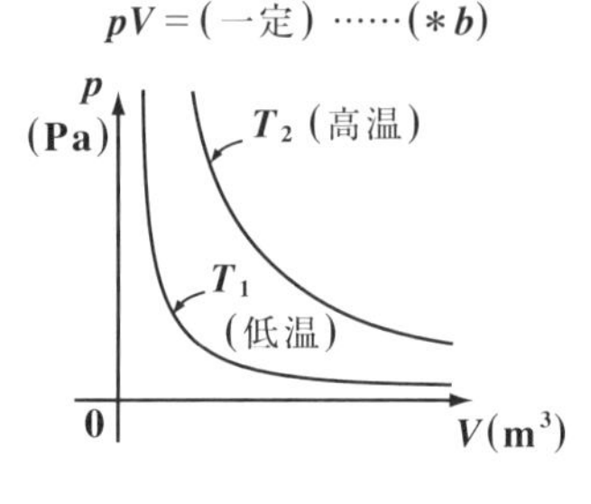

(ⅱ)シャルルの法則

$\frac{V}{T}$ = (一定) ……(＊c)

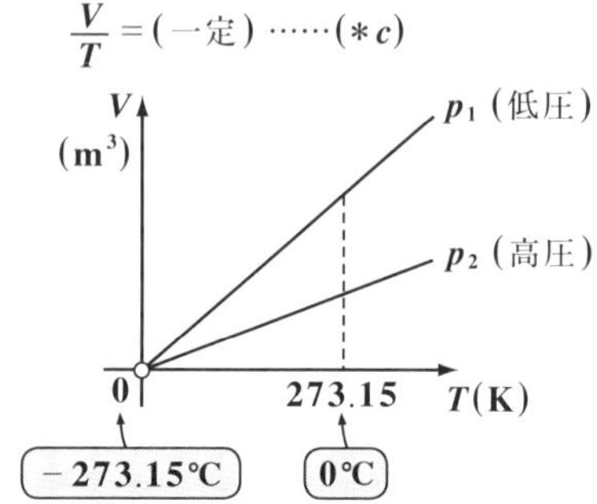

このボイルの法則とシャルルの法則から，

“**ボイル - シャルルの法則**”：$\frac{pV}{T} = (\text{一定})$ ……(＊d) を導くことができる。

これを次の例題で実際にやってみてごらん。

> 例題 **2**　(Ⅰ) 温度 T 一定のとき，pV = (一定) ……(＊b)
>
> (Ⅱ) 圧力 p 一定のとき，$\frac{V}{T}$ = (一定) ……(＊c) が成り立つ。
>
> このとき，$\frac{pV}{T}$ = (一定) ……(＊d) が成り立つことを示してみよう。

(＊b) より，$pV = C_1$ (定数) ……(＊b)′

(＊c) より，$\frac{V}{T} = C_2$ (定数) ……(＊c)′

(＊b)′ ÷ (＊c)′ より，$\frac{p\cancel{V}}{\frac{\cancel{V}}{T}} = pT = \frac{C_1}{C_2}$ (定数)

∴ pT = (一定)?? …なんて，変な結果を導き出してはいけない！

もちろん，これは間違いです！（でも，こんなミスを出した人もいたかもね。(笑)）

では，真面目にボイル - シャルルの法則(＊d)を導いてみよう。

● まず，数学的に導いてみよう。

(Ⅰ) ボイルの法則：温度 T が一定のとき，$pV=$(一定) ……$(*b)$ ということは，$(*b)$ の右辺は温度 T によって変わる変数，つまり何かある T の関数 $f(T)$ と考えなければならないね。よって，$(*b)$ より，

$pV=f(T)$ ……$(*b)''$ $(f(T)>0)$ となる。

(Ⅱ) シャルルの法則：圧力 p が一定のとき，$\frac{V}{T}=$(一定) ……$(*c)$ なので，$(*c)$ の右辺も同様に，何かある p の関数 $g(p)$ と考えなければならないね。よって，$(*c)$ より，

$\frac{V}{T}=g(p)$ ……$(*c)''$ $(g(p)>0)$ となる。

ここで，$g(p)$ を 1 対 1 対応の関数とすると，逆関数が存在するので $(*c)''$ は，

$g^{-1}\left(\frac{V}{T}\right)=p$ ……① と表せる。

$(*b)''$ より，$p=\frac{f(T)}{V}$ ……② $(V>0)$ となるので，②を①に代入して，

$g^{-1}\left(\frac{V}{T}\right)=\frac{f(T)}{V}$ ……③ が導ける。

ここで，$g^{-1}\left(\frac{V}{T}\right)=h\left(\frac{V}{T}\right)$ とおくと，

③は，$h\left(\frac{V}{T}\right)=\frac{f(T)}{V}$ ……③′ となり，

> $\frac{V}{T}=x$ とおくと，④のときのみ $h(x)$ は，$h(x)=\frac{\lambda}{x}$ となって，$x\left(=\frac{V}{T}\right)$ の関数となる。

これをみたす $f(T)$ は，$f(T)=\lambda T$ ……④ (λ：定数) しかあり得ない。

よって，④を $(*b)''$ に代入すると，

$pV=\lambda T$ となる。ここで，$T>0$ より，両辺を T で割って，

$\frac{pV}{T}=\lambda$(定数) となって，ボイル - シャルルの法則：

$\frac{pV}{T}=$(一定) ……$(*d)$ が導けるんだね。納得いった？

● 次，物理的に，ボイル - シャルルの法則を導いてみよう。

・ボイルの法則
$pV = (\text{一定}) \cdots (*b)$
・シャルルの法則
$\dfrac{V}{T} = (\text{一定}) \cdots (*c)$
・ボイル - シャルルの法則
$\dfrac{pV}{T} = (\text{一定}) \cdots (*d)$

(ⅰ) まず，圧力 p_0，体積 V_0，温度 T_0 の 1 つの熱力学的な系を，温度を T_0 のまま圧力を p_1，体積を V' に変化させたとすると，ボイルの法則より，

$p_0V_0 = p_1\underline{\underline{V'}}$ ……④ となる。

(ⅱ) 次に，圧力 p_1，体積 V'，温度 T_0 の熱力学的な系を，圧力は p_1 で変化させずに体積を V_1，温度を T_1 に変化させたとすると，シャルルの法則より，

$\dfrac{V'}{T_0} = \dfrac{V_1}{T_1}$ ……⑤ となる。

⑤より，$V' = \underline{\underline{T_0 \cdot \dfrac{V_1}{T_1}}}$ ……⑤′ となり，⑤′を④に代入すると，

$p_0V_0 = p_1 \cdot \underline{\underline{T_0 \cdot \dfrac{V_1}{T_1}}}$　　$\therefore \dfrac{p_0V_0}{T_0} = \dfrac{p_1V_1}{T_1}$ となるので，

ボイル - シャルルの法則：$\dfrac{pV}{T} = (\text{一定})$ ……$(*d)$ が導ける。

納得いった？

(ⅰ)，(ⅱ) を模式図で表すと以下のようになるのも大丈夫だね。

$\boxed{p_0,\ V_0,\ T_0}$ —(ⅰ) T_0 一定：$p_0V_0 = p_1V'$→ $\boxed{p_1,\ V',\ T_0}$ —(ⅱ) p_1 一定：$\dfrac{V'}{T_0} = \dfrac{V_1}{T_1}$→ $\boxed{p_1,\ V_1,\ T_1}$

● ボイル - シャルルの法則から，理想気体の状態方程式を導こう！

ボイル - シャルルの法則 $(*d)$ の右辺の定数を求めてみよう。$1(\text{mol})$（"モル" と読む。）の気体は，$0(℃)$（$=273.15(\text{K})$），$1(\text{atm})$（$=1.013 \times 10^5(\text{Pa})$ ← 例題 1(P10)）の条件下で，気体の種類によらず体積は約 $22.41(l)$（$=22.41 \times 10^{-3}(\text{m}^3)$）となるので，

$T = 273.15(\text{K})$，$p = 1.013 \times 10^5(\text{Pa})$（$=(\text{N/m}^2)$），$V = 22.41 \times 10^{-3}(\text{m}^3)$ を $(*d)$ の

左辺に代入すると，

$\dfrac{pV}{T}=\dfrac{1.013\times10^5\times22.41\times10^{-3}}{273.15}\fallingdotseq 8.31(\mathrm{J/mol\ K})$ となる。

ここで，pV の単位は，$[\mathrm{Pa\cdot m^3}]=[\mathrm{N/m^2\cdot m^3}]=[\mathrm{Nm}]=[\mathrm{J}]$ となって，エネルギー (または仕事) の単位となる。

よって，この定数を R とおくと，$R\fallingdotseq 8.31(\mathrm{J/mol\ K})$ となる。そして，この定数 R のことを "**気体定数**"(きたいていすう) (*gas constant*) と呼ぶことも覚えておこう。

では，一般論として，$n(\mathrm{mol})$ の気体に対しては，$\dfrac{pV}{T}$ の値は，当然

$\dfrac{pV}{T}=nR$ ……⑥ となるのはいいね。よって，⑥より，方程式：

$pV=nRT$ ……$(*e)$ が導かれる。

この $(*e)$ は，厳密には実在の気体には当てはまらない。逆に，この $(*e)$ で状態を表すことのできる理想的な気体のことを "**理想気体**" (*ideal gas*) または，"**完全気体**" (*perfect gas*) と呼ぶ。だから，$(*e)$ のことを，理想気体の "**状態方程式**" (*equation of state*) ということも覚えておいてくれ。

$(*e)$ の両辺を，モル数 n で割って，$\dfrac{V}{n}=v$ (1mol 当たりの体積) とおくと $(*e)$ は，

$pv=RT$ ……$(*e)'$ $\left(\text{ただし，}v=\dfrac{V}{n}\right)$ と表わせる。

この $(*e)'$ は，理想気体 1mol についての状態方程式と考えたらいいんだね。それでは，この 1(mol) についても復習しておこう。気体 1(mol) とは，その気体分子の個数が約 6.02×10^{23} 個であることを示す。この値を，"**アボガドロ数**" (*Avogadro number*) と呼び，これを N_A で表すと，

$N_A=6.02\times10^{23}(1/\mathrm{mol})$ ……$(*f)$ となるんだね。

より正確には，アボガドロ数 $N_A=6.022\times10^{23}(1/\mathrm{mol})$ と覚えておくといい。

具体的な 1mol の気体の質量は，各気体の "**分子量**"(ぶんしりょう) から求めることができる。

ここで，まず主な原子の原子量を表 **1** に示す。

表 **1** 主な原子の原子量

水素 **H**	**1.0**
ヘリウム **He**	**4.0**
炭素 **C**	**12.0**
窒素 **N**	**14.0**
酸素 **O**	**16.0**
アルゴン **Ar**	**39.9**

(Ⅰ) ヘリウム (**He**) やアルゴン (**Ar**) は，**1** 原子分子なので，表 **1** を用いると，ヘリウム (**He**) の分子量は **4.0** となる。よって，ヘリウムは **4.0(g)** で **1(mol)** となるんだね。

同様に，アルゴンは，**39.9(g)** で **1(mol)** となる。

(Ⅱ) 次，水素 (H_2)，窒素 (N_2)，酸素 (O_2) は **2** 原子分子なので，表 **1** より，これらの気体の **1(mol)** の質量は，それぞれ **2.0(g)** (2×1.0)，**28.0(g)** (2×14.0)，**32.0(g)** (2×16.0) となる。

(Ⅲ) さらに，水 (H_2O)，二酸化炭素 (CO_2) は **3** 原子分子なので，表 **1** より，これらの **1(mol)** の質量は，それぞれ **18.0(g)** $(2\times1.0+16.0)$，**44.0(g)** $(12.0+2\times16.0)$ となるのもいいね。

> 例題 3　**20 (℃)**，**1 (atm)** の空気 **1** (cm^3) の質量と，それに含まれる空気の分子数を求めてみよう。(ただし，空気は酸素と窒素が **1:4** の混合比で構成されているものとする。また，アボガドロ数 $N_A = 6.02\times10^{23}$**(1/mol)** とする。)

空気も理想気体と考えると，**0(℃)**，**1(atm)** で **1(mol)** の空気の体積は，**22.41(*l*)** となる。よって，**20(℃)**，**1(atm)** で **1(mol)** の空気の体積を $V(l)$ とおくと，シャルルの法則より，

$$\frac{22.41}{273.15}=\frac{V}{20+273.15} \quad \leftarrow \boxed{\frac{V_0}{T_0}=\frac{V}{T}}$$

$\therefore V = 24.05(l) = 24.05\times10^3(cm^3)$ となる。

空気の分子量は，空気が窒素 (N_2)（分子量 **28.0**）と，酸素 (O_2)（分子量 **32.0**）の混合比 **4:1** で構成されていると考えるので，この重み付き平均をとって，

$\frac{4\times28.0+1\times32.0}{4+1}=28.8$ となる。よって，$1(mol)$ の空気の質量は $28.8(g)$ であることが分かった。

これから，$20(℃)$，$1(atm)$ の空気 $1(cm^3)$ の質量は，

$\frac{28.8}{24.05\times10^3}\fallingdotseq1.20\times10^{-3}(g/cm^3)$ となるんだね。

また，この空気 $1(cm^3)$ に含まれる分子数は，

$\frac{N_A}{24.05\times10^3}=\frac{6.02\times10^{23}}{24.05\times10^3}\fallingdotseq2.50\times10^{19}$(個 /$cm^3$) となる。

つまり，キミが気温 $20(℃)$ の無風の快適な図書館で静かに読書をしているときでも，キミのまわりの空間のわずか $1(cm^3)$ の中には，1兆 (10^{12}) の2千5百万 (2.5×10^7) 倍もの個数の窒素や酸素の分子が存在し，それらが数百 (m/s) (分子の運動速度の計算については，後で詳しく解説する。(P35)) の速さで衝突を繰り返しながら飛び交っていることになるんだね。信じられないだろうけれど，これは事実なんだ。

それではまた，$1(mol)$ 当たりの理想気体の状態方程式：

$pv=RT$ …$(*e)'$ に話を戻そう。ここで，R は定数より，理想気体の状態方程式を定める変数は，圧力 p と体積 $v\left(=\frac{V}{n}\right)$ と温度 T の 3 つのみとなる。よって，この内の 2 つを独立変数とみて，1 つを従属変数にとることができる。すなわち，次のように表すことができるんだね。

$p=p(v,\ T)=\frac{RT}{v}$ (p は独立変数 v，T の2変数関数)，$v=v(p,\ T)=\frac{RT}{p}$ (v は独立変数 p，T の2変数関数)，$T=T(p,\ v)=\frac{pv}{R}$ (T は独立変数 p，v の2変数関数)

これから，熱力学の問題は，数学的には**2変数関数**の問題に帰着することが分かったと思う。したがって，次節では数学的な準備として，2変数関数の“**偏微分**(へんびぶん)”と“**全微分**(ぜんびぶん)”について，その基本を教えることにしよう。

§2. 2 変数関数の偏微分と全微分

前回の講義で，熱力学的な系をマクロに表現する **3** つの状態量 (圧力 p，体積 v，温度 T) は **1** つの状態方程式で結ばれているので，この **3** つの内の **1** つを従属変数，**2** つを独立変数として表現できるといった。このことは，この後に解説する様々な状態量の関係についても成り立つ。

そして，これは数学的には，**2** 変数関数 $z=f(x, y)$ (z: 従属変数，x，y: 独立変数) の問題になるんだね。だから，ここでは，これから熱力学を本格的に学習するための前準備として，この **2** 変数関数 $z=f(x, y)$ の "**偏微分**" と "**全微分**" について，分かりやすく解説しようと思う。これをシッカリ押さえておくと，この後の熱力学の講義にも楽についていけるようになるはずだ。頑張ろう！

● まず，偏微分の計算から始めよう！

1 変数関数 $z=f(x)$ のときとは異なり，**2** 変数関数 $z=f(x, y)$ の微分には "**偏微分**" (*partial differential*) と "**全微分**" (*total differential*) の **2** 通りがある。そして，偏微分の計算そのものは単純なので，まず，**2** 変数関数 $f(x, y)=2x^{-1}y^2$ の例で示そう。

(ex) **2** 変数関数 $f(x, y)=2x^{-1}y^2$ について，

・この x での偏微分 $\dfrac{\partial f}{\partial x}$ は x^{-1} に着目して，$2y^2$ は定数と考えて微分すればいい。

("ラウンド f，ラウンド x" と読む。)

(**1** 変数関数 $f(x)$ の常微分 $\dfrac{df}{dx}$ と区別するため，$\dfrac{\partial f}{\partial x}$ と表す。)

(定数扱い)

よって，$\dfrac{\partial f}{\partial x}=\dfrac{\partial}{\partial x}(2x^{-1}y^2)=2y^2\cdot(-1)\cdot x^{-2}=-2x^{-2}y^2$ となる。

・次，y での偏微分 $\dfrac{\partial f}{\partial y}$ は，y^2 に着目して，$2x^{-1}$ は定数と考えて微分するんだね。

("ラウンド f，ラウンド y" と読む。)

(定数扱い)

よって，$\dfrac{\partial f}{\partial y}=\dfrac{\partial}{\partial y}(2x^{-1}y^2)=2x^{-1}\cdot 2y=4x^{-1}y$ となる。

どう？簡単だろう？

そして，この偏微分は，常微分のときと同様に次の公式が成り立つ。

偏微分の公式

偏微分可能な2変数関数 $f(x, y)$ と $g(x, y)$ について，

(1) $\dfrac{\partial}{\partial x}(kf) = k\dfrac{\partial f}{\partial x}$ （k：定数） ← 定数係数 k は表に出して微分できる。

(2) $\dfrac{\partial}{\partial x}(f \pm g) = \dfrac{\partial f}{\partial x} \pm \dfrac{\partial g}{\partial x}$ ← 2つの関数の和や差は項別に微分できる。

(3) $\dfrac{\partial}{\partial x}(f \cdot g) = \dfrac{\partial f}{\partial x} \cdot g + f \cdot \dfrac{\partial g}{\partial x}$ ← $(f \cdot g)' = f' \cdot g + f \cdot g'$ と同じ。

(4) $\dfrac{\partial}{\partial x}\left(\dfrac{f}{g}\right) = \dfrac{\dfrac{\partial f}{\partial x} \cdot g - f \cdot \dfrac{\partial g}{\partial x}}{g^2}$ ← $\left(\dfrac{f}{g}\right)' = \dfrac{f' \cdot g - f \cdot g'}{g^2}$ と同じ。

(5) $\dfrac{\partial f}{\partial x} = \dfrac{df}{du} \cdot \dfrac{\partial u}{\partial x}$ （合成関数の微分）

（以上は，x についての偏微分公式だが，y についても同様である。）

それでは，次の例題で偏微分の練習をしておこう。

例題4　次の2変数関数 $f(x, y)$ の偏微分 $\dfrac{\partial f}{\partial x}$ と $\dfrac{\partial f}{\partial y}$ を求めよう。

(1) $f(x, y) = \sin 2x - 2\cos y$　　　(2) $f(x, y) = \dfrac{1}{x^2 + y^2 + 1}$

(1) $f(x, y) = \sin 2x - 2\cos y$ について，

・$\dfrac{\partial f}{\partial x} = \dfrac{\partial}{\partial x}(\sin \underbrace{2x}_{u\text{とおく}} - \underbrace{2\cos y}_{\text{定数扱い}}) = \underbrace{\cos 2x}_{\frac{d(\sin u)}{du}} \cdot \underbrace{2}_{\frac{\partial u}{\partial x}} = 2\cos 2x$ ← 合成関数の微分

・$\dfrac{\partial f}{\partial y} = \dfrac{\partial}{\partial y}(\underbrace{\sin 2x}_{\text{定数扱い}} - 2\cos y) = 2\sin y$

(2) $f(x,\ y) = \dfrac{1}{x^2+y^2+1} = (x^2+y^2+1)^{-1}$ について，

・$\dfrac{\partial f}{\partial x} = \dfrac{\partial}{\partial x}\underbrace{(x^2+y^2+1)^{-1}}_{u\text{ とおく}} = \underbrace{-(x^2+y^2+1)^{-2}}_{\frac{d(u^{-1})}{du}}\cdot\underbrace{2x}_{\frac{\partial u}{\partial x}} = -\dfrac{2x}{(x^2+y^2+1)^2}$ ← 合成関数の微分

・$\dfrac{\partial f}{\partial y} = \dfrac{\partial}{\partial y}\underbrace{(x^2+y^2+1)^{-1}}_{u\text{ とおく}} = \underbrace{-(x^2+y^2+1)^{-2}}_{\frac{\partial(u^{-1})}{du}}\cdot\underbrace{2y}_{\frac{\partial u}{\partial y}} = -\dfrac{2y}{(x^2+y^2+1)^2}$ ← 合成関数の微分

どう？ これで，偏微分の計算にもずい分慣れただろう。

ここで，$f(x,\ y)$ の x での偏微分は，$\dfrac{\partial f}{\partial x} = f_x$ と表し，y での偏微分は $\dfrac{\partial f}{\partial y} = f_y$ と表すこともある。この表記法は，数学一般でよく使われるものなんだ。さらに，x や y での 2 階微分も $\dfrac{\partial^2 f}{\partial x^2} = f_{xx}$，$\dfrac{\partial^2 f}{\partial y^2} = f_{yy}$ などと表す。

また，f を x で微分した後 y で微分したものは，$\underbrace{f_{xy}}_{x:\text{先},\ y:\text{後}} = \dfrac{\partial}{\partial y}\left(\dfrac{\partial f}{\partial x}\right) = \dfrac{\partial^2 f}{\underbrace{\partial y}_{\text{後}}\underbrace{\partial x}_{\text{先}}}$ と表し，

y で微分した後 x で微分したものは，$\underbrace{f_{yx}}_{y:\text{先},\ x:\text{後}} = \dfrac{\partial}{\partial x}\left(\dfrac{\partial f}{\partial y}\right) = \dfrac{\partial^2 f}{\underbrace{\partial x}_{\text{後}}\underbrace{\partial y}_{\text{先}}}$ と表す。

ここで，f_{xy} と f_{yx} が共に連続ならば，“**シュワルツの定理**”：

$f_{xy} = f_{yx}$ $\cdots(*g)$ ← $\dfrac{\partial^2 f}{\partial y \partial x} = \dfrac{\partial^2 f}{\partial x \partial y}$ のこと　が成り立つ。

このように，1 階や 2 階の偏微分を f_x，f_y，f_{xx}，f_{yy}，f_{xy}，f_{yx} などと表すことは便利なんだけれど，この後の“**熱力学**”の講義では読者に混乱を招く恐れがあるので，これからは使わないことにする。つまり，$\dfrac{\partial f}{\partial x}$，$\dfrac{\partial f}{\partial y}$，$\dfrac{\partial^2 f}{\partial x^2}$，$\dfrac{\partial^2 f}{\partial y^2}$，$\dfrac{\partial^2 f}{\partial y \partial x}$，$\dfrac{\partial^2 f}{\partial x \partial y}$ などとのみ表すことにする。(その理由は，この後の P24 で明らかにする。)

一般に，2 変数関数 $z = f(x, y)$ は xyz 座標空間内において，ある曲面を表す。たとえば，例題 4 (2) の $z = f(x, y) = \dfrac{1}{x^2 + y^2 + 1}$ は右図に示すように，$(x, y) = (0, 0)$ において，極大値 $z = 1$ をとる滑らかな曲面を表すんだね。

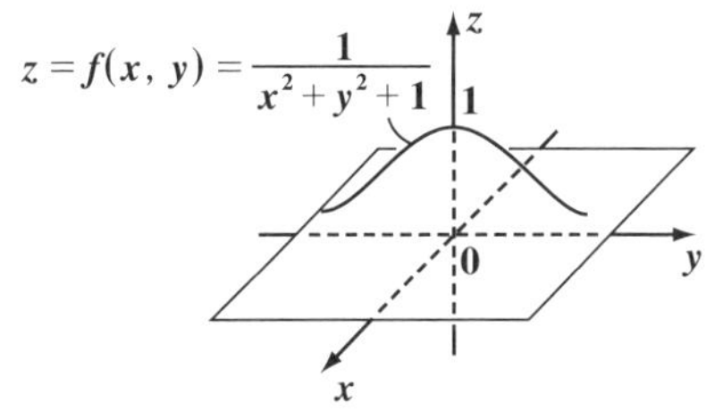

このように，$z = f(x, y)$ が，その曲面上のすべての点において接平面が存在するような滑らかな曲面であるとき，2 変数関数 $z = f(x, y)$ は“**全微分**（ぜんびぶん）**可能**”な関数というんだよ。これから具体的に解説しよう。

● 全微分と偏微分の図形的な意味も押さえよう！

ではまず，2 変数関数 $z = f(x, y)$ の全微分の定義を下に示そう。

全微分の定義

2 変数関数 $z = f(x, y)$ が全微分可能のとき，

$$df = \frac{\partial f}{\partial x}dx + \frac{\partial f}{\partial y}dy \quad \cdots\cdots (*h)$$

が成り立ち，これを“**全微分**”という。

これだけでは，何のことか分からんって!? 当然だね。これから，偏微分と全微分共に，その図形的な意味も含めて詳しく解説しよう。

ここで，2 変数関数 $z = f(x, y)$ は全微分可能な関数といっているので，xyz 座標空間において，次ページの図 1 に示すように，滑らかな曲面を描くはずだ。

そして，この曲面上の点 $A(x, y, z)$ における 2 つの偏微分 $\dfrac{\partial f}{\partial x}$ と $\dfrac{\partial f}{\partial y}$ について，まずその図形的な意味を教えよう。

・$\dfrac{\partial f}{\partial x}$ は，この曲面を **A** を通る y 軸に垂直な平面で切ってできる曲線の接線 **AB** の傾きのことだ。同様に，

・$\dfrac{\partial f}{\partial y}$ は，この曲面を **A** を通る x 軸に垂直な平面で切ってできる曲線の接線 **AD** の傾きのことなんだ。

図 **1**　偏微分と全微分

(ⅰ)

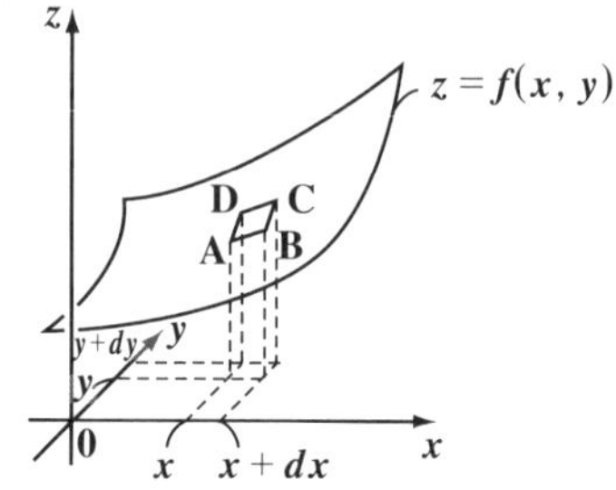

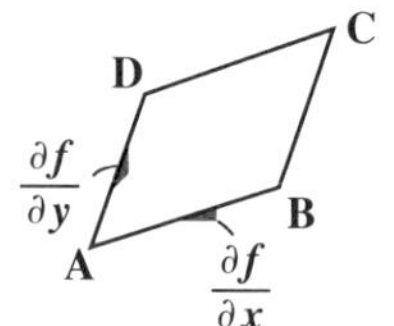

(ⅱ)

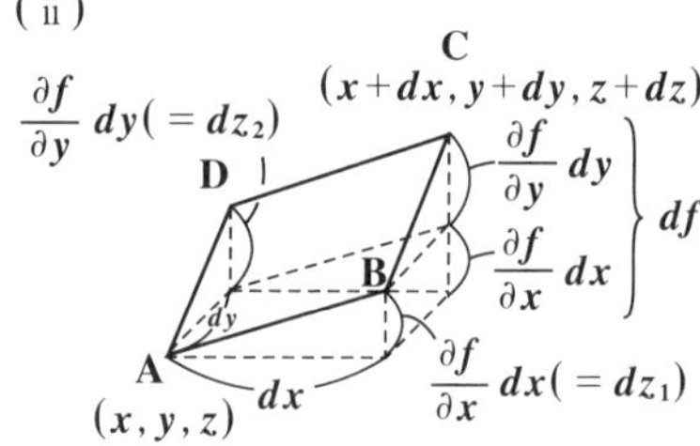

そして，全微分可能な関数とは，図 **1** (ⅰ) に示すように，曲面上のすべての点で接平面が存在するような滑らかな関数のことなので，この曲面上の **4** 点

A(x, y, z),
B$(x+dx, y, z+dz_1)$,
C$(x+dx, y+dy, z+dz)$,
D$(x, y+dy, z+dz_2)$ により，

曲面上に微小な四角形 **ABCD** をとって考えると，この微小な四角形は曲面ではなく平面とみなすことができる。ここで，

・**A** から **B** に向けて，x 軸方向の z の増加分を dz_1 とおくと，

$dz_1 = \dfrac{\partial f}{\partial x}\,dx$ ……①　となる。

・また，**A** から **D** に向けて，y 軸方向の z の増加分を dz_2 とおくと，

$dz_2 = \dfrac{\partial f}{\partial y}\,dy$ ……②　となるのも大丈夫だね。

図 (ⅱ) より，この①と②の和が **A** から **C** に向けての z の全増加分，すなわち全微分 $dz(=df)$ となるので，$dz = dz_1 + dz_2$ より，全微分の公式：

$df = dz = \dfrac{\partial f}{\partial x}\,dx + \dfrac{\partial f}{\partial y}\,dy$ が導けるんだね。

では，次の例題で，実際に全微分を求めてみよう。

> 例題 5　次の 2 変数関数 $f(x,\ y)$ の全微分 df を求めてみよう。
>
> (1) $f(x,\ y)=2x^2+y^2$　　　(2) $f(x,\ y)=\dfrac{y}{x}$

(1) $f(x,\ y)=2x^2+y^2$ の偏微分をまず求めると，

$$\frac{\partial f}{\partial x}=\frac{\partial}{\partial x}(2x^2+y^2)=4x,\quad \frac{\partial f}{\partial y}=\frac{\partial}{\partial y}(2x^2+y^2)=2y$$ だね。

（定数扱い：y^2，$2x^2$）

よって，求める全微分 df は，

$$df=\frac{\partial f}{\partial x}dx+\frac{\partial f}{\partial y}dy=4xdx+2ydy$$ となる。

(2) $f(x,\ y)=\dfrac{y}{x}=x^{-1}y$ の偏微分をまず求めると，

$$\frac{\partial f}{\partial x}=\frac{\partial}{\partial x}(x^{-1}y)=-x^{-2}y=-\frac{y}{x^2},\quad \frac{\partial f}{\partial y}=\frac{\partial}{\partial y}(x^{-1}y)=x^{-1}=\frac{1}{x}$$

（定数扱い：y，x^{-1}）

よって，求める全微分 df は，

$$df=\frac{\partial f}{\partial x}dx+\frac{\partial f}{\partial y}dy=-\frac{y}{x^2}dx+\frac{1}{x}dy$$ となって，答えだ。

これで，全微分の図形的な意味と，その計算にも少しは慣れたと思う。

● 理想気体の p，v，T の全微分を求めてみよう！

それでは，話を 1(mol) の理想気体の状態方程式：

$pv=RT$ ……$(*e)'$　に戻そう。←（状態変数は p，v，T の 3 つだ。）

ここで，$(*e)'$ より，

(i) $p=p(v,\ T)=\dfrac{RT}{v}$　とおいて，圧力 p を 2 つの独立変数 v と T の 2 変数関数とすると，その微小変化量 dp は，全微分の公式より，

$$dp = \left(\frac{\partial p}{\partial v}\right)_T dv + \left(\frac{\partial p}{\partial T}\right)_v dT$$ ← $p = p(v, T) = \frac{RT}{v}$

1モルの理想気体の状態方程式：
$pv = RT \cdots (*e)'$

$\left(\frac{\partial p}{\partial v}\right)_T = RT \cdot \frac{\partial(v^{-1})}{\partial v} = -RTv^{-2}$（$RT$：定数扱い）

$\left(\frac{\partial p}{\partial T}\right)_v = \frac{R}{v}\frac{\partial T}{\partial T} = \frac{R}{v}$（$\frac{R}{v}$：定数扱い）

$$= -\frac{RT}{v^2}dv + \frac{R}{v}dT$$ となる。

注意

全微分の定義から，本来数学的には $dp = \frac{\partial p}{\partial v}dv + \frac{\partial p}{\partial T}dT$ でいいんだけれど，**"熱力学"** では慣例上，$\frac{\partial p}{\partial v}$ は T を一定として，v で微分するという意味を込めて，$\left(\frac{\partial p}{\partial v}\right)_T$ と表す。同様に，$\frac{\partial p}{\partial T}$ についても，v を一定として T で微分するという意味で $\left(\frac{\partial p}{\partial T}\right)_v$ と表す。これは，熱力学独特の表記法なので覚えておこう。そして，これがあったから，偏微分での右下付きの添字をつける表現 f_x や f_y などは使わないことにしたんだね。(P20) 意味がまったく異なるからだ。納得いった？

(ii) $v = v(p, T) = \frac{RT}{p}$ とおいて，1モル当りの体積 v の微小変化量 dv を p と T で表すと，全微分の公式より，

$$dv = \left(\frac{\partial v}{\partial p}\right)_T dp + \left(\frac{\partial v}{\partial T}\right)_p dT = -\frac{RT}{p^2}dp + \frac{R}{p}dT$$ となる。

$\left(\frac{\partial v}{\partial p}\right)_T$：$T$ を一定として v の p による偏微分

$\left(\frac{\partial v}{\partial T}\right)_p$：$p$ を一定として v の T による偏微分

最後に，

(iii) $T = T(p, v) = \frac{pv}{R}$ とおいて，絶対温度 T の微小変化量 dT を p と v で表すと，全微分の公式より，

$$dT = \underline{\left(\frac{\partial T}{\partial p}\right)_v} dp + \underline{\left(\frac{\partial T}{\partial v}\right)_p} dv = \frac{v}{R} dp + \frac{p}{R} dv$$ となる。大丈夫だった？

（$\left(\frac{\partial T}{\partial p}\right)_v$：$v$ を一定として T の p による偏微分）
（$\left(\frac{\partial T}{\partial v}\right)_p$：$p$ を一定として T の v による偏微分）

では次，$p = p(v, T) = R\frac{T}{v}$ $(p > 0, v > 0, T > 0)$ の曲面のイメージを図 2 に示す。この中に，$T = T_0$，T_1，T_2 の等温線図も示した。そして，

(i) 図 2 を視点 (i) から見て pv 図で表したものを図 3(i) に示す。(ボイルの法則)

(ii) 図 2 を視点 (ii) から見て，$p = p_0$，p_1，p_2 のときの線図 (vT 図) で表したものを図 3(ii) に示す。(シャルルの法則)

(iii) さらに，図 2 を視点 (iii) から見て，$v = v_0, v_1, v_2$ のときの線図 (pT 図) で表したものを図 3 (iii) に示す。これは，1(mol) 理想気体の状態方程式：

$pv = RT$　に対して，

たとえば，$v = v_1$ (定数) とおくと，

$p = \frac{R}{v_1} T$ となって，（$\frac{R}{v_1}$：定数）

pT 図では直線となって現れることになるんだね。納得いった？

図 2　$p = p(v, T)$ の表す曲面

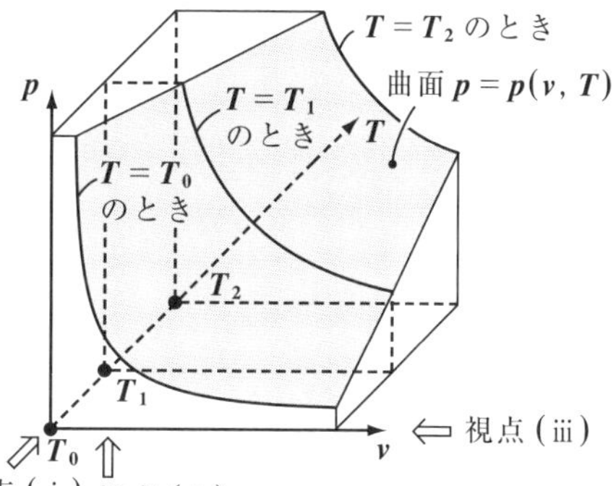

図 3 (i) ボイルの法則 (pv 図)

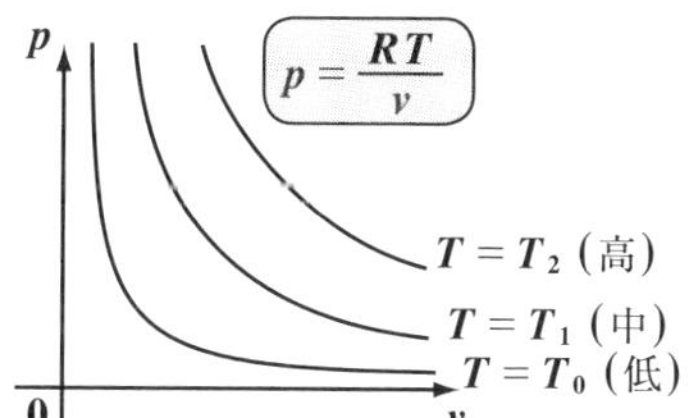

(ii) シャルルの法則 (vT 図)

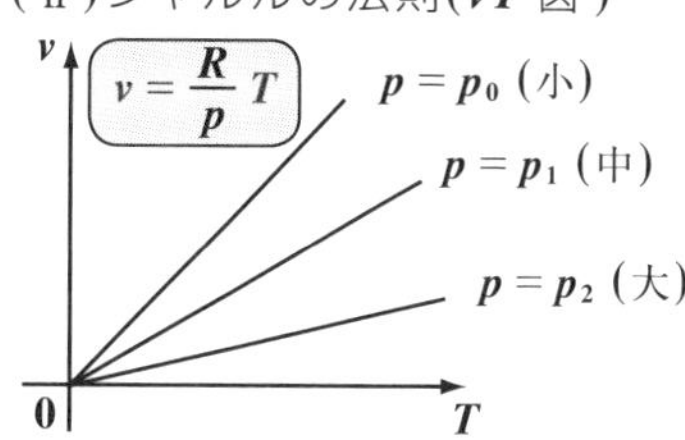

(iii) pT 図

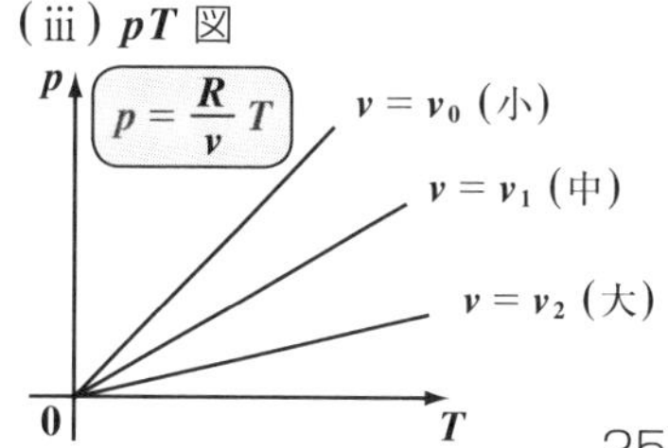

講義 1 ● 熱力学のプロローグ　公式エッセンス

1. ボイルの法則・シャルルの法則

(Ⅰ) ボイルの法則

温度 T が一定のとき，

圧力 p と体積 V は反比例する。

$$pV = (\text{一定})$$

(Ⅱ) シャルルの法則

圧力 p が一定のとき，

体積 V と温度 T は比例する。

$$\frac{V}{T} = (\text{一定})$$

2. ボイル - シャルルの法則

圧力 p と温度 T と体積 V の関係式

$$\frac{pV}{T} = (\text{一定})$$

3. 理想気体の状態方程式

圧力 p (Pa)，体積 V (m^3)，モル数 n (mol)，絶対温度 T (K)，
（Pa ＝ (N/m^2)）

気体定数を R として，

$$pV = nRT \quad (\text{気体定数}：R \fallingdotseq 8.31(\text{J/mol K}))$$

4. 偏微分の公式

偏微分可能な 2 変数関数 $f(x, y)$ と $g(x, y)$ について，

(1) $\frac{\partial}{\partial x}(kf) = k\frac{\partial f}{\partial x}$ (k：定数)　　(2) $\frac{\partial}{\partial x}(f \pm g) = \frac{\partial f}{\partial x} \pm \frac{\partial g}{\partial x}$　など

5. シュワルツの定理

2 階偏導関数 f_{xy} と f_{yx} が共に連続ならば，次式が成り立つ。

$$f_{xy} = f_{yx}$$ ← $\frac{\partial^2 f}{\partial y \partial x} = \frac{\partial^2 f}{\partial x \partial y}$ のこと

6. 全微分の定義

2 変数関数 $z = f(x, y)$ が全微分可能のとき，

$$df = \frac{\partial f}{\partial x}dx + \frac{\partial f}{\partial y}dy$$ が成り立つ。これを全微分という。

このとき，曲面 $z = f(x, y)$ は，その上のすべての点において接平面が存在するような滑らかな曲面である。

熱平衡と状態方程式

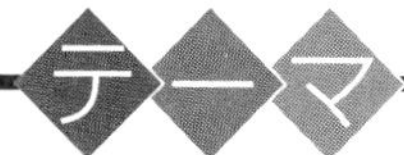

▶ 熱平衡と温度
（熱力学第 0 法則と分子運動論）

▶ ファン・デル・ワールスの状態方程式

$$\left(\begin{array}{l}\left(p+\dfrac{a}{v^2}\right)(v-b)=RT \\ \left(p_r+\dfrac{3}{{v_r}^2}\right)\left(v_r-\dfrac{1}{3}\right)=\dfrac{8}{3}T_r\end{array}\right)$$

§1. 熱平衡と温度

日頃，風邪をひいたとき，「体温が高い」という代わりに「熱がある」という言い方をするように，日常生活では“**熱**”と“**温度**”を混同して使う場合があるようだ。もちろん，熱の正体を知るまでには，長い道のりがあったわけだけど，現在ボク達は「熱とはエネルギーの1種であり，より具体的には，不規則な分子の運動エネルギーの総和である」ことを知っている。そして，「温度とは，この不規則な分子運動の大きさを測る尺度」と考えることができるんだね。

ここでは，複数の熱力学的な系の“**熱平衡**”や“**熱力学第0法則**”と関連させながら，単純化した“**分子運動論**”を基に，この温度について詳しく検討してみようと思う。

● 熱力学第0法則から始めよう！

図1に示すように，高温(T_h)の系Aと低温(T_l)の系Bを互いに接触した状態で置き，そのまわりを断熱材で覆うものとする。すると，時間の経過とともに高温の系Aから低温の系Bに熱が移動して，十分に時間がたつと2つの系の温度は共に同じT_mになることを，ボク達は経験的に知っている。

図1　熱平衡

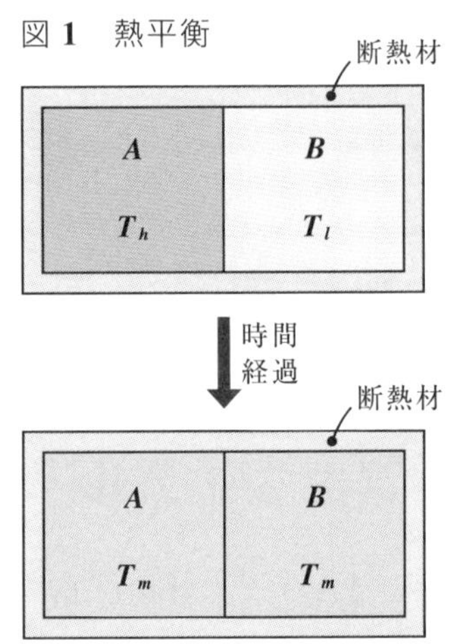

このように，2つの系の変化が終わった状態を“**熱平衡**”の状態という。このとき，各系の温度がいたる所で一定(平衡状態)であることはいうまでもないね。そして，逆に2つの系が熱平衡状態であるとき，これら2つの系の温度は等しいと考えてかまわない。

そして，3つの系A，B，Cに対して，次の経験則が成り立つことも，当然認めていいだろうね。

「系 A と系 B が熱平衡状態にあり，同じ状態の系 A と系 C もまた熱平衡状態にあるならば，系 B と系 C も熱平衡状態であり，系 B と系 C の温度は等しい」

実は，これを“**熱力学第 0 法則**”と呼ぶので，覚えておこう。これは，数学の公理：$A=B$ かつ $A=C \Longrightarrow B=C$ と同様なので，覚えやすいと思う。また，具体例で示すと，「B 君の体温を体温計 A で十分時間をかけて計ると **36.5**(℃) であった。また，C 君の体温を同じ体温計 A で同様に測ると同じ **36.5**(℃) であった。よって，B 君と C 君の体温は同じ **36.5**(℃) であることが分かった。」などが挙げられると思う。もちろん，この例では，人間である B 君と C 君を等方・均質な熱力学的な系と見ている点にムリがあるので，気に入らない方は，物体 B と物体 C と考えて頂ければいいと思う。

● 温度計で本当の温度を計れるのか？

我々が実験でよく使っている温度計は，水銀温度計やアルコール温度計だと思う。これらはいずれも水銀やアルコールなどの液体の温度による体積膨張を利用したものなんだ。すなわち，氷点を **0**(℃) とし，沸点を **100**(℃) として目盛りを定め，その間のガラス管上を **100** 等分して目盛りを付け，さらにその上下についても同じ間隔で目盛りを付けてある。

（氷点：氷と水が共存する温度）（沸点：**1**(atm) の大気中で水が沸騰する温度）

しかし，この温度目盛りの温度が正しい温度を示しているのか？疑問は残る。図 **2** に示すように，**0**(℃) の目盛 V_0 と **100**(℃) の目盛 V_{100} があって，その間を液体が (ii) のように直線的に膨張すれば，目盛 V_{50} は正しい **50**(℃) の温度を表す。でも，(i) のような膨張の仕方をすれば，**50**(℃) より低い温度のときに目盛りは V_{50} を指すことになるし，逆に，(iii) のような膨張の仕方をすれば，**50**(℃) より高い温度のときに目盛りは V_{50} を指すことになるんだね。

図 **2**　液体温度計の温度目盛

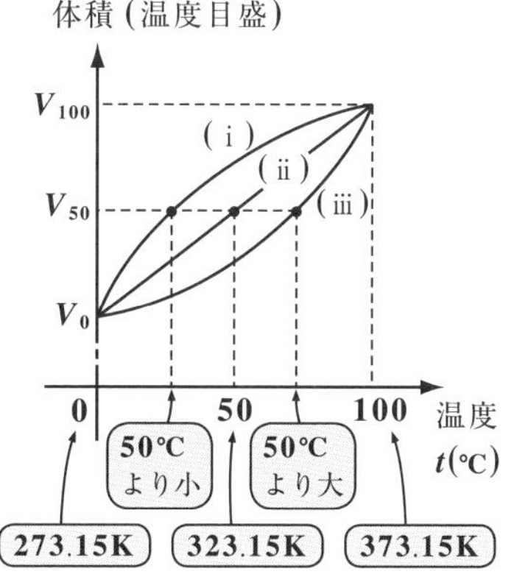

では，正しい温度目盛，基準となる温度目盛はどのように定めるべきか？今の時点では，理想気体の体積膨張を利用するのがいい。つまり，理想気体の状態方程式：$pV = nRT$ より，V と T は比例関係にある（シャルルの法則）からなんだね。事実，最初に作られた温度計は，ガリレイ（***Galileo Galilei***）によるもので，空気の膨張を利用して，温度を計るしくみになっていた。

しかし，より厳密な温度の定義として，物質の膨張・収縮によらない"**熱力学的絶対温度**（ねつりきがくてきぜったいおんど）"がある。これについては **P108** で詳しく解説することにしよう。

● 単原子分子理想気体の分子運動と温度の関係を押さえよう！

高校の熱力学でもすでに学習されていると思うけれど，ヘリウム（**He**）やアルゴン（**Ar**）などの単原子分子の理想気体の分子運動を基にして，この分子の運動エネルギー $\left(\frac{1}{2}mv^2\right)$ と絶対温度（T）との関係を導いてみることにしよう。

図 **3** に示すように，**1** 辺の長さ l の立方体の容器内において，質量 m の **1** 個の単原子気体分子が x 軸に垂直な **1** つの壁面 A に及ぼす力積（（力）×（時間））を調べてみることにしよう。この気体分子の速度ベクトル $\boldsymbol{v}$ を，

$\boldsymbol{v} = [v_x, v_y, v_z]$ とおく。（v_x：x 軸方向の成分）

図 **3**　単原子分子の理想気体の分子運動

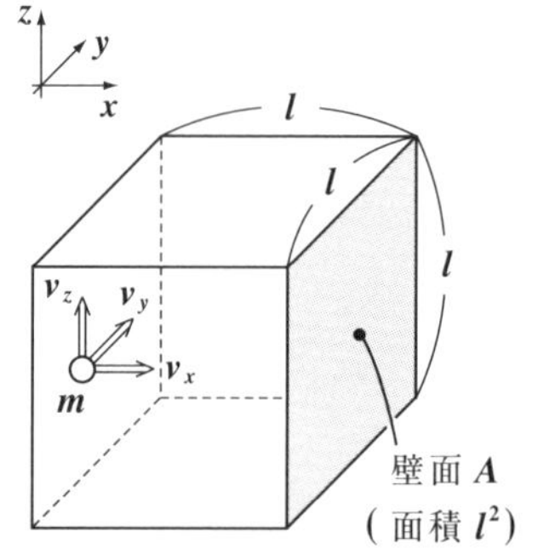

そして，この分子は，ほかの分子と衝突することなく，立方体容器の **6** つの壁面と完全弾性衝突を繰り返しながら運動を続けるものとする。

ここで，図 **4**（ i ）に示すように，この分子が壁面 A に衝突することにより，x 軸方向の速度成分 v_x は，$-v_x$ に変化する。

ここで，（力積）＝（運動量の変化分）の関係があるので，**1** 回の衝突に

より，**壁面 A が受ける力積** ft は，（f：力，t：時間）

$$ft = mv_x - (-mv_x) = 2mv_x \quad \cdots\cdots①$$

となる。ここで，分子の速さは常温で数百 (m/s) から千数百 (m/s) と，非常に大きいので，図 4(ii) に示すように，x 軸方向の成分だけに着目すると，1 秒間に $\frac{v_x}{2l}$ 回衝突することになる。

$l = 1$(m) とすると，1 秒間に，分子は壁面 A に数百回以上衝突することになるんだね。

図 4　壁面 A が受ける力積

(i) $ft = 2mv_x$

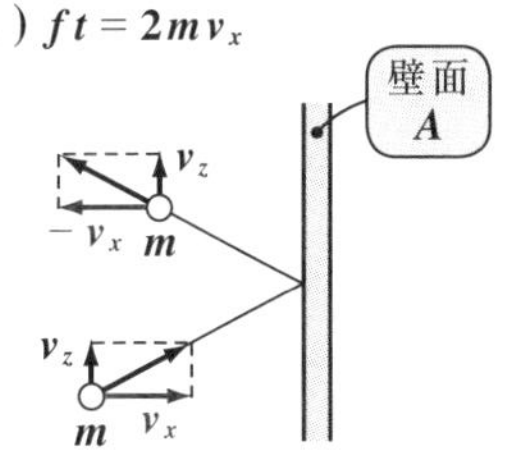

(ii) $t = 1$ 秒間に $\frac{v_x}{2l}$ 回衝突する

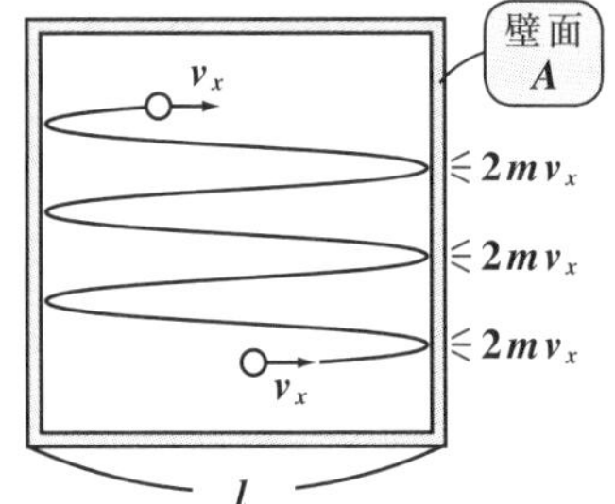

これを①にかけると，$t = 1$ 秒間当たりの力積すなわち，1 秒間にこの 1 個の分子が壁面 A に及ぼす力 f そのものになる。よって，

$$f = 2mv_x \times \frac{v_x}{2l} = \frac{m{v_x}^2}{l} \quad \cdots\cdots② \quad となる。$$

ここで，この容器内には n(mol) の気体が入っているものとしよう。すると，この容器内の気体分子の個数 N は，アボガドロ数 N_A($\fallingdotseq 6.02 \times 10^{23}$(1/mol)) を用いて，

$$N = nN_A \quad \cdots\cdots③ \quad となる。$$

ここで，${v_x}^2$ の平均を $<{v_x}^2>$，f の平均を $<f>$ などと，これから，ある量の平均には $<\ >$ を付けて表示することにする。すると，壁面 A が，N 個全ての気体分子から受ける力を F とおくと，②，③より，

$<{v_x}^2> = \frac{1}{N}\sum_{k=1}^{N} {v_{xk}}^2$ のこと。
（N 個の分子に，1，2，…，k，…，N の番号を付け，k 番目の分子の速度の x 成分を v_{xk} とおいた。）

$$F = N \times <f> = nN_A \cdot \frac{m<{v_x}^2>}{l} \quad \cdots\cdots④ \quad となる。$$

ここでさらに，k 番目の分子の速度ベクトルを $\boldsymbol{v}_k$ とおくと，

$\boldsymbol{v}_k = [v_{xk}, v_{yk}, v_{zk}]$　より，

この速さを v_k とおくと，三平方の定理より，

$${v_k}^2 = {v_{xk}}^2 + {v_{yk}}^2 + {v_{zk}}^2 \quad \cdots\cdots⑤ \quad となる。$$

よって，N 個の分子全体の速さの 2 乗平均 $<v^2>$ は，⑤より，

$$F = nN_A \cdot \frac{m<v_x{}^2>}{l} \quad \cdots\cdots ④$$
$$v_k{}^2 = v_{xk}{}^2 + v_{yk}{}^2 + v_{zk}{}^2 \quad \cdots\cdots ⑤$$

$$\begin{aligned} <v^2> &= \frac{1}{N}\sum_{k=1}^{N} v_k{}^2 \\ &= \frac{1}{N}\sum_{k=1}^{N}(v_{xk}{}^2 + v_{yk}{}^2 + v_{zk}{}^2) \\ &= \underbrace{\frac{1}{N}\sum_{k=1}^{N} v_{xk}{}^2}_{<v_x{}^2>} + \underbrace{\frac{1}{N}\sum_{k=1}^{N} v_{yk}{}^2}_{<v_y{}^2>} + \underbrace{\frac{1}{N}\sum_{k=1}^{N} v_{zk}{}^2}_{<v_z{}^2>} \end{aligned}$$

$\therefore <v^2> = <v_x{}^2> + <v_y{}^2> + <v_z{}^2> \quad \cdots\cdots ⑥$ となる。

ここで，分子にはある方向性はなく不規則に飛び回っていると考えてよいので，当然 $<v_x{}^2> = <v_y{}^2> = <v_z{}^2> \quad \cdots\cdots ⑦$ が成り立つはずだ。

よって，⑦を⑥に代入して，

$$<v^2> = 3<v_x{}^2> \qquad \therefore <v_x{}^2> = \frac{1}{3}<v^2> \quad \cdots\cdots ⑧$$ となる。

この⑧を④に代入して，

$$F = nN_A \frac{1}{3} \cdot \frac{m<v^2>}{l} \quad \cdots\cdots ⑨$$ となる。

ここで，壁面 A が気体分子から受ける圧力を p とおくと，$p = \dfrac{F}{l^2}$ より，⑨の両辺を l^2 で割って，

$$\underbrace{\frac{F}{l^2}}_{p(\text{圧力})} = nN_A \frac{1}{3} \cdot \frac{m<v^2>}{\underbrace{l^3}_{V(\text{気体の体積})}}$$

ここで，$l^3 = V$ より，

$$pV = \underbrace{nN_A \cdot \frac{1}{3}m<v^2>}_{RT} \quad \cdots\cdots ⑩$$ が導けた。

この単原子分子理想気体は，当然理想気体の状態方程式

$pV = nRT \quad \cdots\cdots (*e)$ (P15) を満足する。

以上より，⑩と $(*e)$ の右辺を比較して，

$$N_A \cdot \frac{1}{3}m<v^2> = RT \qquad \frac{2}{3}N_A \cdot \frac{1}{2}m<v^2> = RT$$

$\therefore \frac{1}{2}m < v^2 > = \frac{3}{2} \cdot \frac{R}{N_A} T$ ……$(*i)$ が導けた。

(1個の気体分子の平均の運動エネルギー)(絶対温度)

この $(*i)$ は，1個の気体分子の平均の運動エネルギー(ミクロな量)と気体の絶対温度(マクロな状態量)との関係を表す重要な公式なんだね。ここで，気体定数 $R = 8.31$ (J/mol・K) をアボガドロ数 $N_A = 6.022 \times 10^{23}$(1/mol) で割った定数を新たに k とおくと，

$$k = \frac{R}{N_A} = \frac{8.31}{6.022 \times 10^{23}} = 1.38 \times 10^{-23} (\mathrm{J/K})$$

となる。この k は，"**ボルツマン定数**" (*Boltzmann constant*) と呼ばれる重要な定数なので覚えておこう。そして，このボルツマン定数を用いると，$(*i)$ は，

$\frac{1}{2}m < v^2 > = \frac{3}{2}kT$ ……$(*i)'$ と表すこともできる。

($\frac{1}{2}m < v^2 >$ の単位は [J]，T の単位は [K] より，ボルツマン定数 k の単位は [J/K] となることも大丈夫だね。)

ここで，$(*i)'$ の $< v^2 >$ に⑥を代入すると，

$\frac{1}{2}m(< v_x{}^2 > + < v_y{}^2 > + < v_z{}^2 >) = \frac{3}{2}kT$ となる。これより，

$$\underbrace{\frac{1}{2}m < v_x{}^2 >}_{\frac{1}{2}kT} + \underbrace{\frac{1}{2}m < v_y{}^2 >}_{\frac{1}{2}kT} + \underbrace{\frac{1}{2}m < v_z{}^2 >}_{\frac{1}{2}kT} = 3 \cdot \frac{1}{2}kT$$

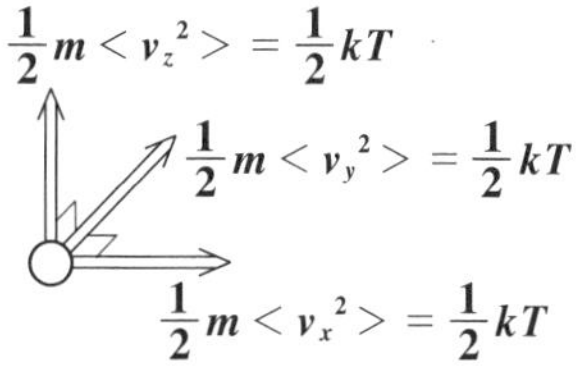

よって，⑦より，

$$\frac{1}{2}m < v_x{}^2 > = \frac{1}{2}m < v_y{}^2 > = \frac{1}{2}m < v_z{}^2 > = \frac{1}{2}kT$$

図5　エネルギー等分配の法則

となるので，図5に示すように，単原子分子の理想気体においては，1個の分子は，x 軸，y 軸，z 軸の3つの方向に運動することができるため，3つの"**自由度**(じゆうど)"をもち，

この3つの自由度それぞれに対して，平均として等しいエネルギー$\frac{1}{2}kT$が割り当てられていると考えることができるんだね。これを"**エネルギー等分配の法則**"と呼ぶ。より複雑な形状をした多原子分子については，当然回転や振動など運動の自由度は増えるが，このエネルギー等分配の法則は成り立つ。これについては，後で**P60**で詳しく解説しよう。

このモデルでは，分子間の衝突は考慮に入れていないが，これを考慮に入れると，各気体分子は激しく衝突を繰り返しながら運動していることになる。しかし，膨大な数の気体分子が飛び交っているため，ある気体分子の速度ベクトル$\boldsymbol{v}_k$が分子間の衝突により$\boldsymbol{v}_j$に変わったとしても，どこか別の場所で別の分子の速度ベクトルが逆にほぼ同じ$\boldsymbol{v}_j$からほぼ同じ$\boldsymbol{v}_k$に変わっていると考えられる。したがって，分子間の衝突を考慮に入れた，より現実的なモデルを考えても，これまで解説した分子間の衝突を無視した単純なモデルと，分子全体の平均的な速度分布は同様になると考えられるんだね。

では次，不規則な運動をする単原子気体分子の速さの2乗平均根$\sqrt{<v^2>}$を，分子量$M = 39.9$のアルゴン(Ar)を例にとって調べてみよう。

アルゴン(Ar)は単原子分子なので，Arの原子量39.9(P16)がそのまま分子量になる。

$$\frac{1}{2}m<v^2> = \frac{3}{2}\frac{R}{N_A}T \quad \cdots\cdots(*i) \quad \text{より，}$$

$$<v^2> = \frac{3RT}{mN_A} \quad \cdots\cdots(a) \quad \text{となる。}$$

mN_A = M(分子量)(g)

ここで，mは気体分子1個の質量，N_Aはアボガドロ数(1molの気体分子の数6.022×10^{23}(1/mol))より，mN_Aは気体1(mol)の質量，すなわち分子量M(g)となる。よって，単位を[kg]に変更するために，$mN_A = M \times 10^{-3}$(kg)として，これを(a)に代入すると，

$$<v^2> = \frac{3RT}{M \times 10^{-3}} = \frac{3 \times 10^3 RT}{M} \quad \cdots\cdots(b)$$

RTの単位は[J]
Mの単位は[kg]

よって，この単位は，$\left[\frac{\text{J}}{\text{kg}}\right] = \left[\frac{\text{N}\cdot\text{m}}{\text{kg}}\right] = \left[\frac{\text{kgm}^2/\text{s}^2}{\text{kg}}\right] = [\text{m}^2/\text{s}^2]$となるんだね。

よって，分子の平均の速さ $<v>$ とは若干異なるが，(b)の両辺の平方根を
（$<v>$ は $\frac{1}{N}\sum_{k=1}^{N} v_k$ のこと）

とることにより，分子量 M の単原子気体分子の速さの2乗平均根 $\sqrt{<v^2>}$（$=\sqrt{\frac{1}{N}\sum_{k=1}^{N} v_k^2}$）

を求めることができる。よって，

$$\sqrt{<v^2>} = \sqrt{\frac{3\times 10^3 RT}{M}} \quad \cdots\cdots(*j) \quad \left(\begin{array}{l} R = 8.315,\ T: \text{絶対温度} \\ M: \text{単原子気体分子の分子量} \end{array}\right)$$

それでは，分子量 $M = 39.9$ のアルゴンの $290(\mathrm{K})(=16.85(℃))$ における速さの2乗平均根 $\sqrt{<v^2>}$ を求めてみると，

$$\sqrt{<v^2>} = \sqrt{\frac{3\times 10^3 \times 8.315 \times 290}{39.9}} \fallingdotseq 425.8(\mathrm{m/s})$$ となることが分かった。

例題6　単原子気体分子のヘリウム(He)の20℃における速さの2乗平均根 $\sqrt{<v^2>}$ を求めてみよう。

Heの原子量は4.0(P16)で，ヘリウム(He)は単原子分子より，この分子量 M は，$M = 4.0$ となる。また，

$t = 20(℃)$ より，絶対温度 $T = 20 + 273.15 = 293.15(\mathrm{K})$

以上より，20(℃)におけるヘリウム気体分子の速さの"**2乗平均根**"(***root mean square***)は，(*j)より，

$$\sqrt{<v^2>} = \sqrt{\frac{3\times 10^3 \times 8.315 \times 293.15}{4.0}} \fallingdotseq 1352.1(\mathrm{m/s})$$ となって，答えだ。

これから，比較的質量の大きい気体分子でも，平均で数百(m/s)の速さで，そして，ヘリウムのように質量の小さい気体分子では，平均で千数百(m/s)もの速さで飛び交っていることが分かったんだね。納得いった？

● 分子運動の立場から熱伝達を考えてみよう！

単原子分子理想気体の分子運動論と，理想気体の状態方程式から，

$\frac{1}{2}m<v^2> = \frac{3}{2}kT$ ……$(*i)'$ を導いた。

つまり，分子の不規則な運動の速さの2乗平均 $<v^2>$ と系の絶対温度 T は比例することが分かったんだね。また，系のもつ熱エネルギーは，その系を構成する分子の運動エネルギーの総和と考えていい。

（これは，本当は，"**内部エネルギー**"というべきものだ。次の章で詳しく解説する。）

これらの事実を踏まえて，高温の系から低温の系へ熱が移動するメカニズムを，単純化したモデルではあるけれど，ミクロな分子運動の観点から考えてみることにしよう。

図6に示すように，固体の容器に気体が入れられており，この気体を系 A，それを囲む容器を系 B とおき，2つの系に温度差がある場合，分子運動の考え方から，どのように熱エネルギーが移動するのかを調べてみよう。

系 A と系 B の壁面における気体分子と固体分子の衝突により，熱の交換が行われるはずなんだね。

よって，図6(i)に示すように，質量 m，速度 v の気体分子が，質量 M，速度 V の壁面の固体分子と衝突する場合を考える。ここでは，v も V も x 軸方向の成分のみをもつものとし，衝突も完全弾性衝突であるもの

図6　熱の移動と分子運動論

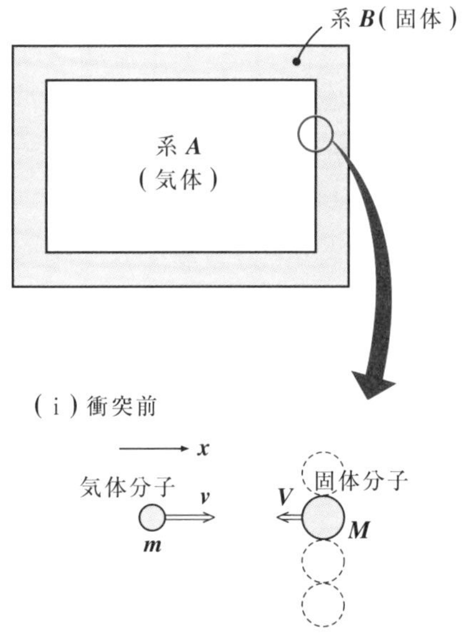

(ii) 衝突後

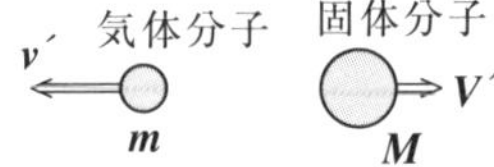

とする。そして，図 6(ⅱ) には衝突の結果，気体分子の速度は v' に，また壁面の固体分子の速度は V' になったものとする。

以上より，運動量の保存則と，運動エネルギーの保存則から次式が成り立つ。

$$mv + MV = mv' + MV' \quad \cdots\cdots ①$$ ← 運動量の保存則

$$\frac{1}{2}mv^2 + \frac{1}{2}MV^2 = \frac{1}{2}mv'^2 + \frac{1}{2}MV'^2 \quad \cdots\cdots ②$$ ← 運動エネルギーの保存則

ここで，気体分子の衝突による運動エネルギーの変化分を Δk とおくと，

$$\Delta k = \frac{1}{2}mv'^2 - \frac{1}{2}mv^2 \quad \cdots\cdots ③$$ となる。← これが，気体の熱エネルギーの変化分そのものを表している。

そして，この Δk を，衝突前の 2 つの分子の速度 v と V のみで表すことにしよう。では，変形を始めるよ。

①より，$m(v' - v) = M(V - V') \quad \cdots\cdots ①'$

②より，$m(v'^2 - v^2) = M(V^2 - V'^2)$

$$m(v' - v)(v' + v) = M(V - V')(V + V') \quad \cdots\cdots ②'$$

②' ÷ ①' より，$v' + v = V + V' \quad \cdots\cdots ④$

④ × m − ①' より，$2mv = m(V + V') - M(V - V')$

$$(m + M)V' = 2mv + (M - m)V$$

$$\therefore\ V' = \frac{1}{m + M}\{2mv + (M - m)V\} \quad \cdots\cdots ⑤$$ ← V' を v と V のみで表した。

よって，③と②より，

$$\Delta k = \frac{1}{2}mv'^2 - \frac{1}{2}mv^2 = \frac{1}{2}MV^2 - \frac{1}{2}MV'^2$$

$$= \frac{1}{2}M(V^2 - \underline{V'^2})$$

$$\frac{1}{(m+M)^2}\{2mv + (M - m)V\}^2 \quad (⑤より)$$

$$= \frac{1}{2}M\left[V^2 - \frac{1}{(m + M)^2}\{4m^2v^2 + 4m(M - m)vV + (M - m)^2V^2\}\right]$$

$$= -\frac{2m^2M}{(m + M)^2}v^2 - \frac{2mM(M - m)}{(m + M)^2}vV + \frac{M}{2}\left\{1 - \frac{(M - m)^2}{(m + M)^2}\right\}V^2$$

よって，

$$\Delta k = \frac{1}{2}mv'^2 - \frac{1}{2}mv^2$$

$$= \frac{M}{2}\left\{1 - \frac{(M-m)^2}{(m+M)^2}\right\}V^2 - \frac{2m^2M}{(m+M)^2}v^2 - \frac{2mM(M-m)}{(m+M)^2}vV$$

$$\frac{(m+M)^2-(m-M)^2}{(m+M)^2} = \frac{4mM}{(m+M)^2}$$

$$\therefore \Delta k = \frac{2mM}{(m+M)^2}\{MV^2 - mv^2 - (M-m)vV\} \quad \cdots\cdots ⑥$$ となる。

ここで，この⑥の両辺の平均をとると，

$$<\Delta k> = \left\langle \frac{2mM}{(m+M)^2}\{MV^2 - mv^2 - (M-m)vV\} \right\rangle$$

（定数）（定数）（定数）（定数）

$$= \frac{2mM}{(m+M)^2}\{M<V^2> - m<v^2> - (M-m)<vV>\}$$

v と V は独立より → $<v><V>$

$$= \frac{2mM}{(m+M)^2}\{M<V^2> - m<v^2> - (M-m)<v><V>\}$$

（$<V> = 0$）

壁面の固体分子は，ある範囲での振動をしていると考えられるので，当然，その平均の速さ $<V>$ は 0 となる。

以上より，

$$<\Delta k> = \frac{1}{2}m<v'^2> - \frac{1}{2}m<v^2>$$

$$= \frac{4mM}{(m+M)^2}\left\{\frac{1}{2}M<V^2> - \frac{1}{2}m<v^2>\right\} \quad \cdots\cdots ⑦$$ が導けた。

（定数）（衝突前の壁面 B の温度 T_B に比例）（衝突前の気体 A の温度 T_A に比例）

ここで，衝突前後の系 A(気体) の温度をそれぞれ T_A，T_A'，また衝突前後の系 B(容器) の温度をそれぞれ T_B，T_B' とおくと，

$$T_A \propto \frac{1}{2}m < v^2 >,\ T_A' \propto \frac{1}{2}m < v'^2 >,\ T_B \propto \frac{1}{2}M < V^2 >,\ T_B' \propto \frac{1}{2}M < V'^2 >$$

比例記号

となることに注意しよう。それでは，

(ⅰ) $\frac{1}{2}M < V^2 > > \frac{1}{2}m < v^2 >$ 　のとき，すなわち

$T_B > T_A$ 　より，衝突前の壁面温度が気体温度より高い場合，

⑦より，

$\Delta k = \frac{1}{2}m < v'^2 > - \frac{1}{2}m < v^2 > > 0$ 　となるので，

気体分子の運動エネルギーは増加する。すなわち $T_A' - T_A > 0$ 　となって，気体の温度が上がることが分かるんだね。

つまり，熱エネルギーは，高温の壁面から低温の気体分子に移ることになる。

逆に，

(ⅱ) $\frac{1}{2}M < V^2 > < \frac{1}{2}m < v^2 >$ 　のとき，すなわち

$T_B < T_A$ 　より，衝突前の気体温度が壁面温度より高い場合，

⑦より，

$\Delta k = \frac{1}{2}m < v'^2 > - \frac{1}{2}m < v^2 > < 0$ 　となるので，

気体分子の運動エネルギーは減少する。すなわち $T_A' - T_A < 0$ 　となって，気体の温度が下がることが分かる。

つまり，熱エネルギーは，高温の気体から低温の容器に移ることになるんだね。

もちろん，

(ⅲ) $\frac{1}{2}M < V^2 > = \frac{1}{2}m < v^2 >$ 　ならば，

$T_B = T_A$ となって，熱エネルギーの移動はない。つまり，熱平衡状態を表すんだね。納得いった？

§2. ファン・デル・ワールスの状態方程式

これまで，理想気体についてのみ解説してきたけれど，実在の気体はある温度以下の状態で圧力を加えると液化することも分かっている。つまり，実際の気体の状態は理想気体の状態方程式では表すことができないんだね。

この液化現象も含めた実在の気体の変化を近似的に表現する方程式はいくつも考案されているが，ここでは最もよく利用されている“**ファン・デル・ワールスの状態方程式**”について詳しく教えよう。

さらに，圧力 p，体積 v，温度 T をそれぞれの臨界値で割って無次元化した変数による“**還元状態方程式**”についても解説するつもりだ。

エッ，難しそうだって？大丈夫！また，分かりやすく解説するからね。

● 臨界温度以下で，気体は液化できる！

塩素ガスなどの気体の液化に初めて成功したのは，電磁気学の創始者の一人であるファラデー(***Faraday***)だった。しかし，まだ彼は酸素や窒素などの液化には成功していなかった。

その後，アンドリュー(***Andrew***)が，二酸化炭素の液化の性質を詳しく調べて，**31.1**(℃)以下の温度で，二酸化炭素ガスに圧力を加えると液化することを発見した。

図**1**に，温度 $t = 20$(℃)(絶対温度 $T = 293.15$(K))一定の状態で，二酸化炭素ガスに圧力を加えたときの状態の変化(液化)の様子を pv 図で示す。

図 **1**　二酸化炭素の液化
($t = 20$℃のとき)

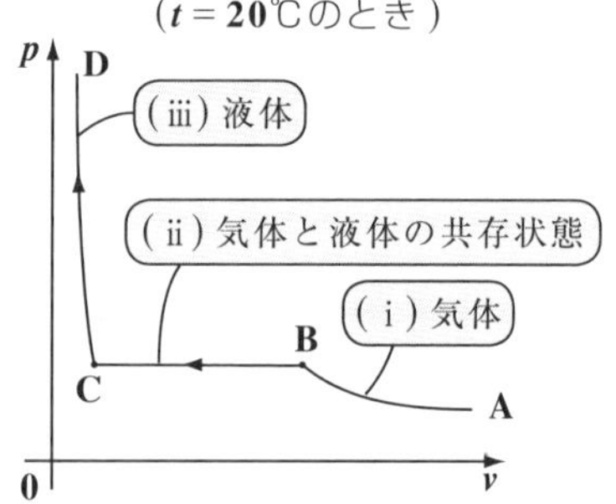

(i) A → B のとき，

二酸化炭素は気体の状態で圧縮されて，圧力が上昇する。

(ⅱ) **B → C** のとき，

点 **B** から，二酸化炭素は液化し始めるため，気液共存状態で，圧力 p は変化せず体積 v のみが急激に減少する。そして，点 **C** で完全に液化する。

(ⅲ) **C → D** のとき，

点 **C** の時点で，二酸化炭素は完全に液体となっているので，加圧しても体積 v はほとんど減少せず，圧力 p のみが急激に増加することになる。

（図 **1** のグラフから，理想気体の状態方程式：

$pv = RT$ ……$(*e)'$

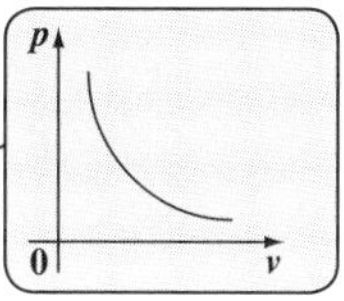

で表すことができないのは明らかだね。）

ここで，温度を $t = 10$，20，31.1，40，50(℃) と一定にしたとき，二酸化炭素を加圧したそれぞれの状態変化の様子を図 **2** に示す。

図 **2**　二酸化炭素の定温変化

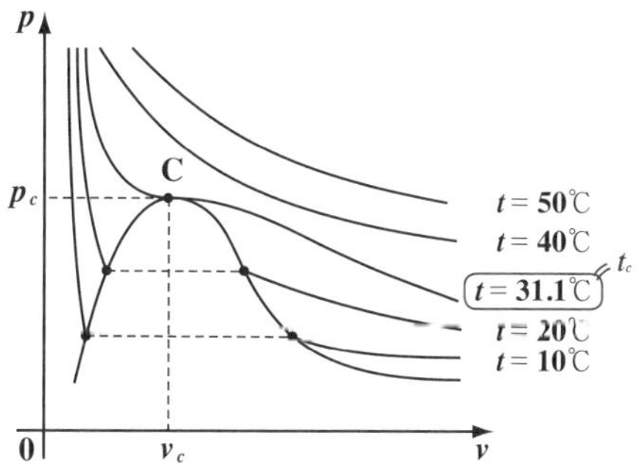

図 **2** から分かるように，$t = 31.1$(℃) 以上であれば，二酸化炭素をいくら圧縮しても気体のままなんだね。これに対して，$t = 31.1$(℃) 未満の状態で二酸化炭素を加圧すると，図 **1** で示したものと同様に，液化することになる。

一般に，気体が液化されるか否かの境界の温度のことを "**臨界温度**(りんかいおんど)" または "**臨界点**(りんかいてん)" といい，これを t_c(℃) で表す。そして，二酸化炭素の場合，この臨界温度 t_c が $t_c = 31.1$(℃) だったんだね。

（もちろん，絶対温度表示では，臨界温度 $T_c = 304.25$(K) となる。）

また，実在の気体では，$t = t_c$ のとき，図 **2** に示すような臨界点 C が現われる。そして，この点 C における圧力と体積を，それぞれ "**臨界圧力**" p_c，"**臨界体積**" v_c と呼ぶことも覚えておこう。

（臨界点 C とは：$t = t_c$ において，$p = p(v)$ としたとき，$\frac{dp}{dv} = 0$（接線の傾き **0** の点），かつ $\frac{d^2p}{dv^2} = 0$（変曲点）をみたす点のことだ。）

● ファン・デル・ワールスの状態方程式を導こう！

液化も含めて，実在の気体の状態を，より良く近似する状態方程式がいくつも提案されているが，最も良く使われているのが，これから解説する"**ファン・デル・ワールス**(*van der Waals*)**の状態方程式**" なんだね。

これは，$\mathbf{1}$(mol) の理想気体の状態方程式：

$$\underline{\underline{p}}\,\underset{\sim}{v} = RT \quad \cdots\cdots(*e)'$$

に簡単な $\mathbf{2}$ つの修正を加えることによって導かれる。

(ⅰ) まず，実在の気体の分子は，質点ではなくある大きさがあるため，圧力 p をどんなに大きくしても，v は $\mathbf{0}$ に近づかず，ある正の値 b に近づく

（これは，液化したときの体積と考えていい。）

はずだね。よって，pv 図で描かれるグラフを v 軸の正の向きに，b だけ平行移動する必要があるので，$(*e)'$ の v の代わりに $(v-b)$ を代入する必要がある。

$$\therefore\ \underline{\underline{p}}\,\underset{\sim\sim\sim}{(v-b)} = RT \quad \cdots\cdots①$$ となる。

(ⅱ) 次に，実在の気体の分子間には引力が働くため，分子が壁面に衝突するときの速度は，この分子間力によって若干弱まるはずだね。よって，実在の気体の圧力 p' は，理想気体の圧力 p よりも気体の密度の $\mathbf{2}$ 乗 ρ^2 に比例した分だけ減少するはずだ。

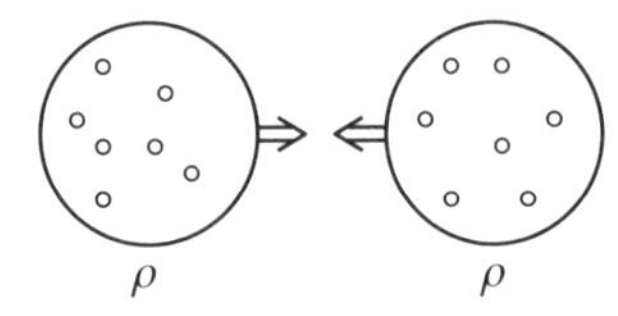

ここで，

$$\rho^2 \propto \left(\frac{M}{v}\right)^2 \propto \frac{1}{v^2} \qquad \left(\begin{array}{l} M：分子量 \\ v\ ：1(\mathrm{mol})\ の体積 \end{array}\right)$$

となるので，実在の気体の圧力 p' は近似的に

$p' = p - \dfrac{a}{v^2}$ (a：正の比例定数) と表されるはずだ。

$$\therefore\ \underline{\underline{p}} = \underline{\underline{p' + \frac{a}{v^2}}} \quad \cdots\cdots②$$

②を①に代入して，

$$\left(p' + \frac{a}{v^2}\right)(v - b) = RT$$ となる。

ここで，実在の気体の圧力 p' をまた元の p で表すことにすると，

$$\left(p + \frac{a}{v^2}\right)(v - b) = RT \quad (v > b) \quad \cdots\cdots(*k)$$ が導ける。

理想気体の状態方程式の p と v に修正を加えた $(*k)$ のことを，“**ファン・デル・ワールスの状態方程式**” と呼ぶ。また，**2** つの定数 a，b のことを，“**ファン・デル・ワールス定数**” という。このファン・デル・ワールス定数 a，b は気体の種類によって異なる。主な気体のファン・デル・ワールス定数の値を表 **1** に示しておこう。

表 **1**　ファン・デル・ワールス定数

気体	a(pa m⁶/mol²)	b(m³/mol)
He	0.00345	2.38×10^{-5}
Ne	0.0215	1.70×10^{-5}
H_2	0.0248	2.67×10^{-5}
N_2	0.141	3.92×10^{-5}
O_2	0.138	3.19×10^{-5}
CO_2	0.365	4.28×10^{-5}

それでは，ファン・デル・ワールスの状態方程式 $(*k)$ を，$p = p(v, T)$ の形に変形してみよう。すると，

$$p = \frac{RT}{v - b} - \frac{a}{v^2} \quad \cdots\cdots(*k)'$$

となる。ここで，臨界温度 T_c に対して，

(ⅰ) $T > T_c$，(ⅱ) $T = T_c$，(ⅲ) $T < T_c$ の **3** 通りに場合分けして，$(*k)'$ の pv 図を図 **3** に示す。

T を一定としたときの p と v のグラフ

図 **3**　ファン・デル・ワールスの状態方程式（pv 図）

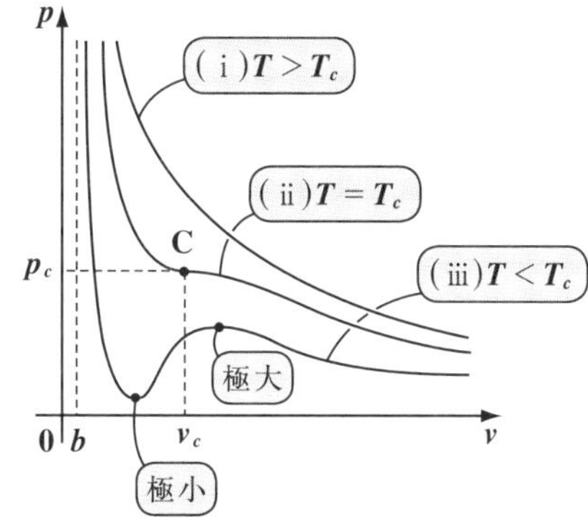

(ⅰ) $T > T_c$ のとき，理想気体の pv 図と似たグラフが描ける。

(ⅱ) $T = T_c$ のとき，臨界点 C が現われる。

(ⅲ) $T < T_c$ のとき，極小点（谷）と極大点（山）が現われる。

(ⅰ)$T > T_c$ と(ⅱ)$T=T_c$ のときの図 **3** の pv 図は，**P41** の図 **2** の二酸化炭素の pv 図と似た曲線になるので，ファン・デル・ワールスの状態方程式は，実在の気体をよく近似していると言える。

ファン・デル・ワールスの状態方程式
$$p=\frac{RT}{v-b}-\frac{a}{v^2}\quad\cdots(*k)'$$

しかし(ⅲ)$T < T_c$ のとき，ファン・デル・ワールスの状態方程式から描いた pv 図は，極大点(山)と極小点(谷)をもつ曲線となって，図 **2** の実際の pv 図とはまったく異なることが分かった。ン？それじゃ，このファン・デル・ワールスの状態方程式は使えないじゃないかって!? 実は使えるんだ！これについては後で詳しく解説するから，もう少し待ってくれ。

それでは，次の例題で，ファン・デル・ワールスの状態方程式の温度・圧力・体積の臨界値を求めてみよう。

> 例題 7　$T=T_c$(臨界温度)のとき，ファン・デル・ワールスの方程式を基に，臨界圧力 p_c，臨界体積 v_c，臨界温度 T_c をファン・デル・ワールス定数 a，b で表してみよう。

$T=T_c$ のとき，ファン・デル・ワールスの状態方程式より，

$$p=p(v)=RT_c\cdot(v-b)^{-1}-av^{-2}\quad\cdots\cdots①$$

R，T_c，a，b は定数より，圧力 p は v のみの関数となる。

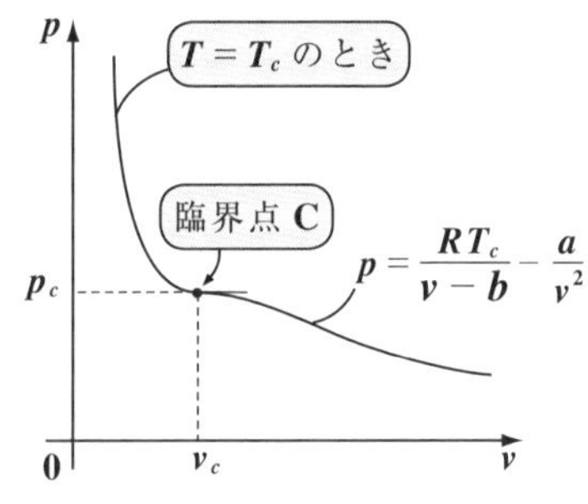

右図に示すように，臨界点 C において，

(ⅰ)$\dfrac{dp}{dv}=0$ ……②　かつ　(ⅱ)$\dfrac{d^2p}{dv^2}=0$ ……③　となる。

C において接線の傾きは **0** となる。

下に凸から上に凸に変わる変曲点

(ⅰ)②より，

$$\frac{dp}{dv}=-RT_c(v-b)^{-2}+2av^{-3}=\boxed{-\frac{RT_c}{(v-b)^2}+\frac{2a}{v^3}=0}$$

$$\therefore \frac{RT_c}{(v-b)^2} = \frac{2a}{v^3} \quad \cdots\cdots④$$ となる。

(ⅱ) ③より,

$$\frac{d^2p}{dv^2} = 2RT_c(v-b)^{-3} - 6av^{-4} = \boxed{\frac{2RT_c}{(v-b)^3} - \frac{6a}{v^4} = 0}$$

$$\therefore \frac{2RT_c}{(v-b)^3} = \frac{6a}{v^4} \quad \cdots\cdots⑤$$ となるのもいいね。

ここで, ④ ÷ ⑤より,

$$\frac{\dfrac{RT_c}{(v-b)^2}}{\dfrac{2RT_c}{(v-b)^3}} = \frac{\dfrac{2a}{v^3}}{\dfrac{6a}{v^4}} \qquad \frac{v-b}{2} = \frac{v}{3} \qquad 3(v-b) = 2v$$

$$\therefore v = v_c = 3b \quad \cdots\cdots⑥$$

臨界体積 v_c が求まった!

次, ⑥を④に代入して, 臨界温度 T_c を求めてみよう。

$$\frac{RT_c}{(3b-b)^2} = \frac{2a}{(3b)^3} \qquad \frac{R}{4b^2}T_c = \frac{2a}{27b^3}$$

$$\therefore T_c = \frac{2a}{27b^3}\cdot\frac{4b^2}{R} = \frac{8}{27R}\cdot\frac{a}{b} \quad \cdots\cdots⑦$$ となる。

⑥, ⑦を①に代入して, 臨界圧力 p_c を求めよう。

$$p_c = \frac{RT_c}{v-b} - \frac{a}{v^2} = \frac{R}{2b}\cdot\frac{8}{27R}\cdot\frac{a}{b} - \frac{a}{9b^2}$$

$$= \left(\frac{4}{27} - \frac{1}{9}\right)\frac{a}{b^2} = \frac{1}{27}\cdot\frac{a}{b^2}$$

以上より, 求める臨界圧力 p_c, 臨界体積 v_c, 臨界温度 T_c は

$p_c = \dfrac{1}{27}\cdot\dfrac{a}{b^2}$, $v_c = 3b$, $T_c = \dfrac{8}{27R}\cdot\dfrac{a}{b}$ となって, 答えだ。

大丈夫だった?

● 還元状態方程式も求めてみよう！

ファン・デル・ワールスの状態方程式：

$\left(p+\frac{a}{v^2}\right)(v-b)=RT \quad (v>b) \quad \cdots\cdots(*k)$ のファン・デル・ワールス定数 a，b が気体によって異なる値をとることは，既に表 1(P43) に示した。そして，この臨界圧力 $p_c=\frac{1}{27}\cdot\frac{a}{b^2}$，臨界体積 $v_c=3b$，臨界温度 $T_c=\frac{8}{27R}\cdot\frac{a}{b}$ となることも導いた。

それでは，これらの臨界値を使って，新たな圧力，体積，温度の変数 p_r，v_r，T_r をそれぞれ次のように定義してみよう。

$$p_r=\frac{p}{p_c} \quad \cdots\cdots(a), \quad v_r=\frac{v}{v_c} \quad \cdots\cdots(b), \quad T_r=\frac{T}{T_c} \quad \cdots\cdots(c)$$

このように，p, v, T をそれぞれの臨界値 p_c, v_c, T_c で割ることによって定義された変数 p_r，v_r，T_r はすべて無次元数で，“還元化（かんげんか）” された変数と呼ぶ。

“単位がない変数”という意味

では，この還元化された変数 p_r，v_r，T_r を使って，ファン・デル・ワールスの状態方程式を書き変えてみることにしよう。

(a)，(b)，(c) より，

$$p=p_c p_r=\frac{1}{27}\cdot\frac{a}{b^2}p_r \quad \cdots\cdots(a)', \quad v=v_c v_r=3bv_r \quad \cdots\cdots(b)'$$

$$T=T_c T_r=\frac{8}{27R}\cdot\frac{a}{b}T_r \quad \cdots\cdots(c)'$$ となる。

以上 $(a)'$，$(b)'$，$(c)'$ を $(*k)$ に代入すると，

$$\left(\frac{1}{27}\cdot\frac{a}{b^2}p_r+\frac{a}{9b^2v_r^2}\right)(3bv_r-b)=R\cdot\frac{8}{27R}\cdot\frac{a}{b}T_r$$

$$\left(\frac{1}{27}\cdot\frac{a}{b^2}p_r+\frac{a}{9b^2v_r^2}\right)=\frac{1}{27}\cdot\frac{a}{b^2}\left(p_r+\frac{3}{v_r^2}\right), \quad (3bv_r-b)=3b\left(v_r-\frac{1}{3}\right)$$

$$\frac{1}{9}\cdot\frac{a}{b}\left(p_r+\frac{3}{v_r^2}\right)\left(v_r-\frac{1}{3}\right)=\frac{8}{27}\cdot\frac{a}{b}T_r$$

よって，次の p_r，v_r，T_r による状態方程式：

$$\left(p_r+\frac{3}{{v_r}^2}\right)\left(v_r-\frac{1}{3}\right)=\frac{8}{3}T_r \quad \left(v_r>\frac{1}{3}\right) \quad \cdots\cdots(*l)$$ が導ける。

$(*l)$ はファン・デル・ワールス定数 a，b のみでなく気体定数 R さえ含まないシンプルな状態方程式になった。この $(*l)$ のことを "**還元状態方程式**（かんげんじょうたいほうていしき）" と呼ぶことにしよう。このように，変数を無次元化(還元化)することにより，気体の種類によらない一般的な気体の状態方程式が得られたんだね。

この還元状態方程式 $(*l)$ を $p_r=p_r(v_r,\ T_r)$ の形に変形すると，

$$p_r=\frac{8T_r}{3v_r-1}-\frac{3}{{v_r}^2} \quad \cdots\cdots(*l)'$$

となる。ここで，$T=T_c$(臨界温度)のとき，(c) より，$T_r=1$ となる。よって，ファン・デル・ワールスの状態方程式のときと同様に，T_r の値により，(i) $T_r>1$，(ii) $T_r=1$，(iii) $T_r<1$ の 3 つの場合に分けて，$(*l)'$ による p_rv_r 図を描くと図 4 のようになる。

図 4　還元状態方程式 (p_rv_r 図)

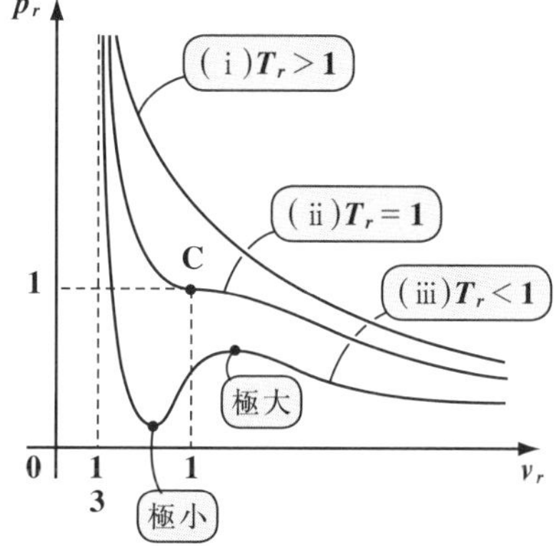

(i) $T_r>1$ のとき，理想気体の pv 図と同様のグラフになる。
(ii) $T_r=1$ のとき，臨界温度における p_rv_r 図になるため，臨界点 C が現われる。
(iii) $T_r<1$ のとき，極小点(谷)と極大点(山)が現われる。

よって，還元状態方程式 $(*l)$ においても，(i) $T_r>1$ と (ii) $T_r=1$ のときは，実在の気体の状態をよく近似していると言えるが，(iii) $T_r<1$ のときは，実在の気体が変化して液体となる状態の変化を正しく表現しているとは言えないことが分かったんだね。

それでは，結果(図 4)(P47) は既に分かってはいるんだけれど，$T_r=1$ のときの還元状態方程式による p_rv_r 図を，実際に計算して求めてみよう。

例題 8　還元状態方程式：$\left(p_r+\dfrac{3}{v_r^2}\right)\left(v_r-\dfrac{1}{3}\right)=\dfrac{8}{3}T_r$ ……(*l)

$\left(v_r>\dfrac{1}{3}\right)$ を利用して，$T_r=1$ のときの p_rv_r 図を求めてみよう。

$T_r=1$，すなわち $T=T_c$(臨界温度) のとき，(*l) は，

（$T=T_c$ のとき，$T_r=\dfrac{T}{T_c}=\dfrac{T_c}{T_c}=1$ となるからね。）

$\left(p_r+\dfrac{3}{v_r^2}\right)\left(v_r-\dfrac{1}{3}\right)=\dfrac{8}{3}$　となる。

これを $p_r=p_r(v_r)$ の形に変形すると，（p_r は v_r の 1 変数関数となる。）

$$p_r=p_r(v_r)=\frac{8}{3\left(v_r-\frac{1}{3}\right)}-\frac{3}{v_r^2}=8(3v_r-1)^{-1}-3v_r^{-2} \quad \cdots\cdots①$$

p_r を v_r で微分して，

$$\frac{dp_r}{dv_r}=p'_r(v_r)=\underline{-8(3v_r-1)^{-2}\cdot 3}+6v_r^{-3}$$

（$3v_r-1=u$ とおいて，合成関数の微分を行った。）

$$=-\frac{24}{(3v_r-1)^2}+\frac{6}{v_r^3}=-6\left\{\frac{4}{(3v_r-1)^2}-\frac{1}{v_r^3}\right\}$$

$$=-6\cdot\frac{4v_r^3-(3v_r-1)^2}{v_r^3(3v_r-1)^2}$$

$$=-6\cdot\frac{4v_r^3-9v_r^2+6v_r-1}{v_r^3(3v_r-1)^2}$$

（$4v_r^3-9v_r^2+6v_r-1=(4v_r-1)(v_r-1)^2$）

組立て除法を使った。

	4	−9	6	−1
1)	↓	4	−5	1
	4	−5	1	(0)
1)	↓	4	−1	
	4	−1	(0)	

$$=-\frac{6(4v_r-1)(v_r-1)^2}{v_r^3(3v_r-1)^2}$$

（$\dfrac{6(4v_r-1)}{v_r^3(3v_r-1)^2}$ は ⊕ $\left(\because v_r>\dfrac{1}{3}\right)$）

ここで，$v_r>\dfrac{1}{3}$ より，$\dfrac{6(4v_r-1)}{v_r^3(3v_r-1)^2}>0$ だね。

よって，$p_r{}'(v_r)$ の符号に関する本質的な部分を $\widetilde{p_r{}'(v_r)}$ とおくと，

$\widetilde{p_r{}'(v_r)} = -(v_r - 1)^2$ となる。

よって，$v_r > \frac{1}{3}$ における p_r の増減表は，右下のようになる。

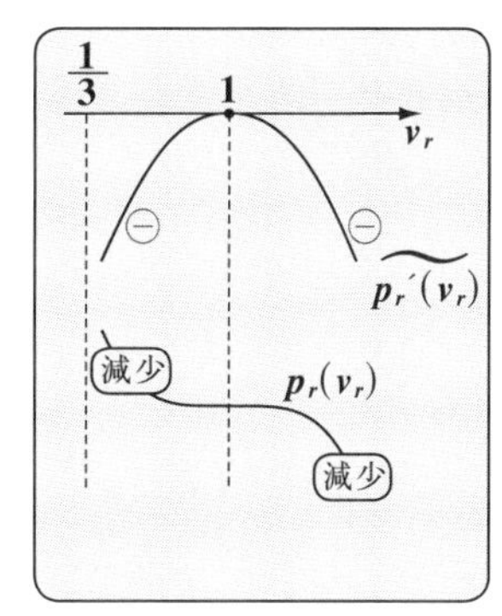

ここで，$v_r = 1$ のとき，①より，

$p_r(1) = \frac{8}{3\cdot 1 - 1} - \frac{3}{1^2} = 1$　となる。

さらに，$v_r \to \frac{1}{3} + 0$ と $v_r \to \infty$ の 2 つの極限を求めると，

$$\lim_{v_r \to \frac{1}{3}+0} p_r(v_r) = \lim_{v_r \to \frac{1}{3}+0} \left(\underbrace{\frac{8}{3v_r - 1}}_{+\infty} - \underbrace{\frac{3}{v_r{}^2}}_{27} \right)$$

$= +\infty$　となり，

$$\lim_{v_r \to +\infty} p_r(v_r) = \lim_{v_r \to +\infty} \left(\underbrace{\frac{8}{3v_r - 1}}_{0} - \underbrace{\frac{3}{v_r{}^2}}_{0} \right)$$

$= 0$　となる。

p_r の増減表 $\left(v_r > \frac{1}{3}\right)$

v_r	$\left(\frac{1}{3}\right)$		1	
$p_r{}'$	／	−	0	−
p_r	／	↘	1	↘

以上より，$T_r = 1$ のときの $p_r v_r$ 図は右図のようになることが分かるんだね。

納得いった？

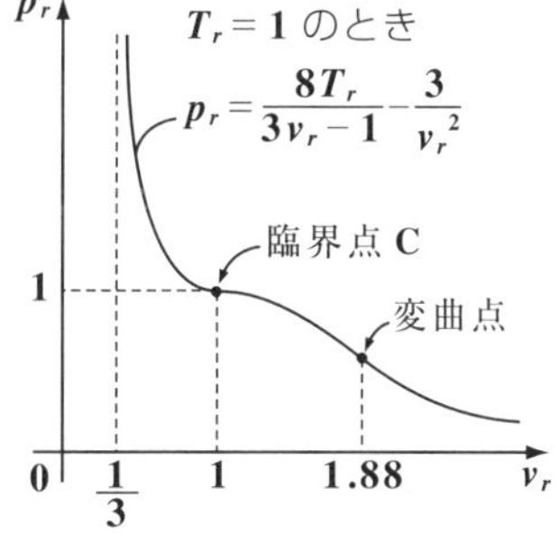

（ ここで，$p_r(v_r)$ の 2 階微分 $p_r{}''(v_r)$ は求めていないけれど，実際に $p_r{}''(v_r) = 0$ から，$v_r = 1$ 以外に $v_r \fallingdotseq 1.88$ のところにも変曲点が存在する。興味のある方は，実際に自分で確認してみるといい。）

それでは，次，$T_r < 1$ のときの $p_r v_r$ 図についても，次の例題で実際に求めてみよう。

例題 9　還元状態方程式：$\left(p_r+\dfrac{3}{v_r^2}\right)\left(v_r-\dfrac{1}{3}\right)=\dfrac{8}{3}T_r$　……(∗l)

$\left(v_r>\dfrac{1}{3}\right)$ を利用して，$T_r=\dfrac{27}{32}$ のときの p_rv_r 図を求めてみよう。

$T_r=\dfrac{27}{32}(<1)$ のとき，これを (∗l) に代入して，$p_r=p_r(v_r)$ の形にまとめると，

$$\left(p_r+\frac{3}{v_r^2}\right)\left(v_r-\frac{1}{3}\right)=\underbrace{\frac{8}{3}\cdot\frac{27}{32}}_{\frac{9}{4}}$$

$$\therefore\ p_r=p_r(v_r)=\frac{9}{4}\cdot\frac{3}{3v_r-1}-\frac{3}{v_r^2}=\frac{27}{4}(3v_r-1)^{-1}-3v_r^{-2}\quad\cdots\cdots①$$ となる。

ここで，p_r を v_r で微分して，

$$\frac{dp_r}{dv_r}=p_r'(v_r)=-\frac{27}{4}(3v_r-1)^{-2}\cdot3+6v_r^{-3}$$

$$=-3\left\{\frac{27}{4(3v_r-1)^2}-\frac{2}{v_r^3}\right\}=-3\cdot\frac{27v_r^3-8(3v_r-1)^2}{4v_r^3(3v_r-1)^2}$$

$$=-\frac{3(27v_r^3-72v_r^2+48v_r-8)}{4v_r^3(3v_r-1)^2}$$

$\oplus\left(\because v_r>\dfrac{1}{3}\right)$

ここで，$v_r>\dfrac{1}{3}$ より，$\dfrac{3}{4v_r^3(3v_r-1)^2}>0$ となる。

よって，$p_r'(v_r)$ の符号に関する本質的な部分を $\widetilde{p_r'(v_r)}$ とおくと，

$$\widetilde{p_r'(v_r)}=-(27v_r^3-72v_r^2+48v_r-8)$$

$$=-\left(v_r-\frac{2}{3}\right)(27v_r^2-54v_r+12)$$

$$=-(3v_r-2)(9v_r^2-18v_r+4)$$

組立て除法

	27	−72	48	−8
$\frac{2}{3}$)	↓	18	−36	8
	27	−54	12	(0)

よって，$\widetilde{p_r'(v_r)}=0$ のとき，$v_r=\dfrac{2}{3}$ または $1\pm\dfrac{\sqrt{5}}{3}$　（$\sqrt{5}\fallingdotseq2.24$）

$9v_r^2-18v_r+4=0$ の解 → $v_r=\dfrac{9\pm\sqrt{9^2-9\cdot4}}{9}=1\pm\dfrac{\sqrt{45}}{9}=1\pm\dfrac{3\sqrt{5}}{9}$

よって，$v_r > \frac{1}{3}$ における p_r の増減表は右下に示すようになる。

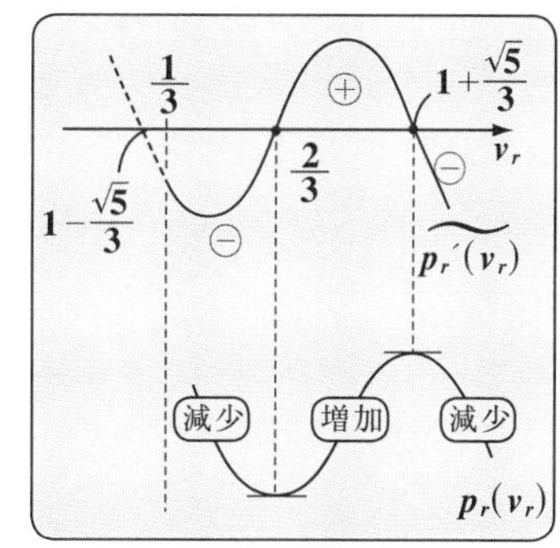

ここで①より，極値を求めると

極小値 $p_r\left(\frac{2}{3}\right) = \frac{27}{4\cdot(2-1)} - \frac{3}{\left(\frac{2}{3}\right)^2} = 0$

極大値 $p_r\left(1+\frac{\sqrt{5}}{3}\right) = \frac{27}{4\cdot(\sqrt{5}+2)} - \frac{3}{\left(1+\frac{\sqrt{5}}{3}\right)^2}$

$$= \frac{27}{8}(5\sqrt{5}-11)$$

約 0.61 となる。これも自分で確かめよう。

さらに，$v \to \frac{1}{3}+0$ と $v \to \infty$ の 2 つの極限を求めると，

p_r の増減表 $\left(v_r > \frac{1}{3}\right)$

v_r	$\left(\frac{1}{3}\right)$		$\frac{2}{3}$		$1+\frac{\sqrt{5}}{3}$	
p_r'	/	$-$	0	$+$	0	$-$
p_r	/	↘	極小	↗	極大	↘

$$\lim_{v_r \to \frac{1}{3}+0} p_r(v_r) = \lim_{v_r \to \frac{1}{3}+0} \left\{ \underbrace{\frac{27}{4(3v_r-1)}}_{+\infty} - \underbrace{\frac{3}{v_r^2}}_{27} \right\}$$

$= +\infty$ となり，

$$\lim_{v_r \to +\infty} p_r(v_r) = \lim_{v_r \to +\infty} \left\{ \underbrace{\frac{27}{4(3v_r-1)}}_{0} - \underbrace{\frac{3}{v_r^2}}_{0} \right\} = 0 \quad となる。$$

以上より，$T_r = \frac{27}{32}$ のときの $p_r v_r$ 図は右図のようになることが分かった。

ただし，これは，$T < T_c$ のときのファン・デル・ワールスの状態方程式のときと同様に，実在の気体を表していないことに注意しよう。

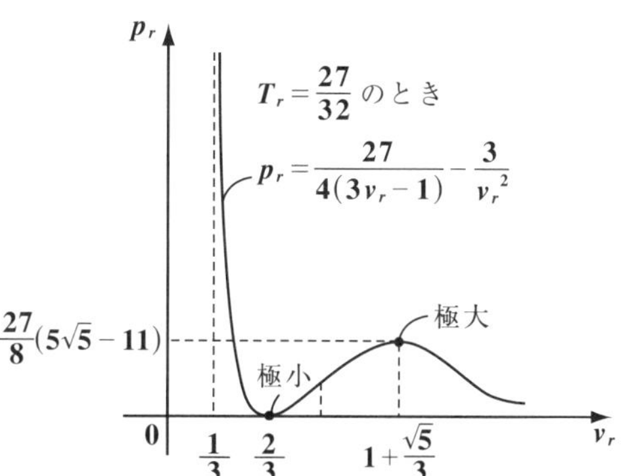

● $T < T_c$ では，マクスウェルの規則が有効だ！

$T < T_c$ の状態で，実在の気体

（還元状態方程式では $T_r < 1$ の状態だ。）

を加圧すると，気体は液化するので，図 5(ⅰ) に示すように，その pv 図には必ず，v 軸と平行な直線部分 (赤で示した線分) が現

（液体と気体が共存する部分）

われるんだね。

これに対して，ファン・デル・ワールスの状態方程式：

$\left(p + \dfrac{a}{v^2}\right)(v - b) = RT \cdots (*k)$ により描かれる pv 図は，図 5(ⅱ) に示すように，極大点と極小点をもつ曲線となるため，実在の気体の pv 図とはまったく異なることが分かるだろう。

図 5　$T < T_c$ のとき

(ⅰ) 実在の気体の pv 図

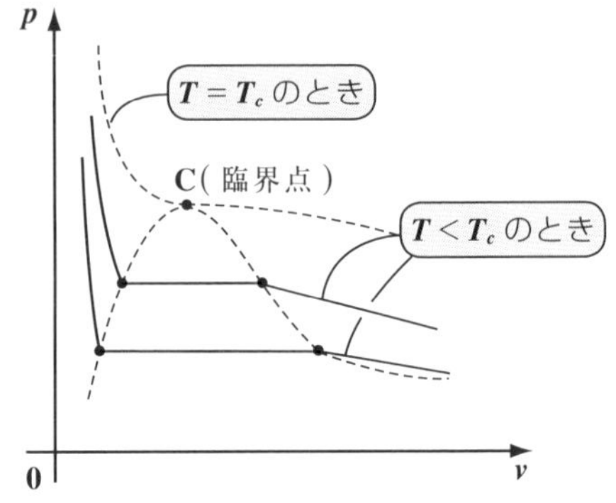

(ⅱ) ファン・デル・ワールスの状態方程式による pv 図

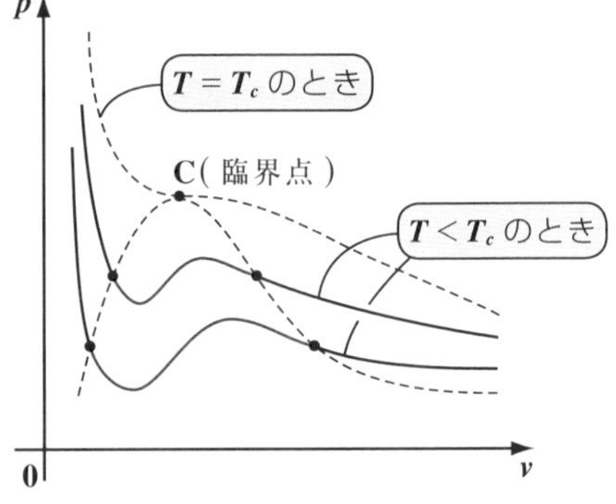

では，ファン・デル・ワールスの方程式はまったく使えないのかというと，そうでもないんだ。

図 6 に示すように，ファン・デル・ワールスの状態方程式による pv 図 (曲線) に対して，v 軸と平行な線分を引き，この線分と曲線とで囲まれる 2 つの部分の面積 S_1 と S_2 が等しくなるようにすると，これが実在の気体と液体が共存する状態を，もちろん近

図 6　マクスウェルの規則

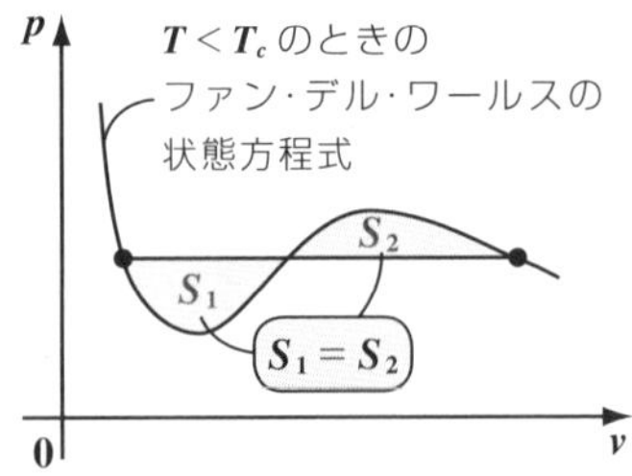

似的ではあるけれど，表していることになるんだ。これを“**マクスウェルの規則**”，または，“**等面積の規則**”という。

このマクスウェルの規則を用いれば，図**5**(ｉ)の実在の気体のpv図と，図**5**(ii)のファン・デル・ワールスの状態方程式によるpv図とを見事に重ねて示すことが出来るんだね。

図**7**　マクスウェルの規則

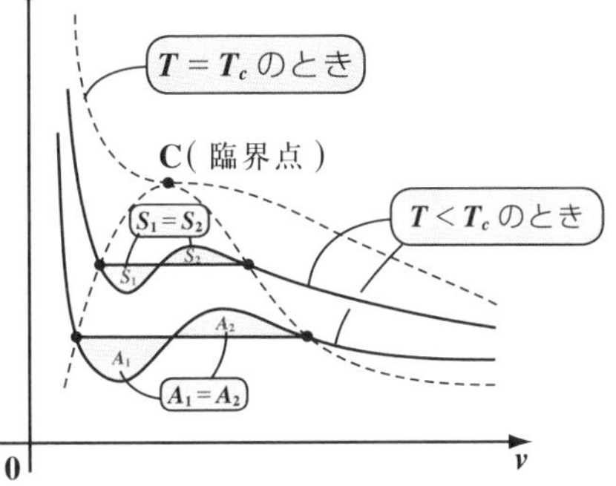

このマクスウェルの規則が成り立つため，ファン・デル・ワールスの状態方程式は，実在の気体の状態を表す方程式として，広く利用されているんだね。

では，何故，マクスウェルの規則(等面積の規則)が成り立つのかって!? いい質問だけど，その理由を解説するためには，まだ時期尚早だ。この規則の証明には，“**熱力学第2法則**”から導かれる“**エントロピー**”の計算法を知っていなければならないし，また，“**ギブスの自由エネルギー**”Gの知識も必要だ。これらの解説が終わった後で，このマクスウェルの規則が成り立つことを証明しよう。(**P164**) もうしばらく待ってくれ。これから，すべて分かるようにステップ・バイ・ステップに教えていくからね。

講義 2 ● 熱平衡と状態方程式　公式エッセンス

1.　熱力学第 0 法則

「系 **A** と系 **B** が熱平衡状態にあり、同じ状態の系 **A** と系 **C** もまた熱平衡状態にあるならば，系 **B** と系 **C** も熱平衡状態にあり，系 **B** と系 **C** の温度は等しい。」

2.　気体分子の運動エネルギー

単原子分子理想気体について，**1** 個の気体分子の平均運動エネルギーは，気体の絶対温度が T(**K**) のとき，

$$\frac{1}{2}m<v^2> = \frac{3}{2}kT \quad \left(\begin{array}{l}\text{ボルツマン定数}\quad k=\dfrac{R}{N_A}=1.381\times10^{-23}(\mathrm{J/K})\\ \text{アボガドロ数}\ N_A=6.022\times10^{23}(1/\mathrm{mol})\end{array}\right)$$

3.　ファン・デル・ワールスの状態方程式

$$\left(p+\frac{a}{v^2}\right)(v-b)=RT \quad (v>b) \quad (a,b\text{：ファン・デル・ワールス定数})$$

ファン・デル・ワールス定数 a, b は，気体の種類によって異なる。臨界温度 T_c に対して、$T \geqq T_c$ のときの pv 図は，実在の気体の pv 図と似た曲線になる。

4.　臨界圧力 p_c，臨界体積 v_c，臨界温度 T_c

$$p_c=\frac{1}{27}\cdot\frac{a}{b^2},\ v_c=3b,\ T_c=\frac{8}{27R}\cdot\frac{a}{b} \quad (a,b\text{：ファン・デル・ワールス定数})$$

5.　還元状態方程式

$$\left(p_r+\frac{3}{{v_r}^2}\right)\left(v_r-\frac{1}{3}\right)=\frac{8}{3}T_r \quad \left(v_r>\frac{1}{3}\right) \quad \left(p_r=\frac{p}{p_c},\ v_r=\frac{v}{v_c},\ T_r=\frac{T}{T_c}\right)$$

（気体の種類によらない一般的な気体の状態方程式）

6.　マクスウェルの規則 (等面積の規則)

$T<T_c$ のときの ファン・デル・ワールスの状態方程式による pv 図 (曲線) に対して，v 軸と平行な線分を引き，この線分と曲線とで囲まれる **2** つの部分の面積 S_1 と S_2 が等しくなるようにすると，この線分は実在の気体と液体が共存する状態を近似的に表す。

熱力学第 1 法則

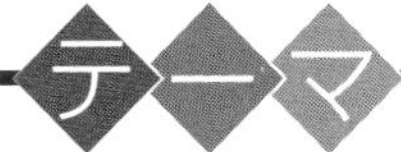

▶ 熱力学第 1 法則

（単原子理想気体の内部エネルギー $U = \dfrac{3}{2}nRT$
熱力学第 1 法則 $dU = d'Q - d'W$）

▶ 比熱

（定積比熱 $C_V = \left(\dfrac{\partial u}{\partial T}\right)_v$, 定圧比熱 $C_p = \left(\dfrac{\partial h}{\partial T}\right)_p$
断熱変化 $pV^{\gamma} = $ (一定)）

§1. 熱力学第1法則

さァ，これから熱力学のメインテーマの**1**つ“**熱力学第1法則**”の講義に入ろう。熱の正体は，ミクロで見れば，膨大な数の分子の不規則な運動エネルギーに他ならないんだね。そして，この熱力学第**1**法則とは，簡単に言うと，熱力学的なエネルギーの保存則のことなんだ。

ここでは，まず初めに，“**準静的過程**(じゅんせいてきかてい)”と“**可逆過程**(かぎゃくかてい)”について解説しよう。そして，ある熱力学的な系がもつ状態量の**1**つとして“**内部エネルギー**” $\boldsymbol{U}$ について教えよう。この内部エネルギー $\boldsymbol{U}$ こそ，その系に含まれる全分子の運動エネルギーの総和のことなんだ。そして，この内部エネルギー $\boldsymbol{U}$ の変化に関する法則として，“**熱力学第1法則**”があるんだよ。

それでは，順を追って解説していくことにしよう。

● 準静的過程は，じわじわと変化する過程のことだ！

1(atm) の下で **1(g)** の水を加熱して温度を **1(℃)** だけ上げるのに必要な熱量が **1(cal)** であることは，みなさん御存知のはずだ。ここで，“水を加熱する”ことのミクロ的な意味は，**P36** に気体分子で解説したものと同様に，たとえば水の入っている容器を加熱して，水分子よりも容器の分子の不規則な運動エネルギーを大きくして，それに衝突した水分子の不規則運動の激しさを次々と増大させ，伝播させていくことなんだね。そして，このプロセスをマクロに見て，ボク達は“加熱した高温の容器から低温の水に熱が伝達した”と判断するんだね。

(“カロリー”と読む。)

このように，熱の正体は，ミクロな分子の不規則な運動エネルギーなので，当然熱量の **1(cal)** はエネルギー（または，仕事）の単位 **(J)** で，次のように換算できる。

$$\mathbf{1(cal) = 4.186(J)} \quad \cdots\cdots(*m)$$

(これは，**1(cal)** ≒ **4.2(J)** と簡単に覚えておいてもいいと思う。)

これを，“**熱の仕事当量**(しごととうりょう)”というんだね。

それでは次，"**準静的過程**" (***quasi-static process***) について解説しよう。ここで，**1(mol)** の理想気体の pv 図を図 **1** に示す。

$pv = RT$ …(＊e)′ で状態が表せる気体

図 **1** の A 点と B 点は，その圧力と体積と温度が，それぞれ (p_1, v_1, T_1) と (p_1, v_2, T_2) の状態を表す点とする。このとき，当然，A 点と B 点において，系は熱平衡状態にあることは言うまでもない。

マクロに見て等方・均一で，系のどこの圧力も温度も一定の状態のこと。

図 **1** 準静的過程

(ⅰ) 定圧過程を表す pv 図

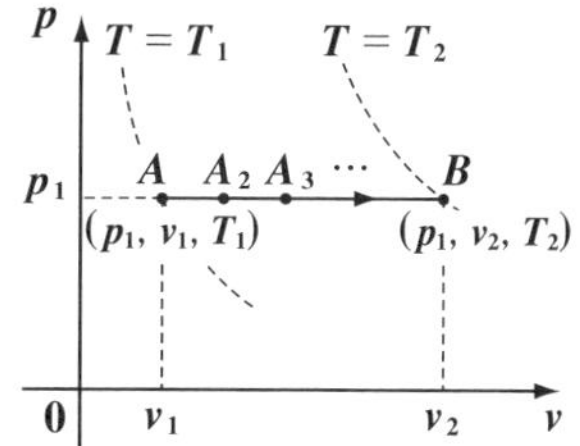

(ⅱ) 具体的なイメージ

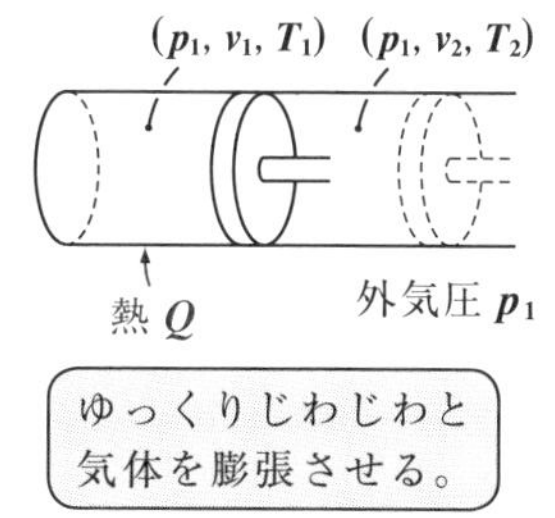

ゆっくりじわじわと気体を膨張させる。

そして，図 **1** では点 A の状態から点 B の状態に向かう線分が引かれているので，圧力は p_1 一定のまま，体積と温度を増加させて，点 A の状態から点 B の状態まで変化させている。この "**定圧過程**" の具体的なイメージは湧くだろうか？

系の状態を変化させる過程の内，(ⅰ) 圧力が一定のものを "**定圧過程**"，(ⅱ) 体積が一定のものを "**定積過程**"，(ⅲ) 温度が一定のものを "**等温過程**" という。

エッ，図 **1**(ⅱ) のように，大気圧 p_1**(atm)** の下で，ピストン付きのシリンダーに入れた **1(mol)** の A の状態 (p_1, v_1, T_1) の気体をガスの火などで加熱して，B の状態 (p_1, v_2, T_2) まで，体積と温度を増加させるイメージだって？惜しいけど，ちょっと違うな。シリンダー内の気体をガスの火などを使って急激に加熱すると，気体の体積や温度は確かに増加するけれど，気体に対流などの乱れが生じるため，熱平衡状態が保てなくなるんだね。ン？途中経過なんてどうでもいい，A の状態から B の状態にもち込めればいいって？それも違う！図 **1**(ⅰ) に点 A から点 B に結んだ線分上の $A_2, A_3, \cdots$ などの任意の点における気体の状態は，すべて熱平衡状態でなければならない。何故なら，熱平衡状態にあるときのみ，その状態を pv 図上に点で示すことができるからだ。

ということは，$A \to B$ へのプロセス（変化）は，気体（系）にほんの少しずつ熱を加えては気体の熱平衡状態を保ちながら，ゆっくりじわじわと変化させていく過程に他ならないんだね。このように，

いつも系の熱平衡状態を保ちながら，無限にゆっくり変化させる理想的な過程のことを"**準静的過程**"という。

そして，この $A \to B$ に向かう準静的過程であれば，今度は，ビデオを逆回しにするように，$B \to A$ に向かう逆向きの準静的過程も可能であることが分かるはずだ。今度は，B の状態からほんの少しずつ熱を放出させては気体の熱平衡状態を保ちながら，じわじわと気体を収縮させて A の状態まで戻すことは可能だからね。このように，順逆いずれの向きにも状態を変化させることのできる過程を"**可逆過程**(かぎゃくかてい)"(***reversible process***)という。

これに対して，急激に加熱して，気体を A から B の状態にもち込む場合，その途中に渦が発生したり気体に乱れが生じるはずであり，これを逆に急激に冷却して，B から A の状態にもち込もうとしても，前の渦などまったく逆向きの気体の乱れが生じることはあり得ない。したがって，このような急激な加熱や冷却などによる状態の変化の過程は逆戻りができないので，"**不可逆過程**(ふかぎゃくかてい)"(***irreversible process***)と呼ぶ。

ビーカーの水に **1** 滴の赤いインクを垂らして放置しておくと，一様なピンク色の液体に変わる過程や，高温の物体から低温の物体に熱が移動して **2** つが等しい温度になる過程などなど…，これらはすべて不可逆過程であり，可逆過程となるものは前述した準静的過程くらいなんだね。よって，

（ゆっくりじわじわ変化）≡（準静的過程）≡（可逆過程）

と覚えておくといいよ。

では何故このような非現実的な準静的過程（可逆過程）を考える必要があるのかって？それは，このような非現実的な準静的過程であれば，すべての経路上の点で，p，v，T などの状態量が決定でき，理論的な取り扱いが簡単になるからなんだね。

● 内部エネルギーUを新たな状態量に加えよう！

熱力学的な系の状態量として，圧力p，体積V，温度Tについて解説してきたけれど，ここで新たな状態量として"**内部エネルギー**"Uを加えよう。この系のもつ内部エネルギーUとは，その系に含まれる分子（または原子）のミクロな不規則な運動エネルギーの総和のことなんだ。

これには，本当は分子間力のポテンシャル・エネルギーも含まれるが，ここでは無視することにする。

であれば，単原子分子理想気体の1分子がもつ平均運動エネルギーが，

$$\frac{1}{2}m<v^2>=\frac{3}{2}kT \quad \cdots\cdots(*i)' \qquad \left(k\left[=\frac{R}{N_A}\right]:\text{ボルツマン定数}\right)$$

となること（P33）は既に知っているので，この場合の内部エネルギーUはすぐに求まる。

$(*i)'$の導き方を簡単に復習しておこう。

1辺の長さlの立方体状の容器に単原子分子理想気体(p, V, T)が$n(\mathrm{mol})$入っているものとする。x軸に垂直な容器の壁に1つの分子が1回の衝突で及ぼす力積ftは，

$$ft=2mv_x$$

よって，$t=1$秒間に衝突する回数は$\frac{v_x}{2l}$より，

$$f=2mv_x\cdot\frac{v_x}{2l}=\frac{m{v_x}^2}{l}$$

ここで，${v_x}^2$の平均$<{v_x}^2>$を用い，系内のnN_A個のすべての分子がこの壁面に及ぼす力をFと表すと，

$$F=nN_Af=nN_A\cdot\frac{m<{v_x}^2>}{l} \quad \text{となる。}$$

さらに，壁面が気体分子により受ける圧力Pは，$P=\frac{F}{l^2}$であり，

また，$<v^2>=<{v_x}^2>+<{v_y}^2>+<{v_z}^2>$，$<{v_x}^2>=<{v_y}^2>=<{v_z}^2>$より，

$$<{v_x}^2>=\frac{1}{3}<v^2> \qquad \text{よって，これから，}$$

$$P=\frac{F}{l^2}=nN_A\cdot\frac{1}{3}m\frac{<v^2>}{l^3} \qquad \therefore PV=\frac{2}{3}nN_A\cdot\frac{1}{2}m<v^2> \quad \text{となる。}$$

（l^3：V（体積））

これと，状態方程式$PV=nRT$より，$(*i)'$が導けるんだね。大丈夫？

系内の nN_A 個すべての単原子分子がもつ運動エネルギーの総和が，この内部エネルギー U となるので，$(*i)'$ より，

> 単原子分子理想気体の 1 分子がもつ平均運動エネルギー
> $\frac{1}{2}m\langle v^2\rangle = \frac{3}{2}kT$ …$(*i)'$

$$U = nN_A \cdot \frac{1}{2}m\langle v^2\rangle = nN_A \cdot \frac{3}{2}\underbrace{k}_{\frac{R}{N_A}}T$$

よって，n(mol) の単原子分子理想気体の内部エネルギー U は，

$U = \frac{3}{2}nRT$ ……$(*n)$ 　となるんだね。

(ただし，気体定数 $R = 8.31$(J/mol K))

ここで，理想気体の場合，内部エネルギー U は，温度 T のみの関数で表されることに注意しよう。一般の実在の気体に関しては，U は T と V の 2 変数関数，すなわち，$U = U(V, T)$ で表される。

それでは次，2 原子分子や，3 原子以上の多原子分子の理想気体の場合，その内部エネルギー U はどのように表されるのだろうか？興味のあるところだね。

これについては，P33 で解説したように，分子の自由度と，エネルギーの等分配の法則が決め手となる。すなわち，1 つの分子の運動に対して，1 自由度当たり $\frac{1}{2}kT$ のエネルギーが割り当てられると考えるんだね。よって，図 2(ⅰ) に示すような単原子分子であれば，その運動は x 軸，y 軸，z 軸方向の 3 つの自由度をもつので，1 分子の平均運動エネルギー $\frac{1}{2}m\langle v^2\rangle$ は，

$\frac{1}{2}m\langle v^2\rangle = \underbrace{3}_{\text{自由度}} \cdot \frac{1}{2}kT$ 　となって，$(*i)'$ になると考える。

図 2　分子運動の自由度

(ⅰ) 単原子分子 (自由度 3)

(ⅱ) 2 原子分子 (自由度 5)

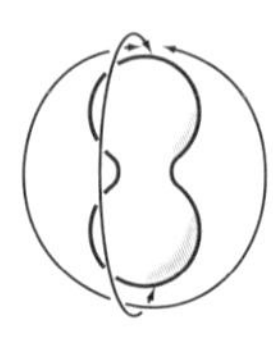

(ⅲ) 3 原子分子 (多原子分子) (自由度 6)

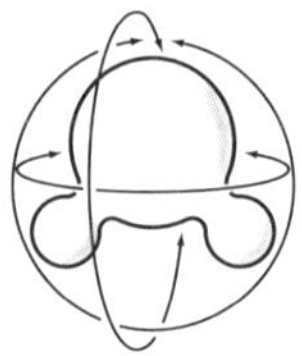

それでは次，常温の2原子分子の自由度は図2(ⅱ)に示すように，重心のx軸，y軸，z軸方向への運動の自由度3に加え，2方向の回転が加わるので，全部で自由度は5となる。これから，1分子の平均運動エネルギーは，$\underset{\text{自由度}}{5}\cdot\frac{1}{2}kT=\frac{5}{2}kT$ となるので，n(mol)の2原子分子理想気体の内部エネルギーUは，

$$U=nN_A\cdot\frac{5}{2}\underset{\left(\frac{R}{N_A}\right)}{k}T=\frac{5}{2}nRT \quad \cdots\cdots(*n)' \quad \text{となる。}$$

> 高温になると，2原子分子には2つの原子の間に振動が生じる。このためさらに，自由度2が加わって，高温の2原子分子の全自由度は7となる。よって，1分子の平均運動エネルギーは $7\cdot\frac{1}{2}kT=\frac{7}{2}kT$　よって，n(mol)の2原子分子理想気体の内部エネルギーUは，
>
> $$U=\frac{7}{2}nRT \quad \cdots\cdots(*n)'' \quad \text{となる。}$$

最後に，3原子以上の多原子分子の場合，その自由度は図2(ⅲ)に示すように，重心のx軸，y軸，z軸方向への運動の自由度3に加え，3方向の回転の自由度が加わるので，全部で自由度は6となる。これから，1分子の平均運動エネルギーは $\underset{\text{自由度}}{6}\cdot\frac{1}{2}kT=3kT$ となるので，n(mol)の3原子以上の多原子分子理想気体の内部エネルギーUは，

$$U=nN_A\cdot 3kT=3nRT \quad \cdots\cdots(*n)''' \quad \text{となるんだね。}$$

以上，内部エネルギーUの結果を下にもう1度まとめておこう。

(Ⅰ)単原子分子理想気体：$U=\frac{3}{2}nRT$ ……$(*n)$

(Ⅱ)2原子分子理想気体：$U=\frac{5}{2}nRT$ ……$(*n)'$（常温(～300(K))のとき），$U=\frac{7}{2}nRT$ ……$(*n)''$（高温のとき）

(Ⅲ)多原子分子理想気体（3原子以上）：$U=3nRT$ ……$(*n)'''$

● 熱力学第1法則をマスターしよう！

それでは，準備も整ったので，いよいよ“**熱力学第1法則**”について解説しよう。

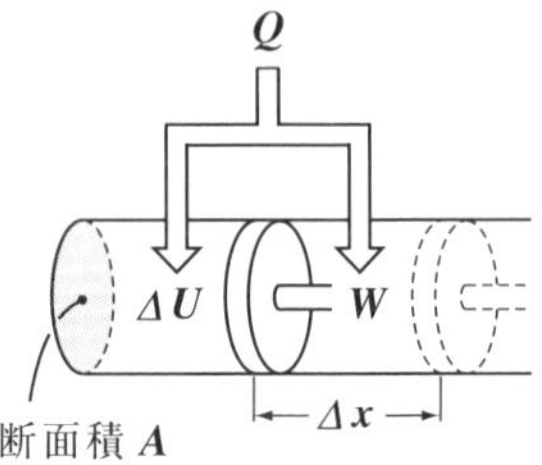

図3　熱力学第1法則 $Q = \Delta U + W$

図3に示すように，シリンダーとピストンで出来た容器内の気体を熱力学的な系とみたとき，これに $Q(\mathrm{J})$ の熱量が加えられると気体の温度が ΔT だけ上昇して，その内部エネルギーが増加し，また，この気体の体積が ΔV だけ増加すると，この気体は外部に仕事をすることになる。この内部エネルギーの増分を $\Delta U(\mathrm{J})$，また気体が外部にした仕事を $W(\mathrm{J})$ とおくと，$Q = \Delta U + W$，すなわち，

$$\Delta U = Q - W \quad \cdots\cdots(*o)$$

が成り立つ。この $(*o)$ を“**熱力学第1法則**”という。つまり，熱力学的なエネルギー保存則が，この熱力学第1法則ということになるんだね。

ここで，$W = p\Delta V$ とおくと，

ピストンの断面積を $A(\mathrm{m}^2)$ とおくと，$p\Delta V = \frac{F}{A} \cdot A \cdot \Delta x = F\Delta x(\mathrm{J})$ となって，気体が外部になす仕事になっていることが分かるだろう。

熱力学第1法則は，次のように表してもいい。

$$\Delta U = Q - p\Delta V \quad \cdots\cdots(*o)'$$

ここで，さらに Q を加える前後の内部エネルギーをそれぞれ U_1，U_2 とおくと，$\Delta U = U_2 - U_1$ より，これを $(*o)'$ に代入して，

$U_2 - U_1 = Q - p\Delta V$ より，熱力学第1法則は，

$$U_2 = U_1 + Q - p\Delta V \quad \cdots\cdots(*o)''$$ と表現することもできる。

この $(*o)''$ は，内部エネルギー U を貯金の残高と考えると分かりやすい。先月末の預金残高 $U_1(\mathrm{J})$ があったとしよう。そして，今月は $Q(\mathrm{J})$ の収入と，$p\Delta V$ の支出があったとすると，今月末の預金残高 U_2 は当然，

$\underbrace{U_2}_{\text{今月末の残高}} = \underbrace{U_1}_{\text{先月末の残高}} + \underbrace{Q}_{\text{収入}} - \underbrace{P\Delta V}_{\text{支出}}$ となって，$(*o)''$ が成り立つことが分かるはずだ。

もちろん，系に熱を加える場合を $Q>0$ としているので，系から熱が放出される場合は $Q<0$（支出）となる。同様に系が膨張により外部に仕事をする場合を $W=p\Delta V>0$ としているので，逆に系が圧縮により外部から仕事をされる場合は，$p\Delta V<0$，すなわち $-p\Delta V>0$（収入）となることに気を付けよう。

ここで，内部エネルギー U は状態量より，U の微小変化 dU は，$(*o)$ より，

系の状態 p，V，T により決まる量のこと。理想気体の場合，U は T のみによって決まる。
(i) 単原子分子：$U=\frac{3}{2}nRT$ (ii) 2 原子分子（常温）：$U=\frac{5}{2}nRT$ (iii) 多原子分子：$U=3nRT$

$dU=d'Q-d'W$ ……$(*p)$ と表される。

この $(*p)$ も，熱力学第 1 法則の微分表現と考えていい。でも，右辺が dQ や dW でなく，何故 $d'Q$ や $d'W$ と表現したのかって？それは，U が状態量であるのに対して，熱量 Q や仕事 W は状態量ではなく，単にエネルギーの収支の状態を表す量に過ぎないので "′"（ダッシュ）を付けて表したんだ。エッ，まだ意味が分からないって？いいよ。詳しく解説しよう。

たとえば，$dU=0.001(\mathrm{J})$ と考えてみよう。そして，ある熱力学的な系が U から $U+dU$ に $dU=0.001$ だけ変化したとしよう。このとき，$d'Q$ と $d'W$ は本当は微小量ではないかも知れない。たとえば，$d'Q=100.001(\mathrm{J})$ で，$d'W=100(\mathrm{J})$ であったとしても，$(*p)$ を満たすからだね。

数学的には，dU はもっと極限的に小さな量のことなんだけど，ここでは例えとしてこうする。

このように系の状態が U から $U+dU$ に変化したとしても，このように変化するためのエネルギー収支の $d'Q$ や $d'W$ は一意には決まらないし，微小量であるとも限らない。このことは，$(*o)''$ のように系の状態が U_1 から U_2 に変化したとしても，熱 Q と仕事 $p\Delta V$ の値の組合せは無限に存在して，一意には決まらないことと同様なんだね。

しかし，ゆっくりじわじわ変化させる準静的過程（可逆過程）においては，U を微小に dU だけ変化させるとき，エネルギー収支の Q や W も微小なものと考えて，$d'Q$ や $d'W$ と表すことにした。ここで，
$d'W=pdV$ なので，$(*p)$ は，

$dU=d'Q-pdV$ ……$(*p)'$ と表してもいい。

さらに，d と d' の違いは，p のような状態量であれば，p は v と T の 2

($\frac{V}{n}$)

変数関数 $p = p(v, T)$ から，p の全微分 dp として，P24 に示したように，

$dp = \left(\frac{\partial p}{\partial v}\right)_T dv + \left(\frac{\partial p}{\partial T}\right)_v dT$　と表すことができた。

同様に内部エネルギー U も $U = U(V, T)$ と考えれば，その全微分は，

理想気体であれば $U = U(T)$ だけれど，一般の気体は V と T の関数と考える。

$dU = \left(\frac{\partial U}{\partial V}\right)_T dV + \left(\frac{\partial U}{\partial T}\right)_V dT$　と表すことができる。

しかし，状態量ではない Q や W の微小変化量 $d'Q$ や $d'W$ は，系の状態によって一意に決まる量ではない。すなわち，p や V や T や U などの関数ではないので，$d'Q$ や $d'W$ を全微分の形で表現することはできないんだね。納得いった？

● 第1種の永久機関は存在しない！

何の燃料（熱量）も必要とせずに永久に動き続ける機械があれば，それは人類の夢だろうね。でも，そのような機械は存在し得ないことを，熱力学第 1 法則は教えてくれる。

ある 1 つの状態から出発した熱力学的な系が様々に状態を変化させた後，また元の状態に戻るような過程のことを，"**循環過程**"(*cyclic process*) または "**サイクル**" という。一般に，熱機関は繰り返し運動をして仕事をするため，必然的にこの循環過程を回転し続けることになる。

この循環過程（サイクル）を，

熱力学第 1 法則：$\Delta U = Q - W$　……$(*o)$　で考えてみよう。

1 サイクルが終わった時点で，系は元の状態に戻っているので，当然

$\Delta U = 0$　となる。これを $(*o)$ に代入すると，

$0 = Q - W$　　$\therefore Q = W$　……①　が導かれる。

この①から，1 サイクルの熱収支の差し引きの結果，系に与えられた熱量 Q が，そのままこの系が外部になす仕事 W になることが分かる。

ということは，$Q = 0$ であるならば，①より $W = 0$ となるので，熱量（燃料）

なしに動き続ける熱機関，すなわち"**第1種の永久機関**"は存在しないことが導ける。

（$Q=0$ にも関わらず，$W>0$ となる熱機関のこと。歴史上多くの人達がこの発明に努力してきたが，これは原理的に無理だったんだね。）

それでは，理想気体を系としたとき，外部にする仕事 $W=0$ となる典型的な3つのサイクルを下に示そう。

図4　$\Delta W=0$ のサイクルの例

(ⅰ) 定圧サイクル

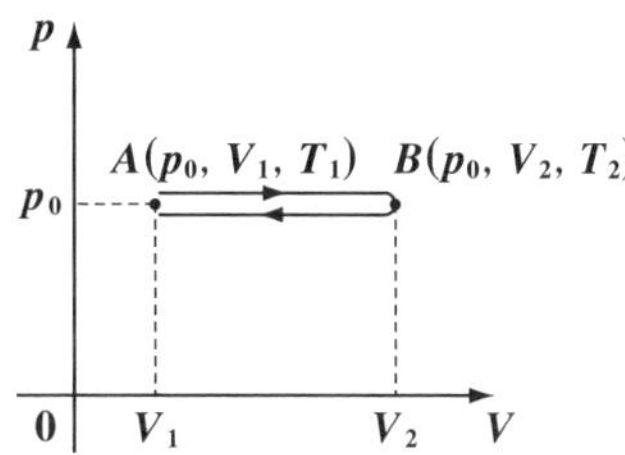

(ⅱ) 定積サイクル

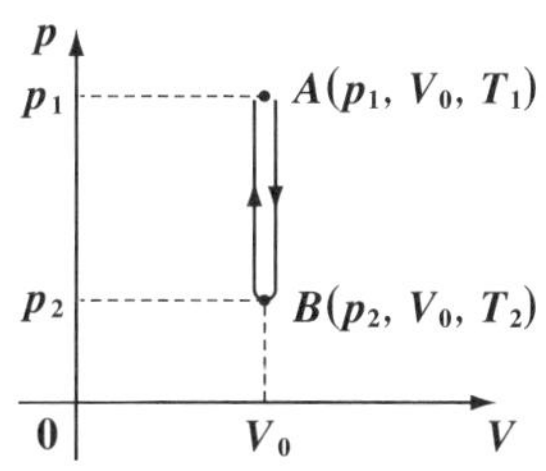

(ⅲ) 等温サイクル

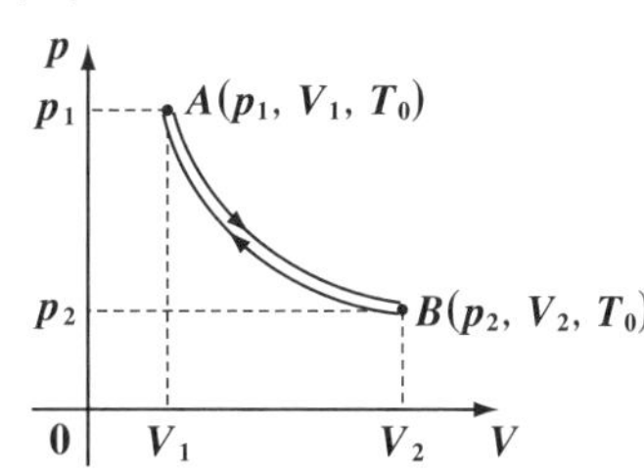

(ⅰ) 定圧サイクル

図4(ⅰ)に示すような $A\to B\to A$ と変化するサイクルについて，$d'W=pdV$ より，

$$W=\underbrace{\int_{V_1}^{V_2}p_0\,dV}_{A\to B}+\underbrace{\int_{V_2}^{V_1}p_0\,dV}_{B\to A}$$

$$=\underbrace{p_0}_{\text{定数}}[V]_{V_1}^{V_2}+\underbrace{p_0}_{\text{定数}}[V]_{V_2}^{V_1}$$

$$=\underbrace{p_0(V_2-V_1)}_{\oplus}+\underbrace{p_0(V_1-V_2)}_{\ominus}$$

$=0$　となるね。

(ⅱ) 定積サイクル

図4(ⅱ)に示すような $A\to B\to A$ と変化するサイクルについて，

$\underline{dV=0}$ より，当然 $W=0$ だね。

（$V=$(一定)）

(ⅲ) 等温サイクル

図4(ⅲ)に示すような $A\to B\to A$ と変化するサイクルについて，

$$W=\underbrace{\int_{V_1}^{V_2}p\,dV}_{A\to B}+\underbrace{\int_{V_2}^{V_1}p\,dV}_{B\to A}=\int_{V_1}^{V_2}\underbrace{p}_{\frac{nRT_0}{V}}dV-\int_{V_1}^{V_2}\underbrace{p}_{\frac{nRT_0}{V}}dV=0$$

となる。

（実は，(ⅰ)も積分するまでもなく，(ⅲ)と同様に，$W=0$ が示せる。）

● 循環過程が外部になす仕事を求めてみよう！

$W=0$，すなわち外部に仕事をしない 3 つの循環過程を解説したけれど，今回はこの 3 つの過程 (等温，定圧，定積過程) を組み合わせて，実際に外部に仕事をするサイクルについて考えてみよう。ここで，このサイクル (循環過程) のような熱機関で用いられる熱力学的な系のことを，“**作業物質**(さぎょうぶっしつ)” と呼ぶことも覚えておこう。

それでは，n (モル) の理想気体の作業物質が図 5 に示すような 3 つの状態

(状態方程式：$pV=nRT$ をみたす。)

$A(p_1, V_1, T_1)$，$B(p_2, V_2, T_1)$，$C(p_2, V_1, T_2)$ を $A \to B \to C \to A$ の順に 1 周する循環過程について考えよう。

図 5　循環過程

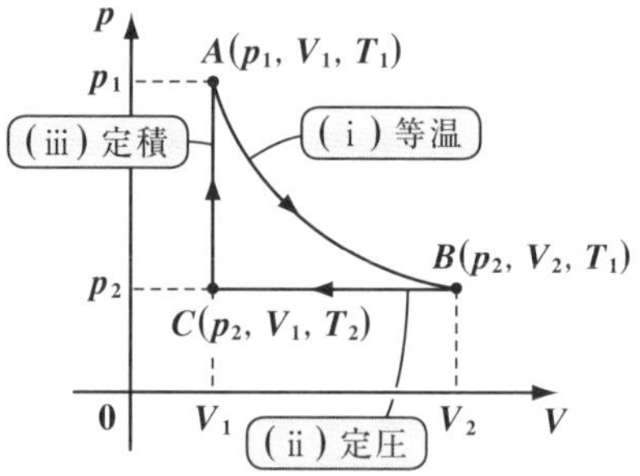

ここで，

$$\begin{cases} \text{(i)}\ A \to B：温度\ T_1\ 一定の等温過程 \\ \text{(ii)}\ B \to C：圧力\ p_2\ 一定の定圧過程 \\ \text{(iii)}\ C \to A：体積\ V_1\ 一定の定積過程 \end{cases}$$

であるものとする。

(i)，(ii)，(iii) の 3 つの過程で，作業物質が外部になす仕事をそれぞれ，W_{AB}，W_{BC}，W_{CA} とおくと，この 1 サイクルで作業物質が外部になす仕事の総和 W は，

$$W = W_{AB} + W_{BC} + W_{CA} \quad \cdots\cdots(a)$$

となる。

それでは，W_{AB}，W_{BC}，W_{CA} を順に求めてみよう。

(i) $A \to B$ における微小な仕事 $d'W$ は，

$$d'W = pdV = nRT_1 \cdot \frac{dV}{V}$$

より，求める W_{AB} は，

($p = \frac{nRT_1}{V}$ ← 理想気体の状態方程式：$pV = nRT_1$)

$$W_{AB} = \int_{V_1}^{V_2} nRT_1 \frac{dV}{V} = nRT_1 \int_{V_1}^{V_2} \frac{1}{V} dV = nRT_1 [\log V]_{V_1}^{V_2}$$

(nRT_1：定数)

$$\therefore W_{AB} = nRT_1(\log V_2 - \log V_1)$$

$$= nRT_1 \log \frac{V_2}{V_1} \quad \cdots\cdots(b)$$

となる。

これは曲線 AB と V 軸とで挟まれる部分の面積を表す。

(ⅱ) $B \to C$ における微小な仕事 $d'W$ は，

$d'W = p_2 dV$　より，求める W_{BC} は，

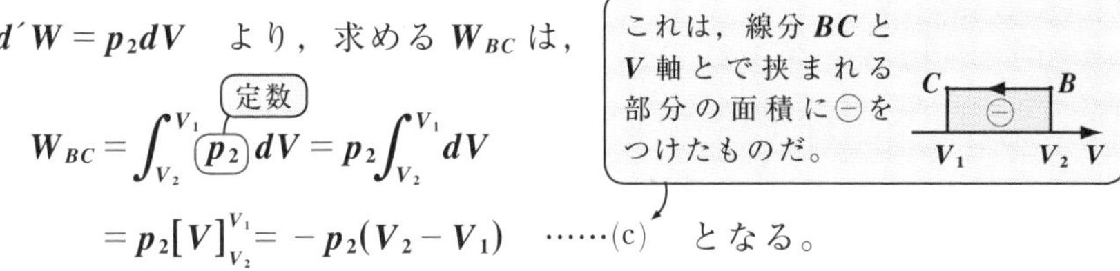

$$W_{BC} = \int_{V_2}^{V_1} p_2 \, dV = p_2 \int_{V_2}^{V_1} dV$$

$$= p_2 [V]_{V_2}^{V_1} = -p_2(V_2 - V_1) \quad \cdots\cdots(c)$$　となる。

(ⅲ) $C \to A$ における微小な仕事 $d'W = p\,dV$ は，定積変化より，$dV = 0$

よって，求める $W_{CA} = 0$　$\cdots\cdots$(d)　となる。

以上(b)，(c)，(d)を(a)に代入すると，このサイクル (循環過程) により，作業物質が外部にする仕事 W が次のように求まる。

$$W = W_{AB} + W_{BC} + \underbrace{W_{CA}}_{0} = nRT_1 \log \frac{V_2}{V_1} - p_2(V_2 - V_1) \quad \cdots\cdots(e)$$

これから，このサイクルで作業物質が外部にする仕事 W は，pV 図上のサイクルの図形 ABC が囲む面積に等しいことが分かると思う。

そして，状態 A から始めて，1 周して状態 A で 1 サイクルが終了するため，$\Delta U = 0$ となる。これを熱力学第 1 法則 $\Delta U = Q - W$ に代入すると，

$0 = Q - W$　　$\therefore Q = W$ となるので，この 1 サイクルにより作業物質に加えられた熱量 Q も(e)と同じで，$Q = nRT_1 \log \dfrac{V_2}{V_1} - p_2(V_2 - V_1)$　となる。

さらに，このサイクルの各過程はすべて，ゆっくりじわじわの準静的過程なので，可逆過程だ。よって，このサイクルを $A \to C \to B \to A$ のように逆回転させることも可能だ。この逆サイクルでは，すべて積分区間が逆になるので，この場合作業物質は熱量 Q を放出して，外部から W の仕事をされることになるんだね。納得いった？

§2. 比熱と断熱変化

前回の講義で，内部エネルギー U と熱力学第1法則について教えたので，ここでは，これらの応用として，まず"**比熱**(ひねつ)"について解説しよう。高校の物理では，「ある物質1グラムを1(℃)だけ上昇させるのに必要な熱量」として比熱を定義したと思うけれど，熱力学における比熱は「ある物質(熱力学的な系)1モルを1(K)だけ上昇させるのに必要な熱量」と

1(℃)と同じ

定義するので，これを"**モル比熱**(ひねつ)"または"**モル熱容量**(ねつようりょう)"と呼ぶことにする。そして，このモル比熱には，"**定積モル比熱**" C_V と"**定圧モル比熱**" C_p の2種類のものがあり，この2つの間の関係式(**マイヤーの関係式**)についても教えよう。さらに，"**比熱比**(ひねつひ)" $\gamma=\dfrac{C_p}{C_V}$ を使って，理想気体の断熱変化が $pV^\gamma=$ (一定) で表されることも解説する。

今回も盛り沢山の内容になるけれど，また分かりやすく解説するからシッカリついてらっしゃい。

● 定積モル比熱と定圧モル比熱を定義しよう！

まず，"**モル比熱**"(または"**モル熱容量**")を C とおいて，この一般的な定義を下に示そう。

モル比熱の定義

> モル比熱 C(J/mol K)：ある物質1モルを温度1(K)だけ上昇させるのに必要な熱量

これから，n モルの物質(熱力学的な系)を ΔT(K)だけ上昇させるのに必要な熱量を ΔQ とおくと，

$\Delta Q=nC\Delta T$ ……① となるのは大丈夫だね。

①の両辺を n で割って，$\dfrac{\Delta Q}{n}=\Delta q$ と表すことにすると①は，

$\Delta q=C\Delta T$ ……①′ となる。

ここで，熱量 Q や作業物質が外部になす仕事 W は状態変数ではないけ

状態量を変数として扱うとき，これを強調して“**状態変数**”といってもいい。

れど，これを 1 モル当たりの作業物質で換算したものを，それぞれ q，w で表すことにする。すなわち $q=\frac{Q}{n}$，$w=\frac{W}{n}$ ということなんだね。

これと同様に，熱力学的な系（または，作業物質）の状態変数 V，U も，1 モル当たりの物質で換算したものを，それぞれ $v\left(=\frac{V}{n}\right)$，$u\left(=\frac{U}{n}\right)$ と表すことにする。これに対して，同じ状態変数でも，圧力 p や温度 T は物質の量，すなわちモル数とは無関係なので，物質 1 モル当たりに換算しても，p は p であり T は T となり，物質の量とは無関係な量であることが分かるね。

このように，状態変数の中でも，

状態量 p, V, T, U などを，変数として扱いたいとき，特に強調して“**状態変数**”という。

・物質の量に比例するものを“**示量変数**”(*extensive quantity*)
（例として，V と U など）といい，
・物質の量と無関係なものを“**示強変数**”(*intensive quantity*)
（例として，p と T など）という。覚えておこう。

これ以降も，まだ新たな状態変数を定義していくけれど，それが示量変数なのか，示強変数なのか，常に注意する必要があるんだね。

それでは，話を①´に戻そう。①´を微分量で表すと，

$d'q=CdT \qquad \therefore C=\frac{d'q}{dT}$ ……② が導ける。

ここで，熱力学第 1 法則：

$Q=\Delta U+p\Delta V$ ……$(*o)'$ の両辺を n モルで割って 1 モル当たりの換算式にすると，

$q=\Delta u+p\Delta v$ となる。これをさらに微分量で表示すると，

$d'q=du+pdv$ ……③ となる。

この②と③を利用して，これから，“**定積モル比熱**” C_V と “**定圧モル比熱**” C_p を定義してみよう。

固体を加熱する場合その体積は一定とみなしていいけれど，気体の場合には，圧力一定の下で加熱すると体積は増加する。だから，気体に関してその比熱 C を求めるには，(i) 体積一定の下での比熱，すなわち"**定積モル比熱**" C_V と (ii) 圧力一定の下での比熱，すなわち"**定圧モル比熱**" C_p の **2** つに場合分けして考える必要があるんだね。

比熱 $C = \frac{d'q}{dT}$ …②
$d'q = du + pdv$ …③

(i) 定積モル比熱 C_V

定積変化での比熱を求めるので，$dv = 0$ となる。これを③に代入して，

$$d'q = du + p\underbrace{dv}_{0} = du \quad \cdots\cdots ③'$$

③′を②に代入して　求める定積モル比熱 C_V は，

$$C_V = \frac{d'q}{dT} = \left(\frac{\partial u}{\partial T}\right)_v \quad \therefore C_V = \left(\frac{\partial u}{\partial T}\right)_v \quad \cdots\cdots (*q) \quad \text{となる。}$$

u は，理想気体でなければ，T と v の **2** 変数関数と考えられるので，v を一定としたときの T による偏微分の形式で表した。

(ii) 定圧モル比熱 C_p

定圧変化なので，$dp = 0$ となる。

ここで，$u = u(v,\ T)$ と考えて，この全微分を求めると，

$$du = \left(\frac{\partial u}{\partial T}\right)_v dT + \left(\frac{\partial u}{\partial v}\right)_T dv$$

$\left(\frac{\partial u}{\partial T}\right)_v = C_V$（$(*q)$ より）

$z = f(x,\ y)$ のとき，$dz = \frac{\partial z}{\partial x}dx + \frac{\partial z}{\partial y}dy$ だからね。

$$du = C_V dT + \left(\frac{\partial u}{\partial v}\right)_T dv \quad \cdots\cdots ④$$

④を③に代入して，

$$d'q = C_V dT + \left(\frac{\partial u}{\partial v}\right)_T dv + p\,dv$$

$$d'q = C_V dT + \left\{\left(\frac{\partial u}{\partial v}\right)_T + p\right\} dv$$

よって，この両辺を dT で割って，

$$\frac{d'q}{dT} = C_V + \left\{\left(\frac{\partial u}{\partial v}\right)_T + p\right\}\left(\frac{\partial v}{\partial T}\right)_p$$

v は p，T の **2** 変数関数と考えているので，偏微分の形で表した。

求める定圧モル比熱 C_p は, p 一定の条件で, ②より $C_p = \frac{d'q}{dT}$ なので,

$\therefore C_p = C_V + \left\{ \left(\frac{\partial u}{\partial v} \right)_T + p \right\} \left(\frac{\partial v}{\partial T} \right)_p$ ……$(*r)$ となるんだね。

以上より, 定積モル比熱 C_V と定圧モル比熱 C_p をまとめて下に示す。

定積モル比熱 C_V と定圧モル比熱 C_p

(i) 定積モル比熱 C_V : 体積一定の下で, 物質 **1** モルを温度 **1(K)** だけ上昇させるのに必要な熱量

$$C_V = \left(\frac{\partial u}{\partial T} \right)_v \quad \cdots\cdots (*q)$$

(ii) 定圧モル比熱 C_p : 圧力一定の下で, 物質 **1** モルを温度 **1(K)** だけ上昇させるのに必要な熱量

$$C_p = C_V + \left\{ \left(\frac{\partial u}{\partial v} \right)_T + p \right\} \left(\frac{\partial v}{\partial T} \right)_p \quad \cdots\cdots (*r)$$

$(*q)$ の C_V の式はシンプルで分かりやすいけれど, $(*r)$ の C_p の公式は, 複雑すぎるって?そうだね。$(*r)$ を $(*q)$ のようにシンプルに表現するために, ここで新たな状態変数として "**エンタルピー**" (*enthalpy*)H を次のように, 定義してみよう。

エンタルピー $H = U + pV$ ……$(*s)$ ← U と V が示量変数なので H も示量変数になる。

この H は示量変数で, n モルの系 (物質) に対する定義式なので, 物質 **1** モル当たりに換算したエンタルピーを $h\left(= \frac{H}{n} \right)$ とおくと, 公式 $(*s)$ は,

$h = u + pv$ ……$(*s)'$ と表される。

この h の全微分は,

$$dh = du + d(pv) = du + v\,dp + p\,dv \quad (dp = 0)$$

公式 : $(f \cdot g)' = f' \cdot g + f \cdot g'$ と同様だ。

ここでは, 定圧変化を考えているので, 当然 $dp = 0$ だね。

よって, $dh = du + p\,dv$ より, これと③を比較して,

$\therefore d'q = dh$ ……⑤ が導けた。

よって，②，⑤より，定圧モル比熱 C_p は次のように，スッキリした形で表せる。

$$C_p = \frac{d'q}{dT} = \left(\frac{\partial h}{\partial T}\right)_p \quad \cdots\cdots(*r)'$$

h は状態量より 2 変数関数と考えていいので，p 一定としたときの T による偏微分の形で表した。

$$C = \frac{d'q}{dT} \quad \cdots\cdots②$$
$$d'q = du + pdv \quad \cdots\cdots③$$
$$h = u + pv \quad \cdots\cdots(*s)'$$
$$d'q = dh \quad \cdots\cdots⑤$$

以上より，C_V と C_p を並べて示すと，次のようにまとめられる。

●定積モル比熱	●定圧モル比熱
$C_V = \left(\frac{\partial u}{\partial T}\right)_v \quad \cdots\cdots(*q)$	$C_p = \left(\frac{\partial h}{\partial T}\right)_p \quad \cdots\cdots(*r)'$ $(h = u + pv)$

● 理想気体の C_V と C_p を求めよう！

それでは，理想気体の定積モル比熱 C_V はどうなるのか？調べてみよう。$(*q)$ の式から，まず u を求める必要があるんだね。内部エネルギー U は，(i) 単原子分子の場合，(ii) 2 原子分子の場合，(iii) 多原子分子の場合に分けて既に P61 で求めているので，1 モル当たりに換算した内部エネルギー $u\left(=\frac{U}{n}\right)$ は次のようになる。

理想気体の内部エネルギー U
(i) 単原子分子：$U = \frac{3}{2}nRT$
(ii) 2 原子分子：$U = \frac{5}{2}nRT$ (常温)
$U = \frac{7}{2}nRT$ (高温)
(iii) 多原子分子：$U = 3nRT$

(i) 単原子分子の場合：$u = \frac{3}{2}RT$

(ii) 2 原子分子の場合：$u = \frac{5}{2}RT$，$u = \frac{7}{2}RT$
（常温のとき）（高温のとき）

(iii) 多原子分子の場合：$u = 3RT$
（3 原子以上）

このように理想気体の場合，u は T のみの 1 変数関数となるので，$(*q)$ は，

$C_V = \dfrac{du}{dT}$ と表してもいい。よって，求める定積モル比熱 C_V は，

> 1モルの理想気体の場合，
> $C_V = \dfrac{du}{dT}$ より，$du = C_V dT$ となり，
> n モルの理想気体の場合，
> $dU = nC_V dT$ …$(*q)'$ となる。

(i) 単原子分子理想気体の場合，

$C_V = \dfrac{d}{dT}\left(\dfrac{3}{2}RT\right) = \dfrac{3}{2}R$　となり，

(ii) 2原子分子理想気体の場合，

$C_V = \dfrac{d}{dT}\left(\dfrac{5}{2}RT\right) = \dfrac{5}{2}R$　(常温のとき)

$C_V = \dfrac{d}{dT}\left(\dfrac{7}{2}RT\right) = \dfrac{7}{2}R$　(高温のとき)　となり，そして，

(iii) 多原子分子理想気体の場合，

$C_V = \dfrac{d}{dT}(3RT) = 3R$　となる。大丈夫？

それでは次，この C_V を基に理想気体の定圧モル比熱 C_p も求めてみよう。

そのためには，C_p の公式：$C_p = C_V + \left\{\underbrace{\left(\dfrac{\partial u}{\partial v}\right)_T}_{0} + p\right\}\left(\dfrac{\partial v}{\partial T}\right)_p$　……$(*r)$ を利用する。

理想気体では u は T のみの関数なので，$\dfrac{\partial u}{\partial v} = 0$　……⑥となる。また，

状態方程式：$pv = RT$　……$(*e)'$ より，$v = \dfrac{R}{p}T$　（$\dfrac{R}{p}$：定数 ← 定圧変化）

よって，$\left(\dfrac{\partial v}{\partial T}\right)_p = \dfrac{d}{dT}\left(\dfrac{R}{p}T\right) = \dfrac{R}{p}$　……⑦　となる。

⑥，⑦を $(*r)$ に代入すると，

$C_p = C_V + (0 + p)\cdot\dfrac{R}{p}$

よって，C_p と C_V の重要な関係式，すなわち"**マイヤーの関係式**"：

$C_p = C_V + R$　……$(*t)$　が導かれる。

このように理想気体では，C_V も C_p も共に定数であることが分かった。

また，$(*q)$，$(*r)'$ から

$dU = nC_V dT$　……$(*q)'$，　$dH = nC_p dT$　……$(*r)''$

が成り立つことも大丈夫だね。

さらに，$\gamma = \dfrac{C_p}{C_V}$ ……$(*u)$
で定義されるγのことを“**比熱比**”と呼ぶことも覚えておこう。

それでは，理想気体のC_VとC_pとγの値を次のように場合分けして示しておこう。

・理想気体の C_V
(i) 単原子分子 $C_V = \dfrac{3}{2}R$
(ii) 2 原子分子 $C_V = \dfrac{5}{2}R$ (常温)
$C_V = \dfrac{7}{2}R$ (高温)
(iii) 多原子分子 $C_V = 3R$
・$C_p = C_V + R$ ……$(*t)$

(i) 単原子分子理想気体の場合，$(*t)$，$(*u)$ より，

$$C_V = \frac{3}{2}R, \ \ C_p = C_V + R = \frac{5}{2}R, \ \ \gamma = \frac{C_p}{C_V} = \frac{5}{3}$$

(ii) 2 原子分子理想気体の場合，$(*t)$，$(*u)$ より，

$$C_V = \frac{5}{2}R, \quad C_p = C_V + R = \frac{7}{2}R, \quad \gamma = \frac{C_p}{C_V} = \frac{7}{5} \quad (\text{常温のとき})$$

$$C_V = \frac{7}{2}R, \quad C_p = C_V + R = \frac{9}{2}R, \quad \gamma = \frac{C_p}{C_V} = \frac{9}{7} \quad (\text{高温のとき})$$

(iii) 多原子分子理想気体の場合，$(*t)$，$(*u)$ より，

$$C_V = 3R, \quad C_p = C_V + R = 4R, \quad \gamma = \frac{C_p}{C_V} = \frac{4}{3}$$

主な実在の気体の比熱比γを表 **1** にまとめて示す。単原子分子のヘリウム (**He**) の比熱比γが$\gamma \fallingdotseq \dfrac{5}{3}$となっているのが分かるね。また，**2** 原子分子の水素 (H_2) や窒素 (N_2) や酸素 (O_2) のγも$\gamma \fallingdotseq \dfrac{7}{5}$となるし，また **3** 原子 (多原子) 分子の水蒸気 (H_2O) のγも$\gamma \fallingdotseq \dfrac{4}{3}$と，理想気体から導いた結果とよく一致していることが分かると思う。

表 **1**　主な気体の比熱比

気体	温度 (℃)	比熱比γ
ヘリウム **He**	−**180**	**1.67**
水素 H_2	**0**	**1.41**
窒素 N_2	**16**	**1.41**
酸素 O_2	**16**	**1.40**
水蒸気 H_2O	**100**	**1.33**

例題 **10**　n モルの理想気体の作業物質が右図に示すような **3** つの状態 $A(p_1,\ V_1,\ T_1)$, $B(p_2,\ V_2,\ T_1)$, $C(p_2,\ V_1,\ T_2)$を，$A \to B \to C \to A$ の順に **1**周する循環過程について，この **1**サイクルで吸収される熱量 Q を求めよう。 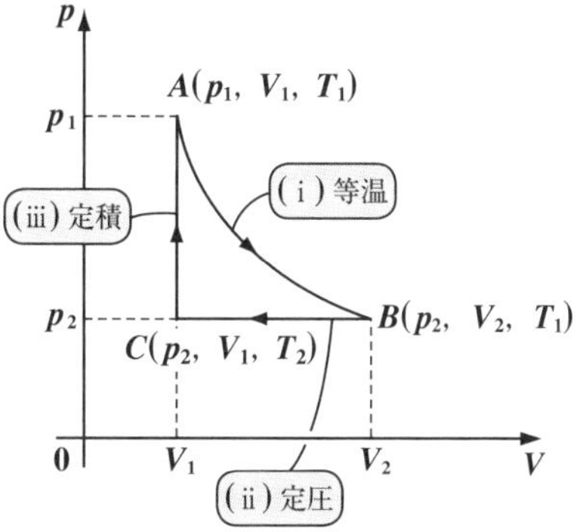
ただし，(ⅰ)$A \to B$は等温過程，(ⅱ)$B \to C$は定圧過程，そして(ⅲ)$C \to A$は定積過程とする。

この循環過程は，**P66** で解説したものと同じだね。循環過程の場合，**1** 周すると内部エネルギーの変化分 ΔU が $\Delta U = U_A - U_A = 0$ となる。よって，これを熱力学第 **1** 法則：$\underset{0}{\underline{\Delta U}} = Q - W$ ……$(*o)$ に代入すると，

$Q = W$ となる。そして，この **1** サイクルによりこの循環過程が外部になす仕事 W は，**P66**，**P67** で既に求めて，$W = nRT_1 \log\dfrac{V_2}{V_1} - p_2(V_2 - V_1)$ ……(e)

となることが分かっている。だから，この例題 **10** の答えが

$Q = W = nRT_1 \log\dfrac{V_2}{V_1} - p_2(V_2 - V_1)$ ……(e)　となることも既に示した。

しかし，ここではいい計算練習になるので，微分形式の熱力学第 **1** 法則：

$$d'Q = \underset{nC_V dT}{\underline{dU}} + p\,dV = nC_V dT + p\,dV \quad \cdots\cdots①$$

← n モルの理想気体の場合 $dU = nC_V dT$ と変形できるからね。

を用いて，Q を直接計算してみることにしよう。

(ⅰ)$A \to B$ のとき，この過程で吸収される熱量を Q_{AB} とおくと，$A \to B$ は $T = T_1$ 一定の等温過程により，$dT = 0$　よって①は，$d'Q = p\,dV$ となる。

$$\therefore Q_{AB} = \int_A^B d'Q = \int_{V_1}^{V_2} \underset{\frac{nRT_1}{V}}{\underline{p}}\,dV = nRT_1 \int_{V_1}^{V_2} \frac{1}{V}\,dV$$

← 理想気体の状態方程式：$pV = nRT_1$

$$= nRT_1 \left[\log V\right]_{V_1}^{V_2} = nRT_1 \log\frac{V_2}{V_1} \quad \cdots\cdots②$$　となる。

(ⅱ) $B \to C$ のとき，この過程で放出される熱量

この後，実際に計算して $Q_{BC} < 0$ となるからだ。

$Q_{AB} = nRT_1 \log \frac{V_2}{V_1}$ ……②

を Q_{BC} とおくと，

$B \to C$ は，$p = p_2$ 一定の定圧過程より，①は，

$d'Q = nC_V dT + p_2 dV$ となる。

$\therefore Q_{BC} = \int_B^C d'Q = \int_{T_1}^{T_2} nC_V dT + \int_{V_2}^{V_1} p_2 dV$

$= nC_V[T]_{T_1}^{T_2} + p_2[V]_{V_2}^{V_1}$ （定数）（定数）

$= nC_V(T_2 - T_1) + p_2(V_1 - V_2)$ …③ （－）（－）

となる。

$Q_{BC} = \int_B^C dH = nC_p \int_{T_1}^{T_2} dT$
$= nC_p(T_2 - T_1) = n(C_V + R)(T_2 - T_1)$
$= nC_V(T_2 - T_1) + nR(T_2 - T_1)$
と計算しても，③と同じになる。

(ⅲ) $C \to A$ のとき，この過程で吸収される熱量を Q_{CA} とおくと，

$C \to A$ は $V = V_1$ 一定の定積過程より，

$dV = 0$ 　よって，①は，

$d'Q = nC_V dT$ 　となる。

$\therefore Q_{CA} = \int_C^A d'Q = \int_{T_2}^{T_1} nC_V dT$

$= nC_V[T]_{T_2}^{T_1}$ （定数）

$= nC_V(T_1 - T_2)$ ……④ 　となる。

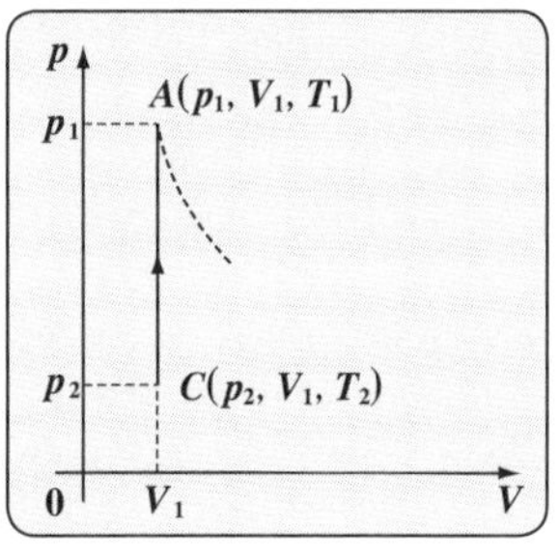

以上②，③，④の和を求めることにより，この 1 サイクルで吸収される熱量 Q が求まる。

$\therefore Q = Q_{AB} + Q_{BC} + Q_{CA}$

$= nRT_1 \log \frac{V_2}{V_1} + nC_V(T_2 - T_1) + p_2(V_1 - V_2) + nC_V(T_1 - T_2)$

$= nRT_1 \log \frac{V_2}{V_1} - p_2(V_2 - V_1)$ となって，

P67 で求めた $W(=Q)$ の値と一致することが分かった。面白かった？

● 理想気体の断熱変化もマスターしよう！

系に熱の出入りがないようにして，系を膨張させたり，圧縮させたりする変化のことを“**断熱変化**”という。これから，理想気体の断熱変化について詳しく解説しよう。

微分形式の熱力学第1法則：$dU = \underset{0}{d'Q} - p\,dV$ ……$(*p)'$ について，

断熱変化では，系に対する熱の出入りがまったくないので，当然 $d'Q = 0$ となる。よって，これを $(*p)'$ に代入すると，

$dU + p\,dV = 0$ ……① となる。

①は，n モルの気体についての式なんだね。これに対して，1モルの理想気体についての定積モル比熱 C_V の式は，

$C_V = \dfrac{du}{dT}$ と表されるので，

$du = C_V dT$ ……② となる。 （理想気体であれば，②は常に成り立つ。）

②の両辺を n 倍すると，

$\underset{d(nu)=dU}{ndu} = nC_V dT \quad \therefore \ dU = nC_V dT$ ……$(*q)'$ となる。 （p73）

また，n モルの理想気体の状態方程式：

$pV = nRT$ ……$(*e)$ より， $p = \dfrac{nRT}{V}$ ……③ となる。

$(*q)'$ と③を①に代入すると，

$nC_V dT + \dfrac{nRT}{V} dV = 0$ 両辺を nT で割って，

$C_V \dfrac{dT}{T} + \underset{C_p - C_V}{R} \dfrac{dV}{V} = 0$

ここで，マイヤーの関係式：$C_p = C_V + R$ より， $R = C_p - C_V$ を上式に代入し，両辺を C_V で割ると，

$\dfrac{dT}{T} + \left(\underset{\gamma(\text{比熱比})}{\dfrac{C_p}{C_V}} - 1\right)\dfrac{dV}{V} = 0 \quad \therefore \ \dfrac{dT}{T} + \underset{\text{定数}}{(\gamma - 1)} \dfrac{dV}{V} = 0$ ……④ となる。

④より，$\frac{1}{T}dT = -(\gamma - 1)\cdot\frac{1}{V}\cdot dV$ ← これは，変数分離形の微分方程式

この両辺を不定積分すると，

$$\underbrace{\int \frac{1}{T}dT}_{\log T} = -(\gamma - 1)\underbrace{\int \frac{1}{V}dV}_{\log V}$$ より，

$\log T = -(\gamma - 1)\log V + C_0$（$C_0$：積分定数）　$\log T + \underbrace{(\gamma - 1)\log V}_{\log V^{\gamma-1}} = C_0$

よって，$\log TV^{\gamma-1} = C_0$（定数）より，

$TV^{\gamma-1} = $（一定）……$(*v)$ が導かれる。

ここで，理想気体の状態方程式から，$T = \frac{pV}{nR}$ ……③´

③´を $(*v)$ に代入して，

$$\frac{pV}{nR}\cdot V^{\gamma-1} = (\text{定数})$$

（nR：定数）

$\therefore pV^{\gamma} = $（一定）……$(*v)'$ も導ける。

この $(*v)$ と $(*v)'$ を“**ポアソンの関係式**”といい，断熱変化の状態量 (p, V, T) を支配する重要な方程式なんだね。

pV 図上で見たとき，断熱変化の方程式 $(*v)'$ と，等温変化の方程式 $pV = $（一定）……$(*b)$ はよく似ているけれど，図 **1** に示すように，断熱変化の方が負の勾配（傾き）の絶対値が大きい。それは次の計算から確認できる。

図 **1**　断熱変化と等温変化

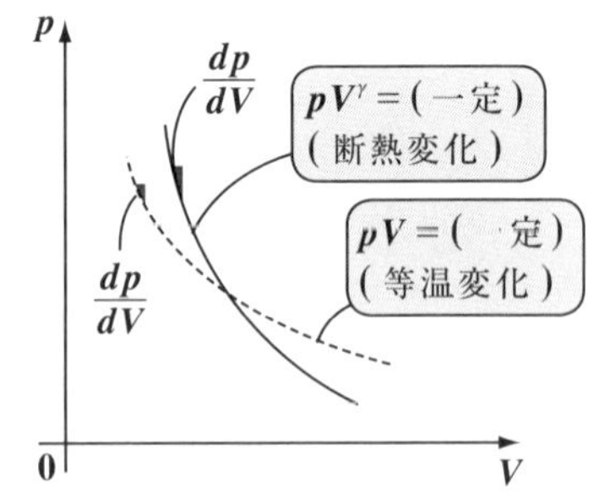

(i) 断熱変化のとき，

$pV^{\gamma} = C_1$（定数）とおくと，

$p = C_1V^{-\gamma}$ となる。

よって，これを V で微分すると，

$$\frac{dp}{dV} = -\gamma C_1 V^{-\gamma-1} = -\gamma \underbrace{C_1 V^{-\gamma}}_{p} V^{-1} = -\underbrace{\gamma}_{1より大} \frac{p}{V} \quad \cdots\cdots ⑤$$ となる。

(ii) 次，等温変化のとき，

$pV = C_2$(定数) とおくと，　$p = C_2 V^{-1}$ となる。

よって，これを V で微分すると，

$$\frac{dp}{dV} = -C_2 V^{-2} = -\underbrace{C_2 V^{-1}}_{p} \cdot V^{-1} = -\frac{p}{V} \quad \cdots\cdots ⑥$$ となる。

ここで，$\gamma > 1$ より，⑤と⑥の曲線の勾配 $\frac{dp}{dV}$ を比べると，⑤の断熱変化の方が⑥の等温変化のものより負の急勾配の曲線になることが分かるんだね。

そして，このように断熱変化も pV 図上に曲線として描かれるということは，この断熱変化もゆっくりじわじわの準静的過程であること，つまり可逆過程であることも頭に入れておいておくれ。

では次，図 **2** に示すように，n モルの理想気体が，

$A(p_1,\ V_1,\ T_1) \rightarrow B(p_2,\ V_2,\ T_2)$ と準静的に断熱膨張するとき，この気体が外部になす仕事 W を求めてみよう。

図 **2**　断熱膨張によりなされる仕事 $W = -\Delta U$

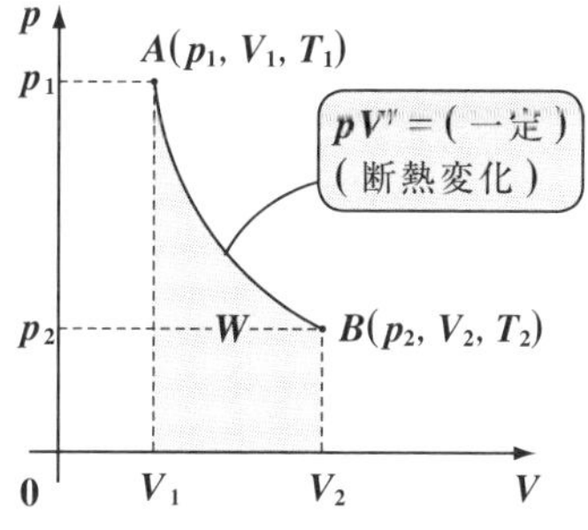

熱力学第 **1** 法則：

$Q = \Delta U + W \quad \cdots\cdots (*o)$

で考えると，この過程は断熱変化なので，熱の出入りがない。よって，$Q = 0$ だね。これを $(*o)$ に代入すると，この n モルの理想気体が外部になす仕事 W は，

$$W = -\Delta U = -nC_V \underbrace{\Delta T}_{(T_2 - T_1)のこと} = -nC_V (T_2 - T_1)$$

$\therefore\ W = n \cdot C_V (T_1 - T_2) \quad \cdots\cdots$(a) となるんだね。納得いった？

そして，これは，当然図 **2** の曲線 AB と V 軸が挟む網目部の面積に等しい。

それでは次の例題で，この同じ仕事 W を直接積分公式からも求めてみよう。

例題 11　n モルの理想気体が右図のように，$A(p_1, V_1, T_1) \to B(p_2, V_2, T_2)$ と準静的に断熱膨張するとき，この気体が外部になす仕事 W を，積分公式：

$W = \int_{V_1}^{V_2} p\,dV$　を用いて，

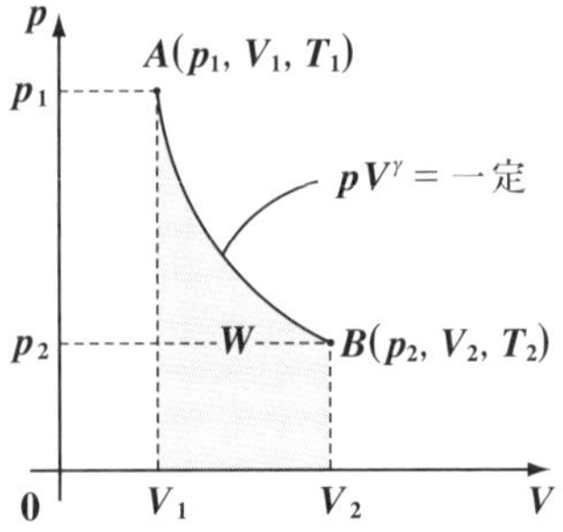

$W = n \cdot C_V(T_1 - T_2)$　……(a)　となることを，確かめてみよう。

$A \to B$ への断熱変化より，$pV^\gamma = (\text{一定})$

$\therefore\ pV^\gamma = p_1V_1{}^\gamma = p_2V_2{}^\gamma$　……(b) が成り立つ。

また，A，B において理想気体の状態方程式：

$p_1V_1 = nRT_1$　……(c)，　$p_2V_2 = nRT_2$　……(d) も成り立つ。

それでは，この断熱膨張により，気体が外部になす仕事 W は，

$$W = \int_{V_1}^{V_2} \underset{\frac{p_1V_1{}^\gamma}{V^\gamma}\ ((b)\text{より})}{p}\, dV = \underset{\text{定数}}{p_1V_1{}^\gamma} \int_{V_1}^{V_2} V^{-\gamma} dV = p_1V_1{}^\gamma \left[\frac{1}{1-\gamma} V^{1-\gamma} \right]_{V_1}^{V_2}$$

$$= \frac{1}{1-\gamma} p_1V_1{}^\gamma (V_2{}^{1-\gamma} - V_1{}^{1-\gamma}) = \frac{1}{1-\gamma} (\underset{p_2V_2{}^\gamma\ ((b)\text{より})}{p_1V_1{}^\gamma} \cdot V_2{}^{1-\gamma} - p_1V_1)$$

$$= \frac{1}{1-\gamma} (\underset{nRT_2((d)\text{より})}{p_2V_2} - \underset{nRT_1((c)\text{より})}{p_1V_1}) = \frac{1}{1-\gamma} \cdot nR(T_2 - T_1)$$

分子・分母に C_V をかけた。

$$= \frac{nR}{\underset{\frac{C_p}{C_V}}{\gamma} - 1}(T_1 - T_2) = \frac{nRC_V}{\underset{R(\text{マイヤーの関係式})}{C_p - C_V}}(T_1 - T_2)$$

$= n \cdot C_V \cdot (T_1 - T_2)$ となって，(a)と同じ結果が導けるんだね。

それでは，準静的な断熱変化を含んだ次の循環過程の問題にもチャレンジしてみよう。

例題 **12** n モルの理想気体の作業物質が，右図に示すような **3** つの状態 $A(p_1,\ V_1,\ T_1)$，$B(p_2,\ V_2,\ T_2)$，$C(p_2,\ V_1,\ T_3)$ を，$A \to B \to C \to A$ の順に **1** 周する循環過程について，この **1** サイクルで吸収される熱量 Q を求めよう。ただし，(ｉ)$A \to B$ は断熱過程，(ⅱ)$B \to C$ は定圧過程，そして(ⅲ)$C \to A$ は定積過程とする。

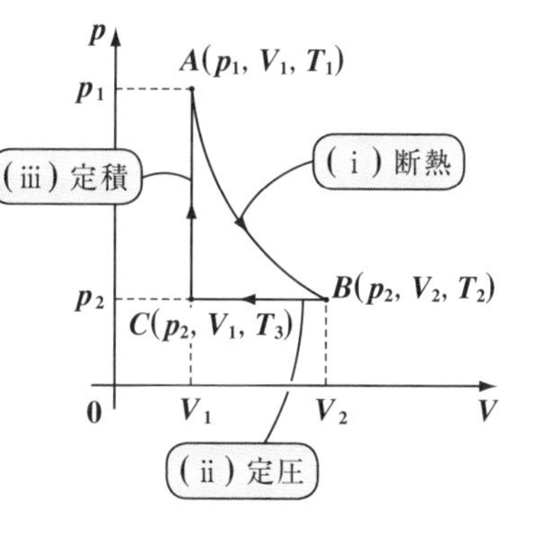

例題 **10** と類似問題だから，これを最も簡単に解くには，Q の代わりに W を求めればいいんだね。

そう……，この循環過程において，内部エネルギーの変化分 ΔU は $\Delta U = U_A - U_A = 0$ より，これを，

熱力学第 **1** 法則：$\underset{0}{\Delta U} = Q - W$ ……$(*o)$ に代入すると，

$Q = W$ ……① が導かれるからだ。

そして，この W は右図に示すように，曲線 AB と **2** つの線分 BC，CA で囲まれる図形（網目部）の面積に等しいので，例題 **11** の結果を用いれば，

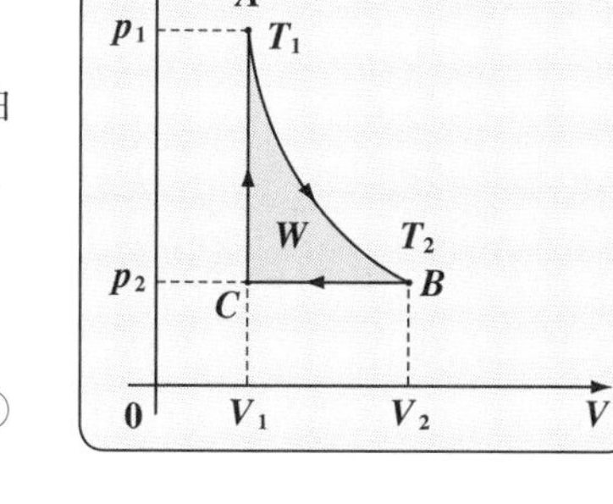

$W = n \cdot C_V \cdot (T_1 - T_2) - p_2(V_2 - V_1)$ ……②

［（網目部）＝（曲線の下の面積 V_1〜V_2）－（長方形 p_2，V_1〜V_2）］

例題 **11** の結果 $n \cdot C_V \cdot (T_1 - T_2)$

となることが分かる。よって①より，求める作業物質が吸収する熱量 Q は，

$Q = n \cdot C_V(T_1 - T_2) - p_2(V_2 - V_1)$ ……②となって，答えなんだね。

以上の考え方は，循環過程の仕事と熱量として，次のように一般化できる。

循環過程の仕事 W と熱量 Q

n モルの気体を作業物質とする循環過程について，

(Ⅰ) 図(ⅰ)に示すように，pV 図で循環過程を表す閉曲線により囲まれる図形を右手に見るように時計回りに1周するとき，この気体が外部にする仕事 W と吸収する熱量 Q は等しく，この図形(網目部)の面積に等しい。

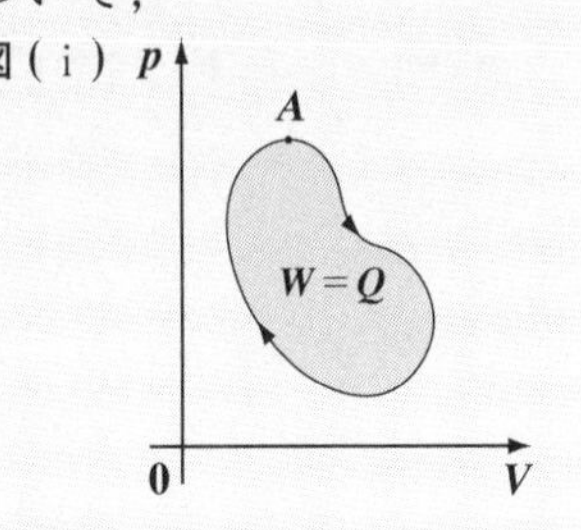

(Ⅱ) 図(ⅱ)に示すように，pV 図で循環過程を表す閉曲線により囲まれる図形を左手に見るように反時計回りに1周するとき，この気体が外部からされる仕事 $-W$ と，放出する熱量 $-Q$ は等しく，この図形(網目部)の面積に -1 をかけたものに等しい。

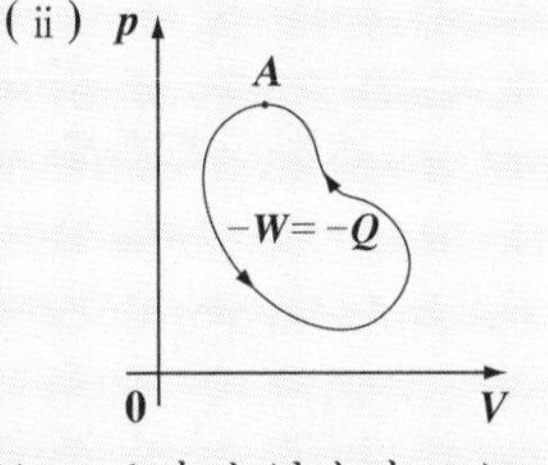

例題12の別解

それでは，例題12の気体が吸収する熱量 Q を直接積分計算によっても求めてみよう。

まず微分形式の熱力学第1法則は次の通りだね。

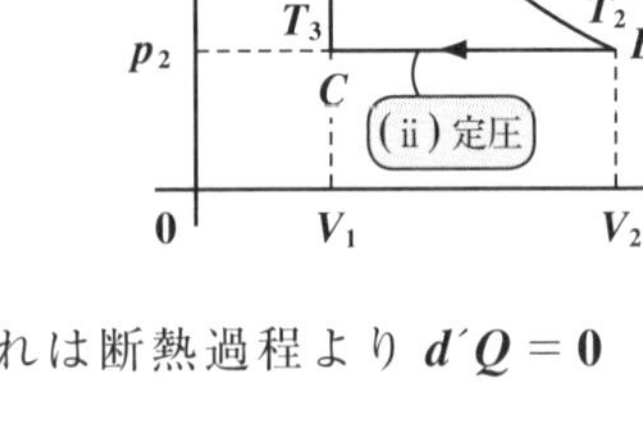

$$d'Q = nC_V dT + p\,dV \quad \cdots\cdots③$$

(ⅰ) $A \to B$ のとき，この過程で吸収される熱量を Q_{AB} とおくと，これは断熱過程より $d'Q = 0$

$\therefore Q_{AB} = \underset{\sim}{0}$ ……④ となる。

(ⅱ) $B \to C$ のとき，この過程で放出される熱量を Q_{BC} とおくと，

（これは実際に計算して，$Q_{BC} < 0$ となるからだ。）

$B \to C$ は，$p = p_2$ 一定の定圧過程より，③は，

$d'Q = n \cdot C_V \cdot dT + p_2 dV$　となる。

$$\therefore Q_{BC} = \int_B^C d'Q = \int_{T_2}^{T_3} nC_V dT + \int_{V_2}^{V_1} p_2 dV$$

$$= nC_V [T]_{T_2}^{T_3} + p_2 [V]_{V_2}^{V_1}$$

（定数）（定数）

$$= nC_V(T_3 - T_2) + p_2(V_1 - V_2) \quad \cdots\cdots ⑤$$

（$-$）（$-$）

(ⅲ) $C \to A$ のとき，この過程で吸収される熱量を Q_{CA} とおくと，

$C \to A$ は，$V = V_1$ 一定の定積過程より，③は，

$d'Q = nC_V dT$　となる。

$$\therefore Q_{CA} = \int_C^A d'Q = \int_{T_3}^{T_1} nC_V dT = nC_V [T]_{T_3}^{T_1} = nC_V(T_1 - T_3) \quad \cdots\cdots ⑥$$

（定数）

よって，④＋⑤＋⑥より，次のように Q が求まる。

$$Q = Q_{AB} + Q_{BC} + Q_{CA} = nC_V(\cancel{T_3} - T_2) + p_2(V_1 - V_2) + nC_V(T_1 - \cancel{T_3})$$

（Q_{AB} = 0）

$$= nC_V(T_1 - T_2) - p_2(V_2 - V_1)$$　となって，②と同じ結果が導けた！

参考

(ⅱ) $B \to C$ は，定圧過程で，温度が $T_2 \to T_3$ に変化するので，

このとき放出される熱量は，定圧モル比熱 C_p を使って，

$Q_{BC} = nC_p(T_3 - T_2)$ ……⑤′　と表される。

ここで，⑤′と⑤の右辺を比較して，

（B と C における状態方程式：$p_2V_1 = nRT_3$，$p_2V_2 = nRT_2$）

$$nC_p(T_3 - T_2) = nC_V(T_3 - T_2) + p_2V_1 - p_2V_2$$

（$p_2V_1 - p_2V_2 = nR(T_3 - T_2)$）

よって，この両辺を $n(T_3 - T_2)$ で割ると，

マイヤーの関係式：$C_p = C_V + R$ が得られるんだね。面白かった？

講義 3 ● 熱力学第 1 法則　公式エッセンス

1.　温度 T(K), モル数 n の理想気体の内部エネルギー U

(ⅰ) 単原子分子理想気体：$U=\frac{3}{2}nRT$

(ⅱ) 2 原子分子理想気体　：$U=\frac{5}{2}nRT$ (常温)，　$U=\frac{7}{2}nRT$ (高温)

(ⅲ) 多原子分子理想気体：$U=3nRT$

2.　熱力学第 1 法則

シリンダーとピストンで出来た容器内の気体を熱力学的な系とみたとき，これに Q(J) の熱量が加えられると気体の温度が ΔT だけ増加し，また，この 気体の体積が ΔV だけ増加したとすれば，内部エネルギー U の増分を ΔU(J)，気体が外部にした仕事を W(J) として，

$Q=\Delta U+W$，すなわち，

$\Delta U=Q-p\cdot\Delta V$　$(W=p\cdot\Delta V)$　が成り立つ。

準静的過程 (可逆過程) において，この微分形式は，

$dU=d'Q-p\cdot dV$　$(d'W=p\cdot dV)$　と表せる。

3.　定積モル比熱 C_V と定圧モル比熱 C_p

(ⅰ) 定積モル比熱 $C_V=\left(\frac{\partial u}{\partial T}\right)_v$　$\longrightarrow$ $dU=nC_VdT$

(ⅱ) 定圧モル比熱 $C_p=C_V+\left\{\left(\frac{\partial u}{\partial v}\right)_T+p\right\}\left(\frac{\partial v}{\partial T}\right)_p$

1 モル当たりのエンタルピー $h=u+pv$ を用いると，

$$C_p=\left(\frac{\partial h}{\partial T}\right)_p \longrightarrow dH=nC_pdT$$

4.　理想気体におけるマイヤーの関係式

$C_p=C_V+R$

5.　理想気体の断熱変化におけるポアソンの関係式

$TV^{\gamma-1}=$(定数)，　$pV^{\gamma}=$(定数)　$\left(\text{ただし，比熱比 } \gamma=\frac{C_p}{C_V}\right)$

熱力学第 2 法則

▶ カルノー・サイクル

$\left(\text{仕事 } W = Q_2 - Q_1,\ \text{熱効率 } \eta = 1 - \dfrac{Q_1}{Q_2}\right)$

▶ 熱力学第 2 法則

（クラウジウスの原理，トムソンの原理）

▶ 熱力学的絶対温度

$\left(\dfrac{Q_1}{Q_2} = f(\theta_1,\ \theta_2) = \dfrac{g(\theta_1)}{g(\theta_2)}\right)$

§1. カルノー・サイクル

さァ，これからいよいよ，熱力学のメイン・テーマである“**熱力学第2法則**”の講義に入ろう。前回学習した“**熱力学第1法則**”：$\Delta U = Q - W$ は熱力学的なエネルギー保存則に他ならなかった。そして，この時点では，熱エネルギー Q と仕事 W は同等のエネルギーとして取り扱ったんだね。

しかし，ボク達が日頃経験する事実として，「摩擦により，仕事(マクロな運動エネルギー)が熱に変わることはあっても，その逆は起こり得ない」ことを知っている。つまり，明らかに熱量 Q と仕事 W との間には，大きな質の違いが存在する。この熱と仕事の質の違いについての法則として，これから学習する“**熱力学第2法則**”があるんだね。

ここではまず，この“**熱力学第2法則**”を理論的に考察する際非常に重要な役割を演じる“**カルノー・サイクル**”について詳しく解説しよう。

● カルノー・サイクルをマスターしよう！

カルノー(*Carnot*)は**30**代という短い生涯の中で，ただ**1**つの論文を書いた。この論文は，熱機関を抽象化して，その熱効率について論じたものだったが，これが発表された当時は，ほとんど注目を集めることはなかった。しかし，後に，クラウジウス(*Clausius*)とトムソン(*Thomson*)がこの論文の重要性に気付いてからは，熱力学全体の基礎を支える重要な考え方として広く世に知られるようになったんだ。

カルノーが考えた熱機関の循環過程は，**2**つの等温変化と**2**つの準静的断熱変化を組み合わせたもので，これを“**カルノー・サイクル**”(または，“**カルノー・エンジン**”)という。この pV 図を図**1**に示す。

図**1** カルノー・サイクルの pV 図

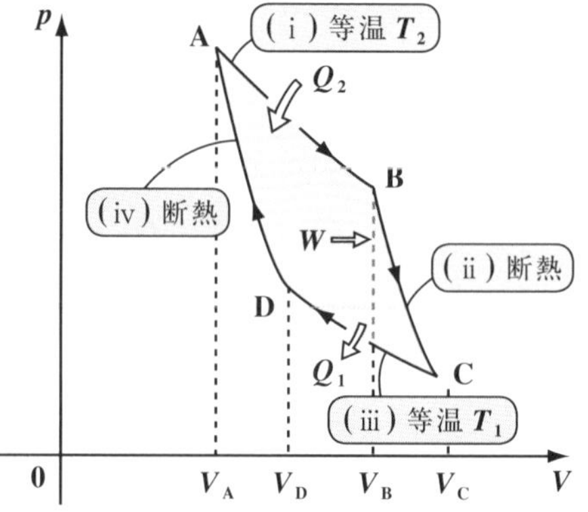

図 **1** の **4** つの過程 (ⅰ) 等温過程 **A → B**, (ⅱ) 断熱変化 **B → C**, (ⅲ) 等温過程 **C → D**, (ⅳ) 断熱変化 **D → A** を, 図 **2**(ⅰ)~(ⅳ) のイメージと共に解説しよう。

図 **2** カルノー・サイクルのイメージ

(ⅰ) 等温膨張 **A → B**

作業物質を温度 T_2 の高温の熱源 (高熱源) に接触させて, 等温的に膨張させる。このとき, 作業物質は高熱源から熱量 Q_2 を吸収する。

(ⅰ) 等温膨張 **A → B**

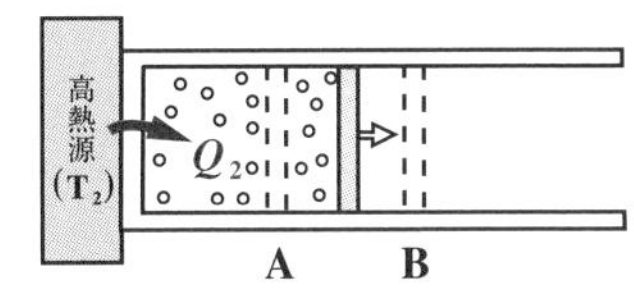

(ⅱ) 準静的断熱膨張 **B → C**

作業物質を高熱源から離し, 断熱的に膨張させて, 作業物質の圧力を下げる。このとき, 作業物質に熱の出入りはない。

(ⅱ) 準静的断熱膨張 **B → C**

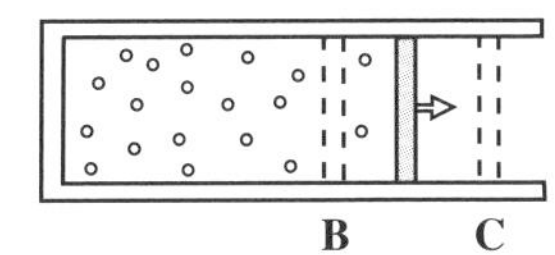

(ⅲ) 等温圧縮 **C → D**

作業物質を温度 T_1 の低温の熱源 (低熱源) に接触させて, 低圧力の状態で等温的に圧縮する。このとき, 作業物質は低熱源に熱量 Q_1 を放出する。

(ⅲ) 等温圧縮 **C → D**

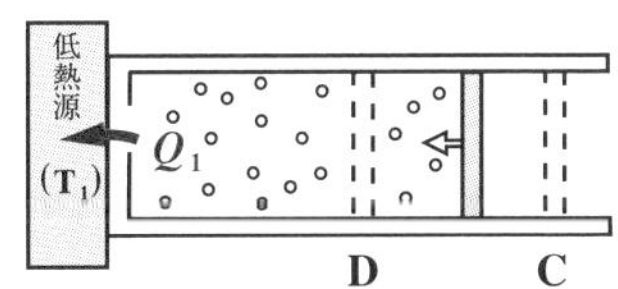

(ⅳ) 準静的断熱圧縮 **D → A**

作業物質を低熱源から離し, 断熱的に圧縮して, はじめの **A** の状態に戻す。このとき, 作業物質に熱の出入りはない。

(ⅳ) 準静的断熱圧縮 **D → A**

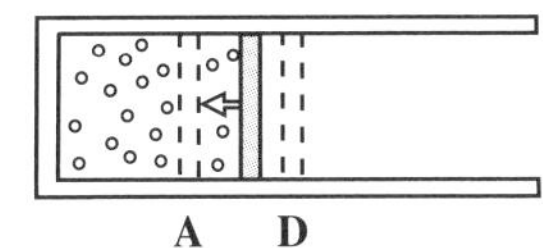

(ⅰ) **A → B** で, 作業物質は熱量 Q_2 を吸収しながら外に対して仕事をする。そして, (ⅱ)**B → C** の断熱膨張で圧力を大きく下げた後, (ⅲ)**C → D** の等温圧縮で, 作業物質は熱量 Q_1 を放出しながら低圧力で外から仕事をされる。最後に, (ⅳ)**D → A** の断熱圧縮で, 状態 **A** に戻る。このため, 差し引き勘定で見て, このカルノー・サイクルは, 外に対して仕事 W をしたことになるんだね。

この **1** サイクルを, 熱力学第 **1** 法則 : $\varDelta U = Q - W$ ……$(*o)$ に当てはめてみよう。

$\Delta U = U_A - U_A = 0$,　　$Q = Q_2 - Q_1$ より，

元の A に戻るので，$\Delta U = 0$　　(i) A → B　(iii) C → D

熱力学第1法則
$\Delta U = Q - W$ …(∗o)

(∗o) は，$0 = Q_2 - Q_1 - W$

よって，カルノー・エンジンが1サイクルで外に対して行う仕事 W は，

$W = Q_2 - Q_1$ ……① となるんだね。

ここで，このカルノー・サイクルの熱効率 η を

ギリシャ文字で，"エータ"と読む。

$$\eta = \frac{(\text{外に対してする仕事})}{(\text{吸収する熱量})} = \frac{W}{Q_2}$$ と定義すると，

これに①を代入して，$\eta = \dfrac{Q_2 - Q_1}{Q_2}$ より，

∴カルノー・サイクルの**熱効率** $\eta = 1 - \dfrac{Q_1}{Q_2}$ …(∗w) が導かれる。大丈夫？

それでは，このカルノー・サイクルを単純化してみよう。つまり，カルノー・サイクルとは，高温度 T_2 の高熱源から熱量 Q_2 を吸収し，その1部を仕事 W として取り出し，残りの熱量 Q_1 を低温度 T_1 の低熱源に放出する熱機関なんだね。よって，このカルノー・サイクルを単純化したイメージは図3のようになるのが分かるだろう。

図3 単純化した
カルノー・サイクル

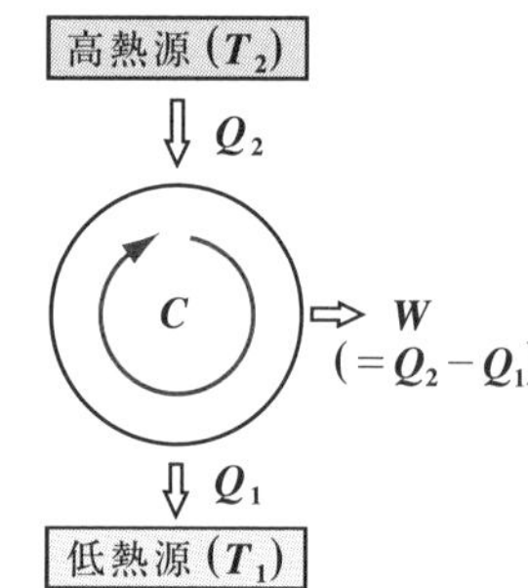

このように，カルノー・サイクルでは，高熱源と低熱源の2つの熱源が必要で，高熱源から吸収した熱エネルギー Q_2 の1部しか仕事として取り出すことが出来ないことが分かったんだね。

ここで，カルノーがカルノー・サイクルを思い付いた背景には，図4に示すような水車との類似性があったと言われている。つまり，「水車が，高所から低所に流れる水によって回転するように，熱機関も高温部から低温部に向かって移動する熱によって駆動する。」と，カルノーは考えたんだね。

図4 水車との類似性

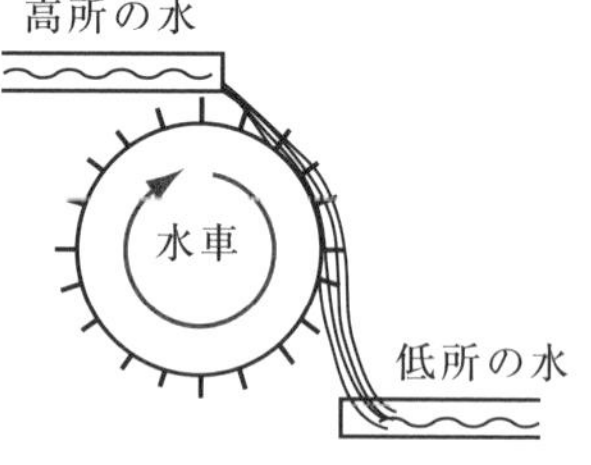

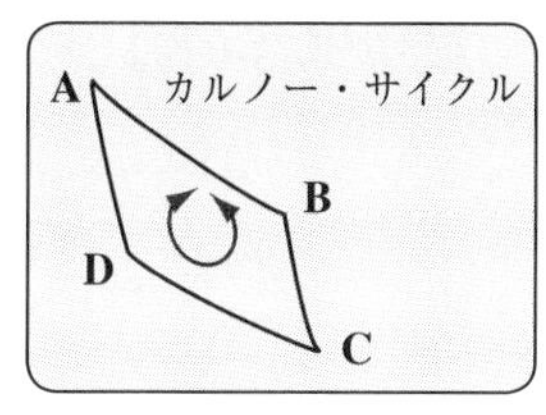

ここで，カルノー・サイクルの **4** つの過程はすべて，ゆっくりじわじわの準静的過程なので，可逆過程だ。よって，カルノー・サイクルは逆回転させることも可能なんだね。ここで，(i)**A → B → C → D → A** の順回転のカルノー・サイクルを C と表し，(ii) **A → D → C → B → A** の逆回転のカルノー・サイクルを $\overline{C}$ と表すことにしよう。そして，この逆回転のカルノー・サイクル $\overline{C}$ のことを，これから "**逆カルノー・サイクル**" と呼ぶことにしよう。(さらに略して，"逆カル" と呼ぶこともある。)

図 **5** 逆カルノー・サイクル

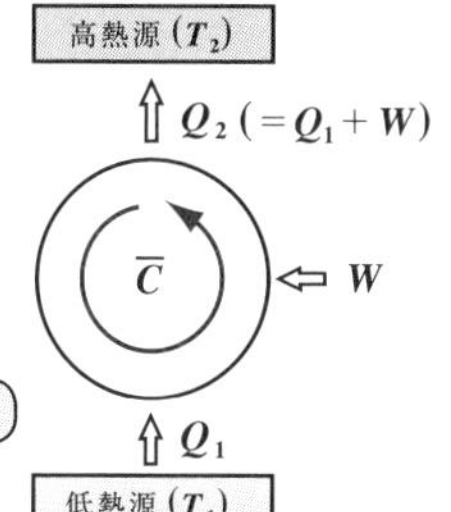

この逆カルノー・サイクルは，(順回転の) カルノー・サイクルに対してビデオの逆回しのようになる。よって，この逆カルの単純化したイメージは，図 **5** に示すように，低温度 T_1 の低熱源から熱量 Q_1 を取り出し，外部から W の仕事をされて，Q_1 と W の和である Q_2 を，高温度 T_2 の高熱源に放出することになる。

この図 **5** の逆カルを見てて何か気付かない？ ……，そうだね。これはクーラーの原理そのものなんだね。(冷却器，エアコン，ヒートポンプなど，呼び名はいっぱいある！) 低熱源を冷やしたい部屋だと考えると，逆カルのクーラーを W によって稼働させて，部屋から Q_1 の熱を取り去り，その結果，熱い外部 (高熱源) に $Q_1 + W = Q_2$ の熱量を捨てることになるんだね。

高温の物体と低温の物体を何もせずに放っておくと，高温の物体から低温の物体に熱が移動して，やがて **2** つは同一温度の熱平衡状態になること，そしてこの逆，つまり，何もしないで低温の物体から高温の物体に熱が移動することなど起こり得ないことを，ボク達は経験上知っている。

しかし，逆カルノー・サイクルを使って，外部から仕事 W を行ってやれば，低熱源から高熱源に熱を移動させることが可能であることが分かったんだね。以上のことは，この後に解説する "**熱力学第 2 法則**" と密接に関係しているので，シッカリ頭に入れておこう。

● 理想気体のカルノー・サイクルを調べよう！

これまでの解説では，カルノー・サイクルに使われる作業物質について，特に条件は付けなかった。しかし，ここでは，この作業物質が n モルの理想気体（状態方程式 $pV=nRT$，$dU=nC_VdT$ を満たす気体）であるときのカルノー・サイクルについて，これが外部になす仕事 W と，熱効率 η がどうなるのか？次の例題で詳しく調べてみることにしよう。

> カルノー・サイクル
> $W=Q_2-Q_1$ ……①
> $\eta=1-\dfrac{Q_1}{Q_2}$ …(∗w)

例題 13　n モルの理想気体を作業物質とする右図のようなカルノー・サイクルについて，

(1) 2 つの準静的断熱変化から，

$$\frac{V_B}{V_A}=\frac{V_C}{V_D} \quad \cdots\cdots(a)$$

が成り立つことを示そう。

(2) 次にこの 1 サイクルで外部に対してなす仕事 W が

$$W=nR(T_2-T_1)\log\frac{V_B}{V_A} \quad \cdots\cdots(b)$$

となることを示そう。

(3) さらに，熱効率 η が $\eta=1-\dfrac{T_1}{T_2}$ ……(∗x) となることを示そう。

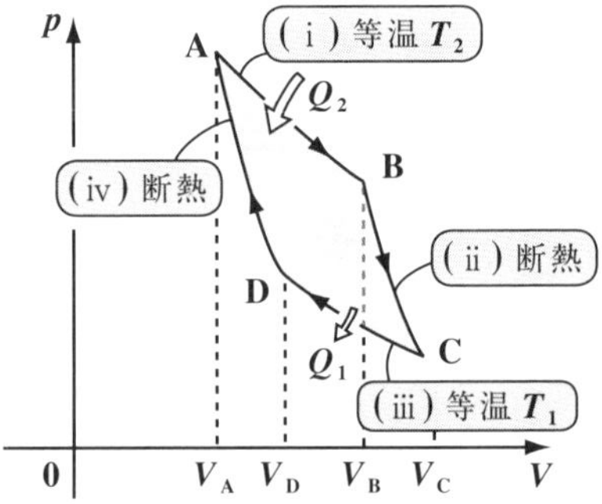

(1)(ii) 準静的断熱変化 B → C について，

$TV^{\gamma-1}=$(一定) より，← ポアソンの関係式

$$T_2V_B^{\gamma-1}=T_1V_C^{\gamma-1} \quad \cdots\cdots(c)$$ となり，

(iv) 準静的断熱変化 D → A について，同様に，

$$T_2V_A^{\gamma-1}=T_1V_D^{\gamma-1} \quad \cdots\cdots(d)$$ となる。

> 準静的断熱変化
> $TV^{\gamma-1}=$(一定) …(∗v)
> $pV^{\gamma}=$(一定) …(∗v)′
> $\gamma=\dfrac{C_p}{C_V}$ ……(∗u)

よって，(c)÷(d)より，

$$\frac{\cancel{T_2}V_B^{\gamma-1}}{\cancel{T_2}V_A^{\gamma-1}}=\frac{\cancel{T_1}V_C^{\gamma-1}}{\cancel{T_1}V_D^{\gamma-1}} \qquad \left(\frac{V_B}{V_A}\right)^{\gamma-1}=\left(\frac{V_C}{V_D}\right)^{\gamma-1}$$

$$\therefore \frac{V_B}{V_A}=\frac{V_C}{V_D} \quad \cdots\cdots(a)$$ が成り立つ。

(2) 次に，このカルノー・サイクルが1サイクルで外部に対してなす仕事 W を，各4つの過程がなす(または，なされる)仕事 W_{AB}，W_{BC}，W_{CD}，W_{DA} から求める。

（W_{CD}，W_{DA} は正として求める。）

もちろん，$W = Q_2 - Q_1$ から，$Q_2 = W_{AB}$，$Q_1 = W_{CD}$ より，$W = W_{AB} - W_{CD}$ となって，W_{BC} と W_{DA} は打ち消し合って 0 となることは分かっているんだけれど，練習になるので，4つの仕事すべてを求めることにしよう。

計算の基になるのは，微分形式の熱力学第1法則：

$d'Q = nC_VdT + pdV$ だね。　←（$d'Q = dU + d'W$）

(i) 等温過程 A → B のとき，$dT = 0$ より，

$$W_{AB} = Q_2 = \int_{V_A}^{V_B} p\,dV = nRT_2 \int_{V_A}^{V_B} \frac{1}{V}dV$$

（$p = \dfrac{nRT_2}{V}$，nRT_2：定数）

$$= nRT_2\big[\log V\big]_{V_A}^{V_B} = nRT_2(\log V_B - \log V_A)$$

$$= nRT_2 \log\frac{V_B}{V_A} \text{ となる。}$$

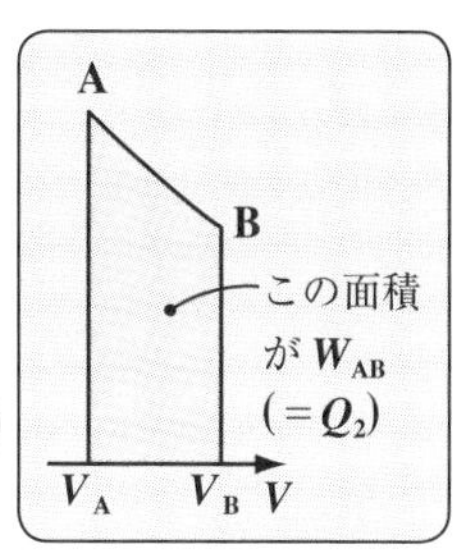

(ii) 準静的断熱変化 B → C のとき，$d'Q = 0$ より，

$$W_{BC} = \int_{V_B}^{V_C} p\,dV = -nC_V \int_{T_2}^{T_1} dT$$

（$p\,dV = -nC_VdT$　←（$0 = nC_VdT + pdV$））

$$= -nC_V(T_1 - T_2) = nC_V(T_2 - T_1) \text{ となる。}$$

B(T_2)
この面積
が W_{BC}
C(T_1)
V_B V_C V

(iii) 等温変化 C → D のとき，$dT = 0$ より，

$$W_{CD} = Q_1 = -\int_{V_C}^{V_D} p\,dV = -nRT_1 \int_{V_C}^{V_D} \frac{1}{V}dV$$

（$p = \dfrac{nRT_1}{V}$）

（$W_{CD} = Q_1$ を⊕として求めるために⊖を付けた。）

$$= -nRT_1\big[\log V\big]_{V_C}^{V_D}$$

$$= -nRT_1(\log V_D - \log V_C)$$

$$= nRT_1 \log\frac{V_C}{V_D} \text{ となる。}$$

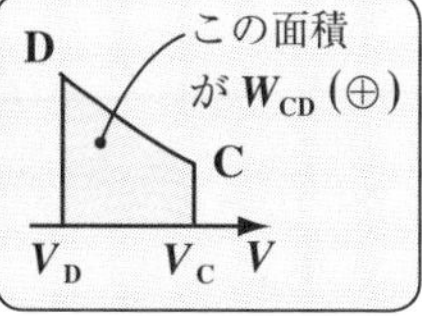

(iv) 準静的断熱変化 **D → A** のとき，$d'Q = 0$ より，

$$W_{DA} = -\int_{V_D}^{V_A} pdV = nC_V \int_{T_1}^{T_2} dT$$

（W_{DA} を⊕として求めるために⊖を付けた。）

（$pdV = -nC_V dT$　←　$d'Q = nC_V dT + pdV$，$d'Q = 0$ より）

$$= nC_V [T]_{T_1}^{T_2} = nC_V (T_2 - T_1) \text{ となる。}$$

以上 (i) ～ (iv) より，カルノー・サイクルが **1** サイクルで外部に対してなす仕事 W は，

（本来負である W_{CD}，W_{DA} を正として求めたので，このように引き算の形になった！）

$$W = \underbrace{W_{AB}}_{Q_2} + W_{BC} - \underbrace{W_{CD}}_{Q_1} - W_{DA}$$

（(i) $nRT_2 \log \frac{V_B}{V_A}$，(ii) $nC_V(T_2 - T_1)$，(iii) $nRT_1 \log \frac{V_C}{V_D}$，(iv) $nC_V(T_2 - T_1)$）

$$= nRT_2 \log \frac{V_B}{V_A} + nC_V(T_2 - T_1) - nRT_1 \log \frac{V_C}{V_D} - nC_V(T_2 - T_1)$$

$$= nRT_2 \log \frac{V_B}{V_A} - nRT_1 \log \frac{V_C}{V_D}$$

（予想通り $W = Q_2 - Q_1$ となった！）

ここで，$\frac{V_C}{V_D} = \frac{V_B}{V_A}$ ……(a)より，

$$\therefore W = nR(T_2 - T_1) \log \frac{V_B}{V_A} \quad \cdots\cdots (b)$$

が成り立つことが分かったんだね。

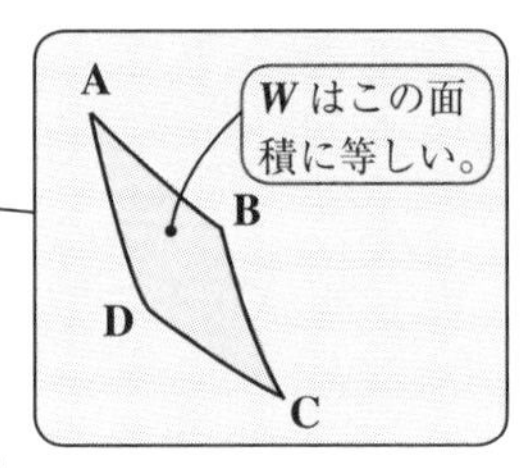

(3) 以上の結果から，熱効率 $\eta = 1 - \frac{T_1}{T_2} \quad \cdots (*x)$

が成り立つことも示せる。

まず，一般の作業物質に対して，カルノー・サイクルの熱効率 η は，

$$\eta = \frac{W}{Q_2} = \frac{Q_2 - Q_1}{Q_2} = 1 - \frac{Q_1}{Q_2} \quad \cdots\cdots (*w)$$ となることはいいね。

ここで，作業物質が理想気体の場合，

$$\frac{V_B}{V_A} = \frac{V_C}{V_D} \quad \cdots\cdots (a),$$

$$Q_2 = nRT_2 \log \frac{V_B}{V_A}, \qquad Q_1 = nRT_1 \log \frac{V_C}{V_D}$$ が成り立つので，

$$\frac{Q_1}{Q_2} = \frac{\cancel{nR}T_1 \log \boxed{\frac{V_C}{V_D}}}{\cancel{nR}T_2 \log \frac{V_B}{V_A}} = \frac{T_1 \cancel{\log \frac{V_B}{V_A}}}{T_2 \cancel{\log \frac{V_B}{V_A}}}$$

$\frac{V_C}{V_D} = \frac{V_B}{V_A}$ ((a)より)

$\therefore \frac{Q_1}{Q_2} = \frac{T_1}{T_2}$ ……(e) が成り立つ。

(e)を $(*w)$ に代入すると，理想気体を作業物質とするカルノー・サイクルの熱効率 η は，

$\eta = 1 - \frac{T_1}{T_2}$ ……$(*x)$ と表せる。

つまり，この場合の熱効率 η は，2 つの熱源の温度 T_2 と T_1 のみによって決まることが分かったんだね。ここで，$T_2 > T_1 > 0$ より，$\eta \neq 1$，すなわち熱効率 100% の熱機関が存在しないことも，$(*x)$ から導ける。

最後に，状態量について話しておこう。カルノー・サイクルで，A からスタートして，1 サイクル後に A に戻ったとき，当然，状態量 p，V，T，U などの変化分はすべて 0 となる。つまり，$\Delta p = p_A - p_A = 0$，$\Delta V = V_A - V_A = 0$，$\Delta T = T_2 - T_2 = 0$，$\Delta U = U_A - U_A = 0$ となるからね。これに対して，1 サイクル後の熱量の変化分 ΔQ は，$\Delta Q = Q_2 - Q_1 > 0$ となって，0 となることはない。つまり，熱量 Q が状態量ではないから，このような結果になるんだね。しかし，(e)の式を変形すると，

$\frac{Q_1}{T_1} = \frac{Q_2}{T_2}$ ……(e)′ となるので，$\frac{Q}{T}$ という新たな量を考えてみると，

1 サイクル後のこの量の変化分は，

$\frac{Q_1}{T_1} - \frac{Q_2}{T_2} = 0$ となって，状態量の条件を満たすことになる。

もちろん，(e)はまだ，作業物質が理想気体のときの特別な場合に成り立つものでしかないので，これを新たな状態量と言うのは時期尚早なんだね。でも，実は，これが“**エントロピー**”という新たな状態量の導入につながっていくんだよ。

● オットー・サイクルの熱効率を求めてみよう！

それでは，カルノー・サイクル以外の循環過程として，ガソリンエンジンに近い“**オットー・サイクル**”についても，次の例題でその熱効率 η を求めておこう。

例題 **14**　n モルの理想気体を作業物質とする次のようなオットー・サイクルを考える。

(ⅰ) 断熱膨張 **A → B**

(ⅱ) 定積変化 **B → C**

(ⅲ) 断熱圧縮 **C → D**

(ⅳ) 定積変化 **D → A**

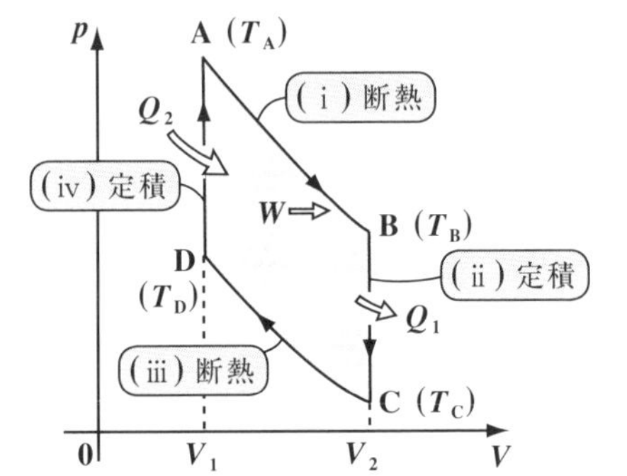

このとき，このサイクルの熱効率 η が，

$$\eta = 1 - \frac{T_B}{T_A} = 1 - \left(\frac{V_1}{V_2}\right)^{\gamma-1} \quad \cdots\cdots ①$$ で表されることを示そう。

オットー・サイクルも，pV 図上で描かれていることから，**4** つの過程はすべて準静的過程（つまり可逆過程）と考えていい。

ここで，(ⅰ) **A → B** と (ⅲ) **C → D** は，断熱過程なので，作業物質への熱の出入りはない。(ⅱ) **B → C** の定積変化では，圧力と比例して温度が $T_B \to T_C$ に下がるので，熱量 $Q_1(>0)$ が放出され，(ⅳ) **D → A** の定積変化では，圧力と比例して温度が $T_D \to T_A$ に上がるので，熱量 $Q_2(>0)$ が吸収される。

以上より，熱力学第 **1** 法則：$\Delta U = Q - W$ を用いると，

$\Delta U = U_A - U_A = 0$，$Q = Q_2 - Q_1$

このオットー・サイクルが **1** サイクル回ることにより作業物質が外部に対してなす仕事 W は，

$$W = Q_2 - Q_1 \quad \cdots\cdots ②$$ となる。

よって，この熱効率 η は，②より，

$$\eta = \frac{W}{Q_2} = \frac{Q_2 - Q_1}{Q_2} = 1 - \frac{Q_1}{Q_2} \quad \cdots\cdots ③$$ と表すことができる。

ここで，作業物質が理想気体より，この微分形式の熱力学第1法則：
$d'Q = nC_VdT + pdV$ を用いると，

(ⅱ) 定積変化 B → C より，$dV = 0$

$$\therefore Q_1 = -\int_{T_B}^{T_C} nC_VdT = -nC_V[T]_{T_B}^{T_C} = nC_V(T_B - T_C) \quad \cdots\cdots④$$

Q_1 を⊕として表すために⊖を付けた。

(ⅳ) 定積変化 D → A より，$dV = 0$

$$\therefore Q_2 = \int_{T_D}^{T_A} nC_VdT = nC_V[T]_{T_D}^{T_A} = nC_V(T_A - T_D) \quad \cdots\cdots⑤$$

④，⑤を③に代入して，

$$\eta = 1 - \frac{nC_V(T_B - T_C)}{nC_V(T_A - T_D)} = 1 - \frac{T_B - T_C}{T_A - T_D} \quad \cdots\cdots⑥$$ となる。

ここで，(ⅰ) A → B と (ⅲ) C → D は，準静的断熱変化より，ポアソンの関係式から，

$T_AV_1^{\gamma-1} = T_BV_2^{\gamma-1}$ ……⑦　　$T_DV_1^{\gamma-1} = T_CV_2^{\gamma-1}$ ……⑧ となる。

⑧÷⑦より，

$$\frac{T_DV_1^{\gamma-1}}{T_AV_1^{\gamma-1}} = \frac{T_CV_2^{\gamma-1}}{T_BV_2^{\gamma-1}} \qquad \therefore \frac{T_D}{T_A} = \frac{T_C}{T_B} = k$$ (k：1より小さい正の数)

とおくと，

$T_D = kT_A$ ……⑨　　$T_C = kT_B$ ……⑩

⑨，⑩を⑥に代入して，

$$\eta = 1 - \frac{T_B - kT_B}{T_A - kT_A} = 1 - \frac{T_B(1-k)}{T_A(1-k)} = 1 - \frac{T_B}{T_A} \quad \cdots\cdots⑪$$ が導ける。

⑦より，$\dfrac{T_B}{T_A} = \dfrac{V_1^{\gamma-1}}{V_2^{\gamma-1}} = \left(\dfrac{V_1}{V_2}\right)^{\gamma-1}$ ……⑦´

⑦´を⑪に代入すると，

$$\eta = 1 - \left(\frac{V_1}{V_2}\right)^{\gamma-1}$$ も導ける。

以上より，理想気体を作業物質とするオットー・サイクルの熱効率 η は，

$$\eta = 1 - \frac{T_B}{T_A} = 1 - \left(\frac{V_1}{V_2}\right)^{\gamma-1} \quad \cdots\cdots①$$ と表せる。大丈夫だった？

§2. 熱力学第 2 法則

準備も整ったので，これから“**熱力学第 2 法則**”の講義に入ろう。熱力学第 2 法則は，熱力学第 1 法則と併せて，すべての熱力学の体系の根幹をなすものなんだ。熱力学第 1 法則は，熱力学的なエネルギー保存則のことであり，ここでは熱量 Q と仕事 W は等価なエネルギーとして取り扱った。

しかし，現実には熱エネルギーから仕事 W を取り出すのは難しく，明らかに熱エネルギー Q と仕事 W の間には質の違いが存在する。この質の違いを明確にする法則が“**熱力学第 2 法則**”なんだね。

しかし，この熱力学第 2 法則は数式ではなく言葉で表されているため，様々な表現法が存在する。ここではまず，最も有名な“**クラウジウスの原理**”と“**トムソンの原理**”について紹介し，これらがいずれも同値な法則であることを，カルノー・サイクルを使って論理的に証明しよう。そして，熱力学第 2 法則のその他の表現法についても教えるつもりだ。

さらに，ここでは，“**不可逆機関**”の熱効率や，“**熱力学的絶対温度**”についても解説する。

今回も内容満載だけれど，分かりやすく教えるから，シッカリマスターしよう。

● まず，クラウジウスの原理とトムソンの原理から始めよう！

「常温の大気中で，湯のみ茶碗に入った熱いお茶は放っておくとやがて冷めて大気温度と等しくなる」ことを，ボク達は経験的に知っている。そして，この逆，つまり「冷めたお茶を放っておいたら，そのうちこれが大気温度より熱くなっていた」なんてことが，決して起こり得ないことも知っている。“**熱力学第 2 法則**”とは，このようなことを法則としてまとめたものなんだね。エッ，何かスッキリしないって？ その通りだね。

熱力学第 1 法則は $\Delta U = Q - W$ や $dU = d'Q - pdV$ のように公式としてキッチリ表現することが出来たので，分かりやすかったんだけれど，熱力学第 2 法則は式ではなく，まず言葉で表現されるため，漠然とした感じを持たれるのは仕方がないんだね。しかも，その表現法が 1 つではなく，複数あるので，混乱の元になるのかも知れない。

だから，ここではまず，熱力学第 **2** 法則を表現する最も有名な“**クラウジウス(*Clausius*)の原理**”と“**トムソン(*Thomson*)の原理**”を紹介しよう。

クラウジウスの原理とトムソンの原理

(Ⅰ) クラウジウスの原理
「他に何の変化も残さずに，熱を低温の物体から高温の物体に移すことはできない。」……………………………(*y)

(Ⅱ) トムソンの原理
「他に何の変化も残さずに，ただ **1** つの熱源から熱を取り出し，それをすべて仕事に変え，自身は元の状態に戻ることはできない。」……………………………(*z)

クラウジウスの原理もトムソンの原理も共に，“他に何の変化も残さずに”という条件が付いていることに気をつけよう。

図 **1** クラウジウスの原理のイメージ

(ⅰ) クラウジウスの原理

これは不可能

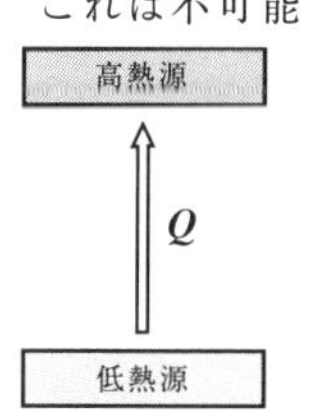

(ⅱ) 逆カルノー・サイクル

これは可能

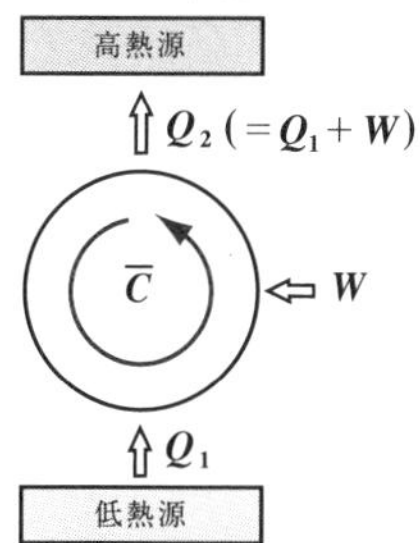

(Ⅰ) まず，クラウジウスの原理について，このクラウジウスの原理 (*y) をイメージで表すと，図 **1**(ⅰ) のように，系の外部に何の影響も残すことなく，低熱源から高熱源に熱量 Q が移動することはないと言っているんだね。

図 **1**(ⅱ) に示すように，逆カルノー・サイクル $\overline{C}$ を使えば，確かに低熱源から高熱源に熱を移動させることができる。しかし，この場合，逆カル $\overline{C}$ に外部から仕事 W がなされているので，“外部に何の変化も残さずに”低熱源から高熱源に熱を移動させたわけではないんだね。

よって，逆カルノー・サイクルは，“**クラウジウスの原理**”の反例ではないことに注意しよう。

(Ⅱ)次，トムソンの原理について，

トムソンの原理「他に何の変化も残さずに，ただ1つの熱源から熱を取り出し，それをすべて仕事に変え，自身は元の状態に戻ることはできない。」……($*z$)

このトムソンの原理($*z$)をイメージで表すと，図2(ⅰ)のように，ただ1つの熱源だけから熱を得て，それを全部仕事に変え，他に何の変化も残さないで，自分自身は元の状態に戻るような装置T は存在し得ないと言っているんだね。

(熱効率 $\eta = 1$ の熱機関だね。)

(この熱機関はトムソンの頭文字をとってTで表した。)

装置Tは，熱機関だから，熱を得てただ1方向に動くだけでなく，他に何の変化も残さずに必ず元の状態に戻り，繰り返し稼働できるものでないと意味がない。

図2 トムソンの原理のイメージ

(ⅰ)トムソンの原理
これは不可能

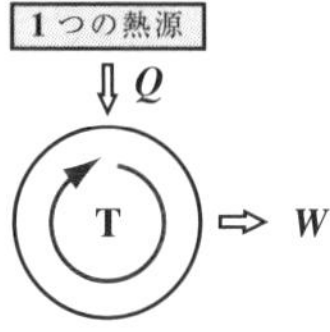

(ⅱ)カルノー・サイクル
これは可能

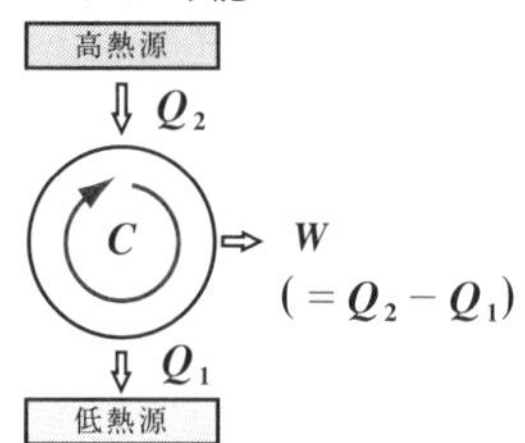

これに対して，図2(ⅱ)に示すように，高熱源と低熱源の2つをもち，高熱源から熱量 Q_2 を得て，その1部を外部に対する仕事 W に使い，残りの熱量 Q_1 を低熱源に放出する熱機関，つまりカルノー・サイクル C は当然存在し得るんだね。このように，熱機関を稼働させるには，温度差のある2つ以上の熱源が必要となる。

これに対して，装置Tのように，「他に何の変化も残さずに，ただ1つの熱源から熱を取り出し，それをすべて仕事に変え，周期的に動く機械」のことを **"第2種の永久機関"** というので覚えておこう。

"第1種の永久機関" は，動力源(燃料) $Q=0$ であるにも関わらず，$W>0$ で稼働する熱機関のことだ。1サイクル回ると $\Delta U=0$ より，熱力学第1法則から，

$\underset{\Delta U}{0}=Q-W \quad \therefore Q=W$ 　よって，$Q=0$ で，かつ $W>0$ となる"第1種の永久機関"は存在し得ないんだね。大丈夫？

第 **1** 種の永久機関に比べて，図 **2**(i) から分かるように，第 **2** 種の永久機関は，$W = Q$ (>0) となるので，熱力学第 **1** 法則から見た場合，特に問題はない。

しかし，このような第 **2** 種の永久機関は存在しないことをボク達は日頃の経験から知っている。何故って？ もし，ただ **1** つの熱源から熱エネルギー Q を得て，それをすべて仕事に変えながら繰り返し稼働できるエンジン (サイクル) があるのなら，石油や灯油などの燃料は必要なくなる。たとえば，大海原には無限の熱エネルギーが存在する。だから，これを熱源として，他の燃料を一切使わずに航行する船の存在が可能になる。夏の道路の熱いアスファルトを熱源として，これから熱量を得て，ガソリンなど使わずに走行する自動車も可能になる。さらに，暖かい大気を熱源として，これから熱量を取り出して，ジェット燃料を一切使わずに飛行するジェット機だって可能になるんだね。エッ，熱を奪われた海や陸や大気が冷却されて，地球の温度が下がるんじゃないかって？心配御無用！仕事として利用された運動エネルギーはやがて摩擦によって，元の熱エネルギーに変わるはずだから，地球環境に熱的には何の影響も及ぼさないはずだ。

でも，この夢のような “**第 2 種の永久機関**” は存在しないと “**トムソンの原理**” は言っているんだね。エッ，でもまだ夢は捨てきれない！ トムソンの原理に反する第 **2** 種の永久機関を発明してみたいって!? 意気込みはいいと思う。そして，「ひょっとして “**トムソンの原理**” に反するものがあるのかも知れない」と思う気持ちも分からないではない。

でも，キミ達は “**クラウジウスの原理**” が成り立つことは，日頃の経験から自明のこととして，素直に受け入れられるだろう…。であれば，“**第 2 種の永久機関**” は存在し得ないことを認めないといけない。何故なら，“**クラウジウスの原理**” と “**トムソンの原理**” は同値 (必要十分条件) の関係にあるからなんだ。夢を壊すようで申し訳ないけれど，これからこの **2** つの命題が同値であることを証明してみせよう。ポイントは，カルノー・サイクルを利用することなんだ。

● クラウジウスの原理とトムソンの原理は同値だ！

まず，命題の証明について復習しておこう。元の命題“$p \Rightarrow q$”と，

（これは「pであるならば，qである」を表す。）

その対偶“$\angle q \Rightarrow \angle p$”は，必ずその真偽が一致するんだね。つまり，

（これは「qでないならば，pでない」を表す。）←（$\angle p$，$\angle q$は，それぞれpとqの否定を表す。）

・元の命題が真ならば対偶も真となり，また，対偶が真ならば元の命題も真となる。

・元の命題が偽ならば対偶も偽となり，また対偶が偽ならば元の命題も偽となるんだね。

一例として，「人間ならば動物である。」は真だけど，この対偶「動物でないならば人間ではない。」も真になっていることが分かるね。このように，元の命題とその対偶は，**真偽に関する運命共同体**だから，もし，元の命題が真であることを示すのが難しい場合は，その対偶が真であることを示せば，元の命題が成り立つことを示したのと同じになるんだね。納得いった？

これからボク達は，“**クラウジウスの原理**”と“**トムソンの原理**”が同値であることを示すのに，上述した対偶による証明法を利用しようと思う。まず，クラウジウスとトムソンの頭文字をとって，

クラウジウスの原理を“**C**”と表し，トムソンの原理を“**T**”で表すこと

C：「他に何の変化も残さずに，熱を低温の物体から高温の物体に移すことはできない。」

T：「他に何の変化も残さずに，ただ**1**つの熱源から熱を取り出し，それをすべて仕事に変え，自身は元に戻ることはできない。」

にする。そして，これが同値であること，すなわち，

“$\mathbf{C} \Longleftrightarrow \mathbf{T}$”……(＊) が成り立つことを示せばいいんだね。それでは，

(ⅰ)まず，命題“**C** ⇒ **T**”……(∗**1**) が成り立つことを示そう。

そのためには，この対偶“∠**T** ⇒∠**C**”……(∗**1**)′ が成り立つことを

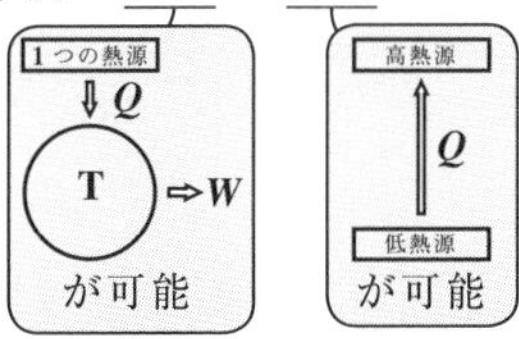

示せばいいんだね。

∠**T**(トムソンの原理の否定) より，まず，図 **3**(ⅰ) に示すように，ただ **1** つの熱源 (低熱源) から熱量 Q を取り出して，それをすべて仕事 $W(=Q)$ に変え，周期的に動く熱機関 **T** が存在することになる。

(これは“**第 2 種の永久機関**”そのものだね。)

次に，図 **3**(ⅱ) に，この熱機関 **T** から出力される仕事 W をそのまま使って低熱源から Q_1 の熱量を取り出し，熱機関 **T** の仕事 W をすべて受けて，高熱源に $Q_2(=W+Q_1=Q+Q_1)$ を放出する逆カルノー・サイクル $\overline{C}$ を稼働させることにしよう。カルノー・サイクルは可逆機関だから，この逆カルノー・サイクルは常に利用できる。

ここで，熱機関 **T** と逆カルノー・サイクル $\overline{C}$ を組み合わせて，**1** つの熱機関 **T** $+\overline{C}$ を考えよう。すると，図 **3**(ⅲ) に示すように，これは，低熱源から $Q_2(=Q+Q_1)$ の熱量を取り出し，高熱源に $Q_2(=Q+Q_1)$ を放出しているだけで，他に何の変化も残していないことになる。つまり，これは，クラウジウスの原理の否定∠**C** に他ならない。

これから，対偶“∠**T** ⇒ ∠**C**”……(∗**1**)′ が成り立つことが示せた。よって，元の命題“**C** ⇒ **T**”……(∗**1**) が成り立つことも示せたんだね。

図 **3** 対偶“∠**T**⇒∠**C**”の証明

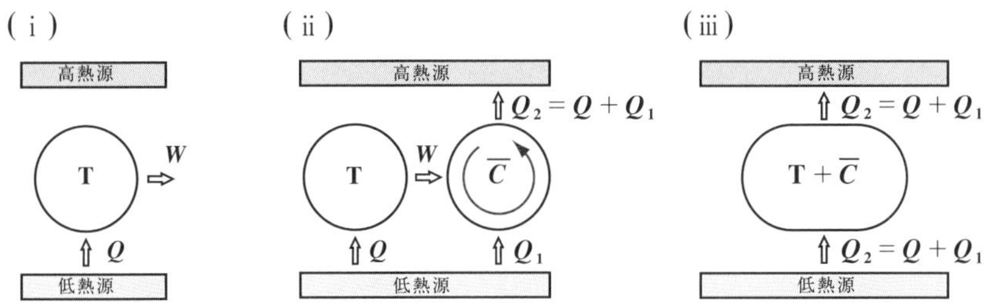

(ⅱ)次に，命題“T ⇒ C”……(＊2) が成り立つことを示そう。

そのためには，この対偶“∠C ⇒ ∠T”……(＊2)´ が成り立つこと

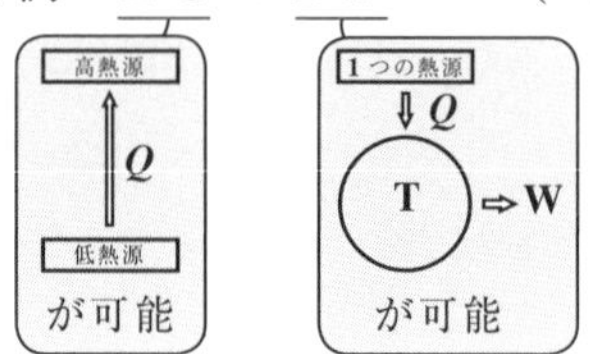

を示せばいいんだね。

∠C(クラウジウスの原理の否定) より，まず図4(ⅰ) に示すように，他に何の変化も残さずに，ただ低熱源から高熱源へ熱量 Q を移動させることが可能なんだね。次に，図4(ⅱ) に示すように，高熱源から熱量 $Q_2(>Q)$ を取り出し，この1部を仕事 W に変え，残りの熱量 $Q\ (=Q_2-W)$ を低熱源に放出するカルノー・サイクル C を稼働させ（上記の Q と一致させる。）ることにしよう。

ここで，図4(ⅱ) に示す2つの過程を1つの熱機関とみなして考えると，低熱源に対しては $-Q+Q=0$ となって，熱の出入りはなくなる。そして，高熱源をただ1つの熱源として，それから Q_2-Q の熱量を取り出し，それをすべて仕事 W に変えて周期的に動く熱機関 T が現れることになる。つまり，これはトムソンの原理の否定∠T に他ならない。

これから，対偶“∠C ⇒ ∠T”……(＊2)´ が成り立つことが示せた。よって，元の命題“T⇒ C”……(＊2) が成り立つことも示せたんだね。

図4 対偶“∠C⇒∠T”の証明

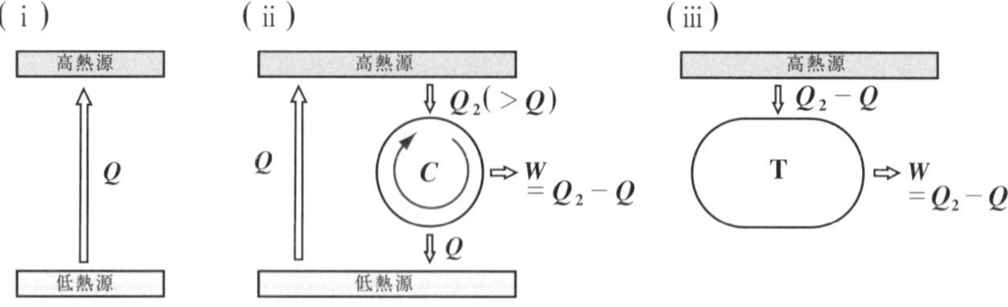

以上 (＊1)(＊2) より，命題“C ⟺ T”……(＊) が成り立ち，クラウジウスの原理とトムソンの原理が同値であることが証明できたんだね。

● 熱力学第 2 法則の他の表現も押さえておこう！

無限にゆっくりじわじわの準静的過程は可逆だけれど，現実にそんな変化は滅多に存在しない。ボク達が日頃目にする様々な過程（変化）にはどこかに必ず摩擦が伴うため，可逆ではないんだね。ビデオを逆回しにして見たとき，ほとんどの動きが不自然に見えるのはそのためなんだ。

ここで，「どのような方法を使っても，他に何の変化も残さずに系を元の状態に戻すことのできない変化」のことを，"不可逆変化(ふかぎゃくへんか)" と呼ぶことを覚えておこう。

それでは，この "**不可逆**" という言葉も利用して，"**クラウジウスの原理**" や "**トムソンの原理**" 以外の熱力学第 2 法則の表現法を紹介しよう。

・"**クラウジウスの原理**" の別の表現

「熱が高温の物体から低温の物体に移る現象は不可逆である。」…$(*y)'$

C：「他に何の変化も残さずに，熱を低温の物体から高温の物体に移すことはできない。」……$(*y)$

・"**トムソンの原理**" の別の表現

「仕事が熱に変わる現象は不可逆である。」…$(*z)'$

T：「他に何の変化も残さずに，ただ 1 つの熱源から熱を取り出し，それをすべて仕事に変え，自身は元に戻ることはできない。」……$(*z)$

・"**プランク（*Plank*）の原理**"

「他に何の変化も残さずに，摩擦によって発生した熱をすべて仕事に変えることはできない。」

・"**プランクの原理**" の別の表現

「摩擦により熱が発生する現象は不可逆である。」

・"**オストヴァルト（*Ostwald*）の原理**"

「第 2 種の永久機関は実現できない。」

第 2 種の永久機関：他に何の変化も残さずに，ただ 1 つの熱源から熱を取り出し，それをすべて仕事に変えて，周期的に動く機械のこと

表現は異なるけれど，いずれも "**熱力学第 2 法則**" について述べたものなんだね。実は，"**熱力学第 2 法則**" とは，熱力学的な過程の中に不可逆変化が存在することを認めることなんだ。だから不可逆変化のいずれをとっても，"**熱力学第 2 法則**" を述べたことになるんだね。

それでは，次の例題を解いて，この熱力学第 2 法則にさらに慣れるといい。

例題 **15**　図(ⅰ)に示すように，断熱材で囲まれた容器を仕切りで **2** 等分し，一方に温度 T_0 の理想気体を入れ，他方は真空にしておく。次に，図(ⅱ)に示すように，この仕切りに穴をあけると，気体は自由膨張して，やがて容器全体を一様に満たした。このとき，

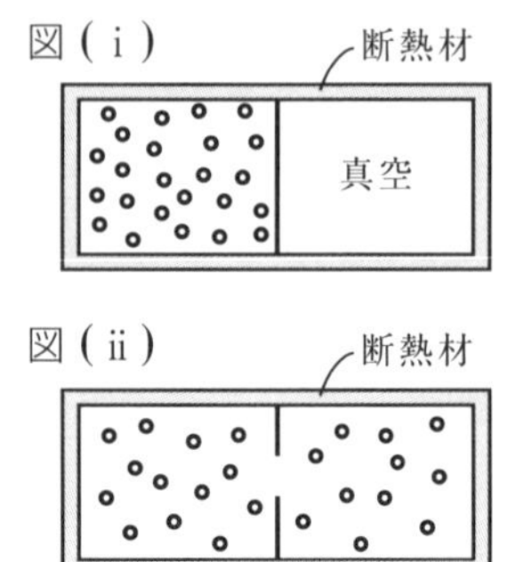

(1) 気体の温度を求めてみよう。

(2) 図(ⅰ)から図(ⅱ)へ気体が拡散する過程は，不可逆であることを示してみよう。

(1) 図(ⅰ)から図(ⅱ)への変化を見ると，まず断熱された状態での変化なので，熱の出入りはない。よって，$Q=0$ だね。

一般に断熱膨張する場合，気体は外部に対して仕事を行うが，真空に対して気体が自由膨張する場合，仕事を行う対象が存在しない。つまり，**“のれんに腕押し”** 状態なので，仕事 W も $W=0$ となる。

よって，熱平衡状態となった図(ⅰ)と図(ⅱ)を比較して熱力学第 **1** 法則で考えると，

$\underbrace{\Delta U}_{nC_V\Delta T}=Q-W=0-0$ より，$\Delta T=0$ となるので，図(ⅰ)の理想気体の温度 T_0 は変化しないで保存される。よって，図(ⅱ)の状態の気体温度も T_0 となる。

(2) 図(ⅰ)の仕切りに穴をあけた瞬間，気体が真空の部屋に向けて噴き出していくわけだから，この過程は常識的に考えて不可逆なのはすぐに分かる。でも，ここでは，**“この過程を可逆過程であると仮定して，熱力学第 2 法則に矛盾する(反する)”** ことを示してみよう。つまり，**“背理法”** による証明だね。

図(ⅰ)，(ⅱ)の状態をそれぞれ A，B とおく。

(Ⅰ) A → B の変化を可逆だと仮定すると，図アに示すように，

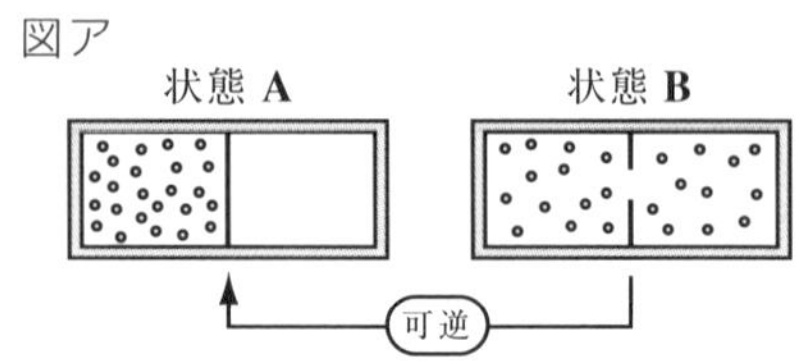

B から **A** に温度を変化させることなく，また，仕事を加えることもなく移行させることができる。

(**A** → **B** の過程で，仕事 $W = 0$ なので，当然 **B** → **A** の変化でも仕事は **0** となる。)

(Ⅱ)次，**A** → **B** の変化を準静的変化として，図イに示すように，気体を温度 T_0 の熱源に接触させた等温変化を考えてみよう。

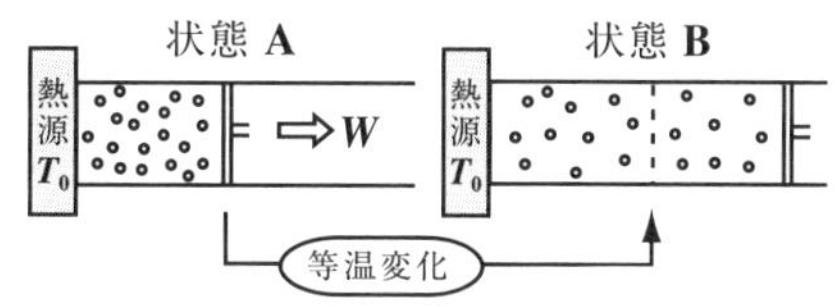

この場合，温度は一定より，$\Delta U = 0$ だね。よって，熱力学第 **1** 法則から $\Delta U = Q - W = 0$，つまり，$Q = W$ となって気体は，熱源から熱量 Q を取り出して，それをすべて仕事 W に変えることになる。

以上(Ⅱ)と(Ⅰ)の過程を組み合わせると，pV 図で右に示すような **A** → **B** → **A** の循環過程が得られる。(Ⅱ)

((Ⅱ)等温変化)((Ⅰ)可逆変化)

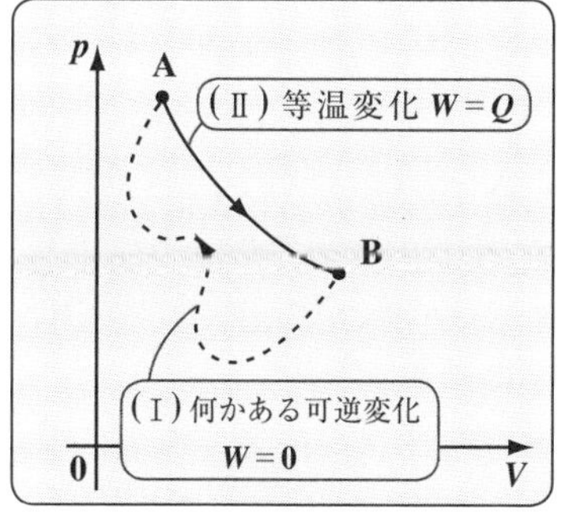

A → **B** の過程で，気体は $W = Q$ の仕事をするが，(Ⅰ)**B** → **A** の過程では $W = 0$ となる。

以上より，この循環過程は右図に示すように，「他に何の変化も残さずに，ただ **1** つの熱源から熱を取り出し，それをすべて仕事に変えて，周期的に動く」第 **2** 種の永久機関になってしまう。

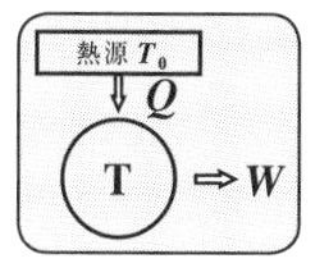

オストヴァルトの原理より，「第 **2** 種の永久機関は実現できない」ので，これは矛盾だね。←(もちろん，これは“**トムソンの原理**”に矛盾すると言ってもいい。)

では，何故矛盾が生じたのか？　それは，図(ⅰ)→図(ⅱ)すなわち **A** → **B** の変化を可逆と仮定したからなんだね。よって，図(ⅰ)→図(ⅱ)の変化は不可逆過程であることが証明できた。大丈夫だった？

● 不可逆熱機関の熱効率は，可逆熱機関のものより低い！

まず，カルノー・サイクルの熱効率 η(P88) について復習しておこう。

カルノー・サイクルの熱効率 η：

$$\eta = 1 - \frac{Q_1}{Q_2} \cdots\cdots(*w) \quad \begin{pmatrix} Q_2：高熱源から取り出す熱量 \\ Q_1：低熱源に放出する熱量 \end{pmatrix}$$

は，熱力学第 **1** 法則のみによって導かれたものなので，作業物質が何であっても，また，不可逆機関であっても成り立つ公式なんだね。さらに，オットー・サイクル (**P94**) のように，**2** つの熱源を持つ熱機関であれば，カルノー・サイクルでなくても成り立つ，いわば，熱効率の定義式が $(*w)$ だと思ってくれたらいい。

そして，このカルノー・サイクルの作業物質が理想気体であるとき，

$\frac{Q_1}{Q_2} = \frac{T_1}{T_2}$ が成り立つため，熱効率 η の公式：

$\eta = 1 - \frac{T_1}{T_2} \cdots\cdots(*x)$ (**P93**) が導けたんだね。ここまでは，いいね。

それではここで，作業物質は何でもかまわないんだけれど，理想的な可逆機関と，現実的な不可逆機関の熱効率について述べた **"カルノーの定理"** を

（実際には，どんな熱機関にもどこかに摩擦が生じるため，不可逆機関になる。）

下に示そう。

カルノーの定理

温度が一定の **2** つの熱源の間に働く可逆機関の熱効率 η は，作業物質によらずすべて等しく，温度だけで決まり，しかも最大の熱効率となる。同じ熱源の間で働く不可逆機関の熱効率 η' は，必ず η より小さい。

この **"カルノーの定理"** は，示唆に富む定理なんだけれど，ひとまず「この可逆機関の熱効率 η が，**2** つの熱源の温度だけで決まる」ことは置いておいて，ここではまず，「高温と低温の **2** つの温度一定な熱源の間で働く可逆機関の熱効率 η が最大のもので，かつ，いかなる不可逆機関の熱効率

（これが，**"熱力学的絶対温度"** のことだ。この後で解説する。）

η'よりも大きい」ことを証明しよう。

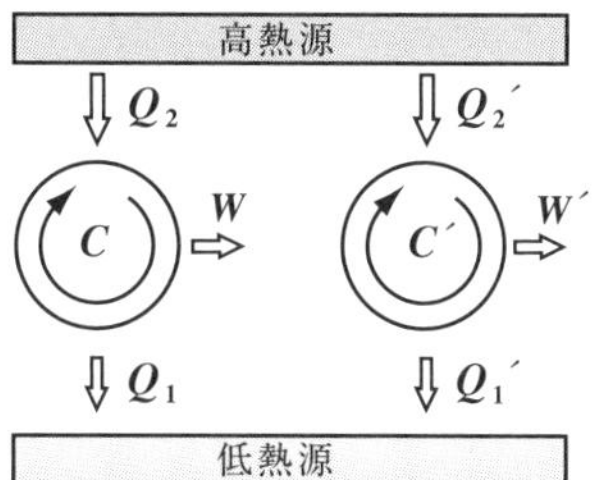

図5　可逆機関と不可逆機関

図**5**に示すように，温度一定の**2**つの熱源(高熱源と低熱源)の間で働く可逆機関をC，不可逆機関をC'とおく。

高熱源と低熱源の温度は一定で，かつ熱源はこの**2**つだけであるとすると，等温(高温)→断熱→等温(低温)→断熱のサイクルしか考えられないので，Cはカルノー・サイクルと考えていいね。

(i) 可逆機関Cは，高熱源から熱量Q_2を取り出し，その**1**部を仕事Wに変え，残りの熱量Q_1を低熱源に放出するので，その熱効率ηは，

$$\eta = 1 - \frac{Q_1}{Q_2} \quad \cdots\cdots①$$ となる。次に，

(ii) 不可逆機関C'は，高熱源から熱量Q_2'を取り出し，その**1**部を仕事W'に変え，残りの熱量Q_1'を低熱源に放出するので，その熱効率η'は，

$$\eta' = 1 - \frac{Q_1'}{Q_2'} \quad \cdots\cdots②$$ となるのもいいね。

ここで，図**6**(i)に示すように，Cは可逆機関なので，これを逆に回して$\overline{C}$とし，かつ$Q_2 = Q_2'$ ……③ となるように調節したものとしよう。そうした上で，図**6**(ii)に示すように，この$\overline{C}$とC'を組み合わせて**1**つの熱機関$\overline{C}+C'$として考えてみよう。

このとき，$W' - W = Q_1 - Q_1'$となるので，$Q_1 - Q_1' > 0$とすると，これは**1**つの熱源(低熱源)から熱量$Q_1 - Q_1'$を取り出し，これをすべて仕事$W' - W$に変える第**2**種の永久機関になるので，矛盾が生じる。よって，

$Q_1 - Q_1' \leqq 0$ より，（背理法）

$Q_1' \geqq Q_1$ ……④ となる。

図**6**　$\eta \geqq \eta'$の証明

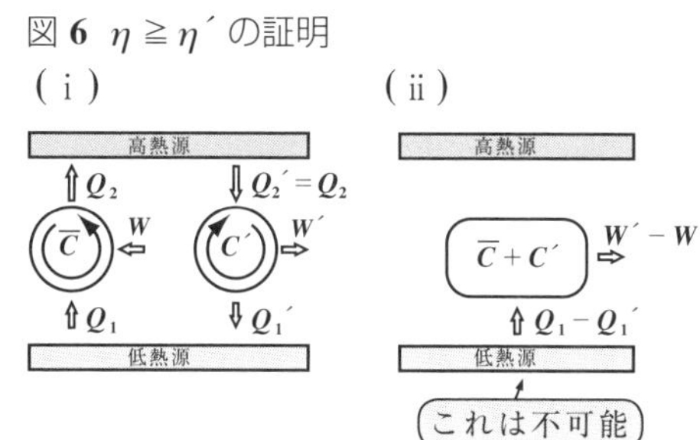

以上①～④より，

$$\eta = 1 - \frac{Q_1}{Q_2} = 1 - \frac{Q_1}{\underset{\substack{\| \\ Q_2\,(③より)}}{Q_2{}'}} \geqq 1 - \frac{\overset{\substack{Q_1\,(④より) \\ \geqq}}{Q_1{}'}}{Q_2{}'} = \eta'$$

$\eta = 1 - \dfrac{Q_1}{Q_2}$ ………①

$\eta' = 1 - \dfrac{Q_1{}'}{Q_2{}'}$ ……②

$Q_2 = Q_2{}'$ ……………③

$Q_1{}' \geqq Q_1$ ……………④

$\therefore \underline{\eta} \geqq \eta'$ ……⑤

（可逆機関の熱効率）

ここでもし，C'が可逆機関とすると，同様に，$\eta \leqq \eta'$ ……⑥となるので，⑤，⑥より，$\eta' = \eta$となる。これから，

(i) C'が不可逆機関であれば，$\eta' < \eta$となり，

(ii) C'が可逆機関であれば，$\eta' = \eta$となる。

よって，同じ2つの熱源の間で働く可逆機関の熱効率は作業物質によらずすべて等しいこと，また，不可逆機関の熱効率はこれより必ず小さいことが分かった。そして，この可逆機関の熱効率がこの場合の最大値であることも確認できたんだね。

● 熱力学的絶対温度も押さえよう！

これまで，温度をボク達は水銀やアルコールなどの液体や，理想気体などの気体の体積の膨張率を基に定義してきたんだね。このような物質に依存する温度を，ここでは"**経験温度**"と呼ぶことにしよう。しかし，本当は，このような経験温度ではなく，物質によらない温度の定義があれば，その方が望ましいことは言うまでもない。ここでは，"**カルノーの定理**"を基に，物質によらない"**熱力学的絶対温度**"を導いてみよう。

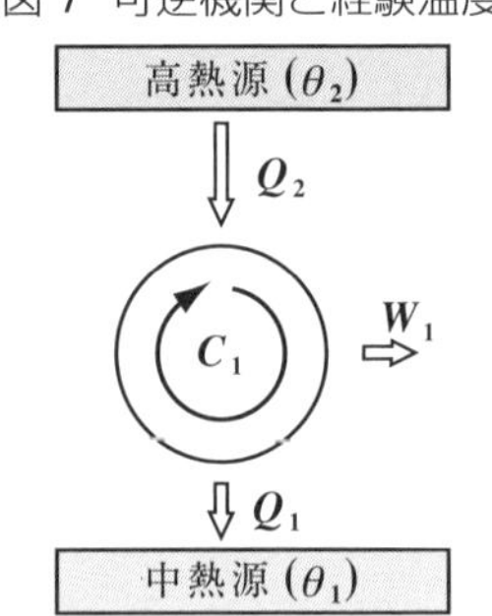

図7　可逆機関と経験温度

図7に示すように，まず，一定温度の高温と中温の熱源の経験温度をそれぞれ，θ_2，θ_1 ($\theta_2 > \theta_1$) とおくことにし，この2つの熱源の間で，Q_2の熱量を高熱源から得，その1部を仕事W_1に変え，残りの熱量Q_1を中熱源に放出する可逆機関(カルノー・サイクル)

C_1を考えよう。もちろん，この可逆機関C_1の作業物質は何でもよいことにしよう。(物質によらない温度を定義しようとしているわけだから当然だね。)

このとき，この熱効率ηは，

$\eta = 1 - \dfrac{Q_1}{Q_2}$ ……① となる。

ここで，この$\dfrac{Q_1}{Q_2}$を関数とみたとき，この独立変数としては高熱源と中熱源の経験温度θ_2とθ_1しかないわけだから，$\dfrac{Q_1}{Q_2}$はこのθ_1とθ_2の何かある2変数関数と考えられる。

$\therefore \dfrac{Q_1}{Q_2} = f(\theta_1,\ \theta_2)$ ……⑦

この時点で，この関数は，たとえば，$\dfrac{\theta_1+1}{{\theta_2}^2}$，$e^{\theta_2-\theta_1}$など…何だかまだ分からない!?

⑦を①に代入して，$\eta = 1 - f(\theta_1,\ \theta_2)$となるので，これは，「温度が一定の2つの熱源の間に働く可逆機関の熱効率ηは，温度θ_1とθ_2だけで決まる」という，カルノーの定理を表しているんだね。それでは，これから，この関数$f(\theta_1,\ \theta_2)$の正体を調べてみることにしよう。

図7の中熱源の下に，経験温度θ_0一定の低熱源を加え，さらに，中熱源にC_1が放出した熱量Q_1をそのまま得て，その1部を仕事W_0に変え，残りの熱量Q_0を低熱源に放出する新たな可逆機関(カルノー・サイクル)C_0も付け加えたイメージを図8(ⅰ)に示す。

図8 熱力学的絶対温度の決定

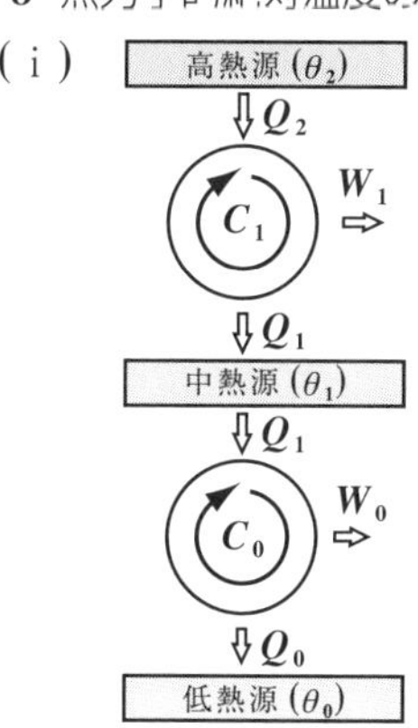

このC_0の熱効率η_0は

$\eta_0 = 1 - \dfrac{Q_0}{Q_1}$であり，⑦より明らかに，次式が成り立つ。

$\dfrac{Q_0}{Q_1} = f(\theta_0,\ \theta_1)$ ……⑧

図 8(ⅰ) の中熱源は，単に熱量 Q_1 が通過していくだけなので，これを無視し，2 つの可逆機関 C_1 と C_0 を組み合わせて 1 つの熱機関 C_1+C_0 として考えてみよう。すると，図 8(ⅱ) に示すように，この C_1+C_0 は，経験温度 θ_2 の高熱源から熱量 Q_2 を取り出し，その 1 部を仕事 W_1+W_0 に変え，残りの熱量 Q_0 を経験温度 θ_0 の低熱源に放出する熱機関となるので，その熱効率 η_0 は $\eta_0=1-\dfrac{Q_0}{Q_2}$ であり，この $\dfrac{Q_0}{Q_2}$ は⑦より，明らかに次のように θ_0 と θ_2 の 2 変数関数として表せる。

$\eta=1-\dfrac{Q_1}{Q_2}$ ………①

$\dfrac{Q_1}{Q_2}=f(\theta_1,\ \theta_2)$ …⑦

$\dfrac{Q_0}{Q_1}=f(\theta_0,\ \theta_1)$ …⑧

$$\frac{Q_0}{Q_2}=f(\theta_0,\ \theta_2)\ \cdots\cdots⑨$$

以上⑦，⑧，⑨を用いると，

$$f(\theta_1,\ \theta_2)=\frac{Q_1}{Q_2}=\frac{\dfrac{Q_1}{Q_0}}{\dfrac{Q_2}{Q_0}}=\frac{\dfrac{1}{f(\theta_0,\ \theta_1)}}{\dfrac{1}{f(\theta_0,\ \theta_2)}}\ \cdots\cdots⑩$$ となる。

分子，分母を Q_0 で割った。

⑥，⑦より，$\dfrac{Q_1}{Q_0}=\dfrac{1}{f(\theta_0,\ \theta_1)}$，$\dfrac{Q_2}{Q_0}=\dfrac{1}{f(\theta_0,\ \theta_2)}$ だからね。

ここで，⑩の左辺は θ_1 と θ_2 のみの関数なので，右辺の変数 θ_0 は不要だね。

よって，$\dfrac{1}{f(\theta_0,\ \theta_1)}=g(\theta_1)$ ……⑪，$\dfrac{1}{f(\theta_0,\ \theta_2)}=g(\theta_2)$ ……⑫とおき，

⑪，⑫を⑩に代入すると，

$$f(\theta_1,\ \theta_2)=\frac{Q_1}{Q_2}=\frac{g(\theta_1)}{g(\theta_2)}\ \cdots\cdots⑬$$

となって，2 変数関数 $f(\theta_1,\ \theta_2)$ は，それぞれの変数 θ_1，θ_2 の関数の比 (分数) の形で表されることが分かったんだね。

であれば，この経験温度 θ の関数 $g(\theta)$ を新たに，

$g(\theta)=T$(絶対温度) ……⑭と定義することができる。

すると，$g(\theta_1)=T_1$，$g(\theta_2)=T_2$ となるため，⑬は，

$\frac{Q_1}{Q_2}=\frac{g(\theta_1)}{g(\theta_2)}=\frac{T_1}{T_2}$ ……⑬´ となり，

この⑬´を，可逆機関(カルノー・サイクル)の熱効率 η の式①に代入すると，

$\eta=1-\frac{T_1}{T_2}$ ……①´ となって，

①´ は理想気体を作業物質としたときのカルノー・サイクルの熱効率 η の公式： $\eta=1-\frac{T_1}{T_2}$ ……($*x$) と一致することが分かった。

ここで，①´ の公式は，作業物質は理想気体とは限らず何でもかまわないという条件の下で導かれた式であることに気を付けよう。つまり，カルノーの定理を，より正確に表現すれば，

「温度が T_2，T_1 ($T_2>T_1$) 一定の **2** つの熱源の間に働く可逆機関の熱効率 η は，作業物質によらずすべて等しく，最大の値

$\eta=1-\frac{T_1}{T_2}$ ……($*x$)´ をとり，これは同じ条件で働く不可逆機関の熱効率 $\eta'=1-\frac{Q_1'}{Q_2'}$ より必ず大きい。」ということになるんだね。

さらに，($*x$)´ を変形すると，

$\frac{T_1}{T_2}=1-\eta$ ……($*x$)´´ となる。これは，たとえば T_1 を氷の融点 **273.15(K)** $\left(=\mathbf{0}\ (℃)\right)$ と定めると，カルノー・サイクルの熱効率 η を測定すれば，物質によらず，($*x$)´´ から T_2 の温度を定めることができる。もちろん，カルノー・サイクル自体が無限にゆっくりじわじわ働く仮想的な熱機関にすぎないから，本当にこの熱効率を測ることはできない。しかし，($*x$)´´ により，温度に物質の膨張によらない理論的な根拠が与えられたことが重要なんだね。よって，この温度のことを **“熱力学的絶対温度”** と呼び，発案者トムソン，後のケルビン (***Kelvin***) 卿の名に因んで，単位は **“K”** で表すことにしたんだ。面白かった？

講義4 ● 熱力学第2法則　公式エッセンス

1. カルノー・サイクル(エンジン)がする仕事

カルノー・エンジンが1サイクルで外に対して行う仕事 W は,

$$W = Q_2 - Q_1 \quad \begin{pmatrix} Q_2:\text{高熱源から作業物質が吸収する熱量} \\ Q_1:\text{低熱源へ作業物質が放出する熱量} \end{pmatrix}$$

2. 一般の作業物質に対するカルノー・サイクルの熱効率 η

$$\eta = \frac{(\text{外に対してする仕事})}{(\text{吸収する熱量})} = \frac{W}{Q_2} = 1 - \frac{Q_1}{Q_2}$$

3. 理想気体に対するカルノー・サイクルの熱効率 η

$$\eta = 1 - \frac{T_1}{T_2} \quad (T_2:\text{高熱源の温度},\ T_1:\text{低熱源の温度})$$

4. 熱力学第2法則

(Ⅰ) クラウジウスの原理:「他に何の変化も残さずに,熱を低温の物体から高温の物体に移すことはできない。」

この(Ⅰ)と次の(Ⅱ)は同値である。

(Ⅱ) トムソンの原理:「他に何の変化も残さずに,ただ1つの熱源から熱を取り出し,それをすべて仕事に変え,自身は元の状態に戻ることはできない。」

(Ⅲ) プランクの原理:「他に何の変化も残さずに,摩擦によって発生した熱をすべて仕事に変えることはできない。」

(Ⅳ) オストヴァルトの原理:「第2種の永久機関は実現できない。」

第2種の永久機関:他に何の変化も残さずに,ただ1つの熱源から熱を取り出し,それをすべて仕事に変えて,周期的に動く機械のこと。

5. カルノーの定理

「温度が T_2, T_1 $(T_2 > T_1)$ 一定の2つの熱源の間に働く可逆機関の熱効率 η は作業物質によらずすべて等しく,最大の値 $\eta = 1 - \dfrac{T_1}{T_2}$ ……①をとり,これは同じ熱源の間で働く不可逆機関の熱効率 η' より必ず大きい。」

①より, $T_2 = \dfrac{T_1}{1-\eta}$ …①′ となる。例えば, T_1 を氷の融点 273.15(k) と定めると,カルノー・サイクルの熱効率 η を測定すれば,①′ から,その物質の熱力学的絶対温度 T_2 を定めることができる。

エントロピー

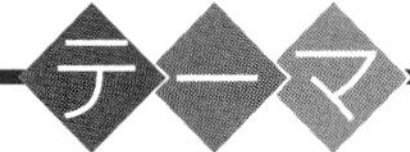

▶ カルノー・サイクルとエントロピー

$\left(dS = \dfrac{d'Q}{T},\ TdS = dU + p\,dV\right)$

▶ エントロピー増大の法則

$\left(S_{\mathrm{B}} - S_{\mathrm{A}} \geqq \displaystyle\int_{\mathrm{A}(\text{不})}^{\mathrm{B}} \dfrac{d'Q}{T},\ dS \geqq \dfrac{d'Q}{T}\right)$

▶ エントロピーの計算

（真空膨張，熱の移動，混合）

§1. カルノー・サイクルとエントロピー

これからいよいよ，熱力学のメインテーマ“**エントロピー**”について解説しよう。エントロピーについては“**エントロピー増大の法則**”や“**時間の矢**”，それに“**宇宙の熱死**”などなど…，様々な話題を耳にされた方も多いと思う。しかし，その本質については，「よく分からない」というのが，本当のところかも知れないね。

ここでは，この興味深いけれど分かりづらいと言われている“**エントロピー**”の定義とその基本的な性質を，カルノー・サイクルと関連させながら，ていねいに解説しようと思う。

皆さん，準備はいい？ それでは，早速講義を始めよう！

● エントロピーの雛形は，カルノー・サイクルから導ける！

図**1**に，カルノー・サイクル：

A → B → C → D → A

（A→B：温度T_2の等温変化，B→C：準静的断熱変化，C→D：温度T_1の等温変化，D→A：準静的断熱変化）

図 **1** カルノー・サイクル

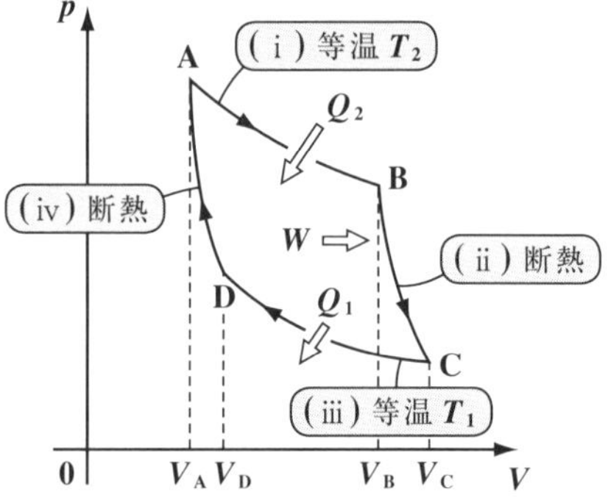

のpV図を示す。このカルノー・サイクルの作業物質は何でもかまわない。

この**1**サイクルにより，作業物質は温度T_2の高熱源から熱量$Q_2(>0)$を吸収し，その一部を仕事Wに変え，残りの熱量$Q_1(>0)$を温度T_1の低熱源に放出するんだね。

したがって，**A**から**1**サイクル回って**A**に戻っても，熱量の収支でみると$Q_2-Q_1>0$となって，**0**にはならないため，熱量は点**A**の状態を表す状態量にはなり得ないことは既に話した。(P93)

しかし，このカルノー・サイクルの熱効率ηは，

$\eta = 1-\frac{Q_1}{Q_2} = 1-\frac{T_1}{T_2}$ ……①と表されていた。←（これは，作業物質が理想気体でなくても成り立つ。）

よって，この①を変形すると，

$\frac{Q_1}{Q_2}=\frac{T_1}{T_2}$, $\frac{Q_1}{T_1}=\frac{Q_2}{T_2}$ $\therefore \frac{Q_2}{T_2}-\frac{Q_1}{T_1}=0$ ……② となるので，ここで，新たな状態量として，$S=\frac{Q}{T}$ を定義してみよう。すると，この可逆で準静的なカルノー・サイクルを1回転しても，

A ⟶ B ⟶ C ⟶ D ⟶ A となるため，

$S_{A\to B}=\frac{Q_2}{T_2}$　$S_{B\to C}=0$　$S_{C\to D}=-\frac{Q_1}{T_1}$　$S_{D\to A}=0$

断熱変化では，熱の出入りがないため S も 0 になる。

$$\Delta S=S_A-S_A=S_{A\to B}+S_{B\to C}+S_{C\to D}+S_{D\to A}$$
$$=\frac{Q_2}{T_2}+0-\frac{Q_1}{T_1}+0=0 \quad (②より)$$

となって，S は状態量としての条件をみたしていることが分かるんだね。何故って？ 状態量 p や V や T を考えてごらん。たとえ，カルノー・サイクルで1回転しても，元のAに戻れば，p_A は p_A だし，V_A は V_A，それに T_2 は T_2 だから，いずれもその1サイクルによる変化分も当然 $\Delta p=p_A-p_A=0$，$\Delta V=V_A-V_A=0$，$\Delta T=T_2-T_2=0$ となるからなんだね。これから，この $S=\frac{Q}{T}$ が新たな状態量"**エントロピー**"の雛形(プロトタイプ)であることが分かったと思う。

それでは，ここで，話をより一般化するために，作業物質が吸収，または放出する熱量の符号を決めることにしよう。これまでは，吸収する熱量 Q_2 も，放出する熱量 Q_1 も共に正で表現していたが，これからは吸収する熱量を正，つまり，$Q_2(>0)$ はそのままとするが，放出する熱量は負，つまり $Q_1(<0)$ と表すことにする。このように，Q_1，Q_2 の中に符号を含ませることによって，②は $\frac{Q_1}{T_1}+\frac{Q_2}{T_2}=0$ ……②′と，シンプルに和のみで表現できるようになるんだね。

例えば，100(J)の熱量を吸収し，80(J)の熱量を放出する場合，これまでは，$Q_2=100$，$Q_1=80$ としていたものを，これからは $Q_2=100$，$Q_1=-80$ と表すことにするんだね。

● 任意の準静的なサイクルについても調べよう！

準静的なカルノー・サイクルについて，

$\frac{Q_1}{T_1}+\frac{Q_2}{T_2}=0$ ……②′ が成り立つことが分かった。では，これを一般化してみよう。

(Ⅰ) 図2(ⅰ)に，pV 図で2つのカルノー・サイクル

$$\begin{cases}(\text{ア})\ A_1 \to B_1 \to C_1 \to D_1 \to A_1 \text{ と} \\ (\text{イ})\ A_2 \to B_2 \to C_2 \to D_2 \to A_2 \text{ とを}\end{cases}$$

B_1, D_2 間が重なるように組み合わせたサイクル，$A_1 \to B_1 \to A_2 \cdots \to D_1 \to A_1$ を考えてみよう。

温度 T_1，T_2，T_3，T_4 の4つの等温過程に対して，それぞれ熱の出入りとして Q_1，Q_2，Q_3，Q_4 があったものとすると，単独のカルノー・サイクルのときと同様に，

$$\underbrace{\frac{Q_1}{T_1}+\frac{Q_2}{T_2}}_{(\text{ア})\ =0}+\underbrace{\frac{Q_3}{T_3}+\frac{Q_4}{T_4}}_{(\text{イ})\ =0}=0 \quad \cdots\cdots③$$

が成り立つことが分かる。

(Ⅱ) 次に，図2(ⅱ)のように，複数 $\left(\frac{n}{2}\text{ 個}\right)$ のカルノー・サイクルが組み合わされた準静的なサイクルについて考える。各等温過程に，1周にわたって，1から n まで番号を付け，k 番目の等温過程（温度 T_k）に対して，熱の出入りとして Q_k があるものとすると，③をさらに一般化して，

$$\frac{Q_1}{T_1}+\frac{Q_2}{T_2}+\cdots+\frac{Q_n}{T_n}=0$$

すなわち，$\sum_{k=1}^{n}\frac{Q_k}{T_k}=0$ ……④ が成り立つ。

図2 カルノー・サイクルの一般化

(ⅰ) 2つのカルノー・サイクルの組み合わせ

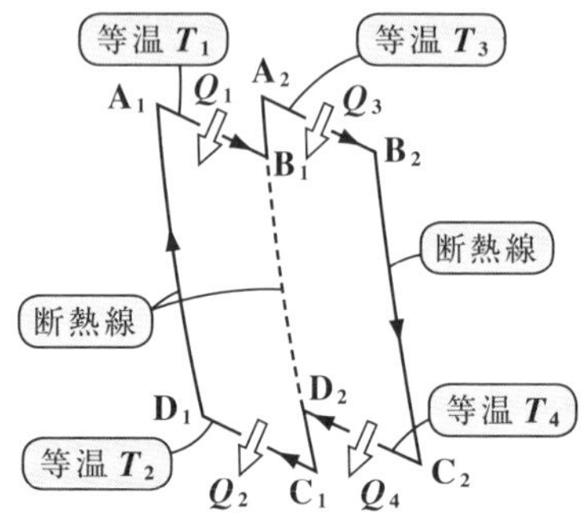

(ⅱ) 複数のカルノー・サイクルの組み合わせ

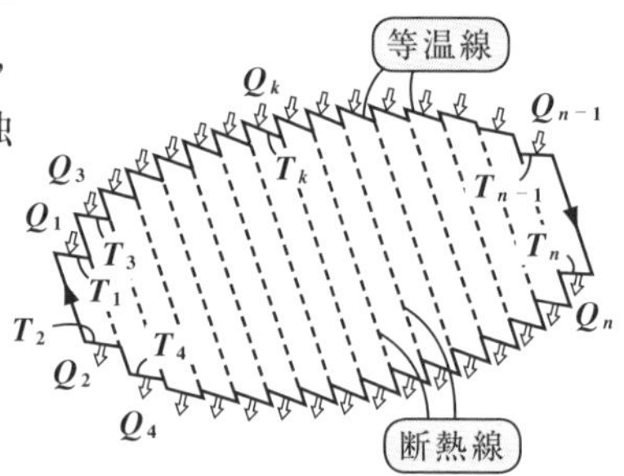

(ⅲ) 任意の準静的サイクル

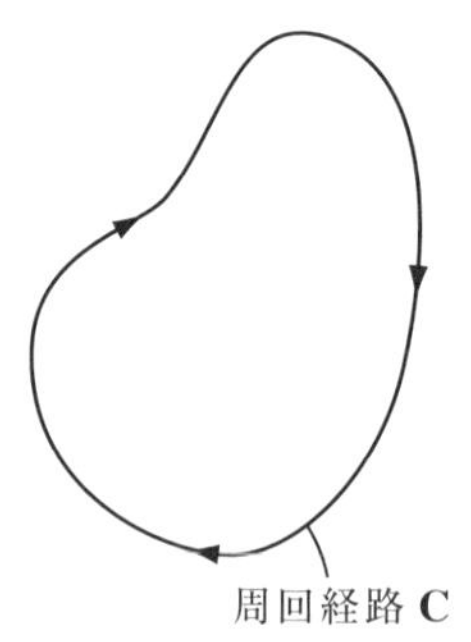

(Ⅲ) さらに，この n を $n\to\infty$ として，細分化したカルノー・サイクルの組み合わせを考えることにすると，図 **2** (iii) のような任意の準静的サイクルについても④が成り立つことが分かるだろう。すなわち，

（この極限では，T_k は有限の値で，$Q_k\to 0$ となるはずだ。）

$\displaystyle\lim_{n\to\infty}\sum_{k=1}^{n}\frac{Q_k}{T_k}=0$ より，周回積分を使って，これは，

$\displaystyle\oint_C\frac{d'Q}{T}=0$ ……⑤　と表すことができる。納得いった？

（pV 図の周回経路 C に沿って $\dfrac{1}{T}$ を Q で **1** 周分積分するという意味。Q は状態量ではないので，dQ ではなく，$d'Q$ と表した。）

● エントロピーを定義してみよう！

図 **3** に示すように，pV 図上に任意の準静的なサイクルを描き，その経路上に異なる **2** 点 **A**，**B** をとってみよう。そして，

$\begin{cases}\mathrm{A}\to\mathrm{B}\ \text{の経路を}\ C_1, \\ \mathrm{B}\to\mathrm{A}\ \text{の経路を}\ C_2\ \text{とおく。}\end{cases}$

図 **3** エントロピーの定義

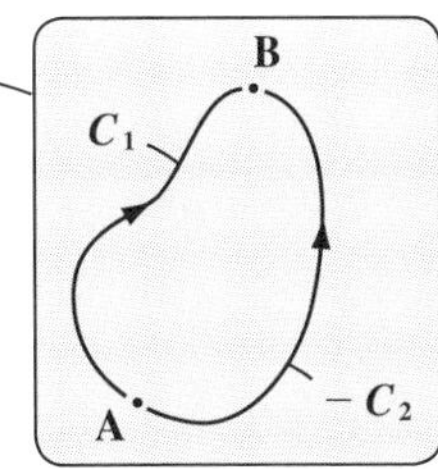

つまり，**1** 周の経路 C を $C=C_1+C_2$ と **2** つに分割して考えてみるんだね。すると，⑤より，

$$\oint_C\frac{d'Q}{T}=\int_{\mathrm{A}(C_1)}^{\mathrm{B}}\frac{d'Q}{T}+\int_{\mathrm{B}(C_2)}^{\mathrm{A}}\frac{d'Q}{T}=0 \quad\cdots\cdots⑥$$

となる。

よって，C_2 を逆に進む経路を $-C_2$ と表すことにすると，⑥より，

$$\int_{\mathrm{A}(C_1)}^{\mathrm{B}}\frac{d'Q}{T}=-\int_{\mathrm{B}(C_2)}^{\mathrm{A}}\frac{d'Q}{T}=\int_{\mathrm{A}(-C_2)}^{\mathrm{B}}\frac{d'Q}{T} \quad\cdots\cdots⑦$$

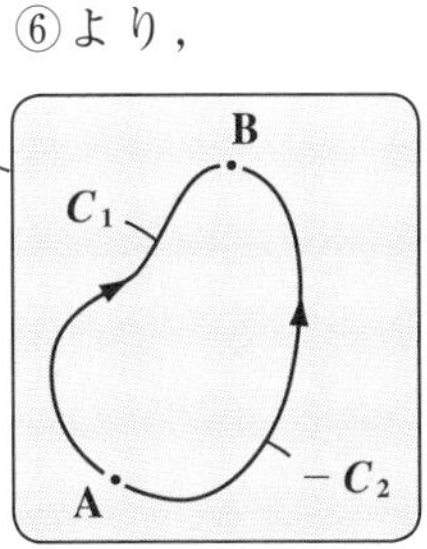

となる。ということは，**A** → **B** の準静的な経路 C_1 や $-C_2$ は任意に選べるから，この積分は **2** 点 **A**，**B**，すなわち $(p_\mathrm{A},\ V_\mathrm{A})$ と $(p_\mathrm{B},\ V_\mathrm{B})$ が決まれば，その値が確定するということなんだね。

よって，⑦は経路に関わらず，$\displaystyle\int_\mathrm{A}^\mathrm{B}\frac{d'Q}{T}$ と表すことができる。

そして，この定積分 $\int_A^B \frac{d'Q}{T}$ は，前に $S_{A \to B}$ と表していたけれど，これは2点AとBの S の差のことなので，$\int_A^B \frac{d'Q}{T} = S_B - S_A$ と表すことにする。また，これを微分量で表して，$dS = \frac{d'Q}{T}$ と表現してもいい。

以上で，新たな状態量として，"**エントロピー**"(*entropy*) を次のように定義する。

エントロピー S の定義

(Ⅰ) A，B 間のエントロピーの差 $S_B - S_A = \int_A^B \frac{d'Q}{T}$ ……$(*a_0)$

(Ⅱ) 微分量による定義 $dS = \frac{d'Q}{T}$ ……$(*a_0)'$

$(*a_0)$ の積分は，A，B を結ぶ準静的変化に沿った積分であることに気を付けよう。逆に言えば，AとBを結ぶ準静的な変化であれば何でもかまわない。よって，図4に示すように，pV 図上に異なる2点A，Bが与えられ，エントロピーの差 $S_B - S_A$ を求めたいのであれば，

図4 準静的変化の例

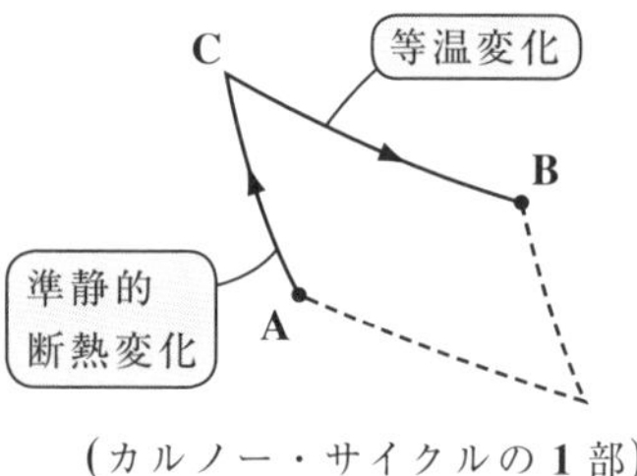

(カルノー・サイクルの1部)

(ⅰ) 準静的断熱変化：A → C と

(ⅱ) 等温変化：C → B の経路 (カルノー・サイクルの1部) をとって，

この経路に沿って積分してもいいんだね。

(ⅰ) A → C は，断熱変化より，$d'Q = 0$ となる。

よって，
$$S_B - S_A = \underbrace{\int_{A(\text{断熱})}^{C} \frac{\overset{0}{d'Q}}{T}}_{0} + \int_{C(\text{等温})}^{B} \frac{d'Q}{\underset{\text{定数}}{T_B}} = \frac{1}{T_B}\int_C^B d'Q$$

として計算することもできるんだね。具体的にエントロピーの差を計算するときに役に立つ考え方だから，覚えておこう。

これまでに教えた状態量を復習しておくと，圧力 p(Pa)，体積 V(m^3)，絶対温度 T(K) に加えて，内部エネルギー U(J) とエンタルピー $H = U + pV$(J) の 5 つだったんだね。

そして，新たに 6 つ目の状態量として，エントロピー S(J/K) が定義されたわけだけれど，このエントロピー S の定義から分かるように，これは，その絶対値ではなく，あくまでも 2 つの状態の差として計算されるものであることに気を付けてくれ。だから，エントロピーは，力学におけるポテンシャル・エネルギーと同様に，基準点 ($S = 0$) をどこにとってもかまわない。

しかし，その後，ネルンスト (*Nernst*) やプランク (*Planck*) により，絶対零度 ($T = 0$) のとき，エントロピー $S = 0$ としなければならないことが示された (熱力学第 3 法則) んだけれど，本書ではこれ以上立ち入らない。

それでは，これから熱力学第 1 法則とエントロピーの定義式を連立させて，重要公式を導いてみよう。

$$\begin{cases} \text{熱力学第 1 法則：} d'Q = dU + pdV \quad \cdots\cdots\cdots (*p)' \\ \text{エントロピーの定義：} dS = \dfrac{d'Q}{T} \quad \cdots\cdots\cdots\cdots (*a_0)' \end{cases}$$

P63 参照

$(*a_0)'$ より，$d'Q = TdS$　　これを $(*p)'$ に代入して，重要公式：

$$TdS = dU + pdV \quad \cdots\cdots (*b_0)$$ が導ける。

$(*b_0)$ は，$dS = \dfrac{1}{T}(dU + pdV)$ $\cdots\cdots (*b_0)'$ の形にして，これを不定積分すれば，積分定数を含むがエントロピー S が求まる。また，これを

（S の絶対値は決まらないので，当然，積分定数が付く。）

A → B の準静的変化の経路に沿って積分すれば，エントロピーの差 $S_B - S_A$ が具体的に求まるんだね。

さらに，この後の講義になるけれど，$(*b_0)$ を $dU = TdS - pdV$ と変形すると，これは，内部エネルギー U の全微分表示となり，これを基に様々な熱力学的関係式が求められることになる。ごめん！ 少し先走り過ぎたね。

それでは，$(*b_0)'$ を基にして，理想気体のエントロピー S を，次の例題で求めてみることにしよう。

例題 **16**　n モルの理想気体について，

公式：$dS = \frac{1}{T}(dU + pdV)$ ……$(*b_0)'$ を用いると，

エントロピー　$S = S(T, V) = nC_V \log T + nR \log V + \alpha_1$　…$(*c_0)$

$(\alpha_1$：積分定数$)$ と表されることを確認してみよう。

n モルの理想気体なので，

$dU = nC_V dT$ ……①と $pV = nRT$ ……②が成り立つ。

①，②を使って $(*b_0)'$ を変形すると，

$$dS = \frac{1}{T}\left(\underbrace{nC_V dT}_{dU\ (①より)} + \underbrace{\frac{nRT}{V}}_{p\ (②より)} dV\right)$$

$$\therefore\ dS = \underbrace{nC_V}_{定数} \frac{dT}{T} + \underbrace{nR}_{定数} \frac{dV}{V} \quad \cdots\cdots③$$

③の両辺を不定積分すると，

$$S = \int \left(nC_V \frac{dT}{T} + nR \frac{dV}{V}\right) = nC_V \int \frac{1}{T} dT + nR \int \frac{1}{V} dV$$

$$= nC_V \log T + nR \log V + \alpha_1$$

$$\therefore\ \underline{S = S(T, V)} = nC_V \log T + nR \log V + \alpha_1 \quad \cdots\cdots(*c_0)$$

“エントロピー S を，T と V の **2** つの状態変数の関数として表す”という意味

$(\alpha_1$：積分定数$)$ と，公式が導けた。大丈夫だった？

エントロピー S は状態量なので，他の状態量と同様に，他の **2** つの状態量の **2** 変数関数として表せる。$(*c_0)$ は S を T と V の関数として表したが，これ以外にも，次のように，S を p と T で表したり，p と V で表すこともできる。

・ $S = S(p, T) = nC_p \log T - nR \log p + \alpha_2$　……$(*c_0)'$

・ $S = S(p, V) = nC_V \log p + nC_p \log V + \alpha_3$　……$(*c_0)''$

（ただし，α_2，α_3：定数）

> 理想気体
> $C_p = C_V + R$ …$(*t)$
> 比熱比
> $\gamma = \dfrac{C_p}{C_V}$ ………$(*u)$

(i) それでは，$(*c_0)$ から $(*c_0)'$ を導いてみよう。

$(*c_0)$ の右辺に $V = \dfrac{nRT}{p}$ ……②′

を代入して V を消去し，

p と T の関数にすればいいので，

$$S = nC_V\log T + nR\log\frac{nRT}{p} + \alpha_1$$

$$= nC_V\log T + nR(\log nR + \log T - \log p) + \alpha_1$$

$$= n(\underbrace{C_V + R}_{C_p((*t)より)})\log T - nR\log p + \underbrace{\alpha_1 + nR\log nR}_{これを新たに定数\alpha_2とおく。}$$ （$nR\log nR$：定数）

$$= nC_p\log T - nR\log p + \alpha_2 \cdots\cdots(*c_0)'$$ となって，$(*c_0)'$ が導けた。

(ii) 次，$(*c_0)$ から $(*c_0)''$ も導いてみよう。

$(*c_0)$ の右辺に $T = \dfrac{pV}{nR}$ ……②″ を代入して T を消去し，p と V の関数にすればいいので，

$$S = nC_V\log\frac{pV}{nR} + nR\log V + \alpha_1$$

$$= nC_V(\log p + \log V - \log nR) + nR\log V + \alpha_1$$

$$= nC_V\log p + n(\underbrace{C_V + R}_{C_p((*t)より)})\log V + \underbrace{\alpha_1 - nC_V\log nR}_{これを新たに定数\alpha_3とおく。}$$ （$nC_V\log nR$：定数）

$$= nC_V\log p + nC_p\log V + \alpha_3 \cdots\cdots(*c_0)''$$

となって，$(*c_0)''$ も導けたんだね。

ン？でも，$(*c_0)$，$(*c_0)'$，$(*c_0)''$ は，エントロピーの計算公式としては，ちょっと覚えるのが大変そうだって!? 確かにその通りだね！

ここで，$(*c_0)$ と $(*c_0)''$ の公式をさらに変形して，覚えやすい公式を導くことができる。何故なら，断熱変化のときに解説したポアソンの関係式：$TV^{\gamma-1} = $(一定)，$pV^{\gamma} = $(一定) の左辺の $TV^{\gamma-1}$ と pV^{γ} が，エントロピーの計算公式の中にも現れるように変形することができるからなんだね。これから，次の例題を使って解説しよう。

例題 **17**　n モルの理想気体について，エントロピーの計算公式

(i) $\begin{cases} S = S(T,\ V) = nC_V\log T + nR\log V + \alpha_1 \cdots (*c_0) \text{ は,} \\ S = S(T,\ V) = nC_V\log TV^{\gamma-1} + \alpha_1 \cdots\cdots\cdots\cdots (*c_1) \text{ に変形でき,} \end{cases}$

また，

(ii) $\begin{cases} S = S(p,\ V) = nC_V\log p + nC_p\log V + \alpha_3 \cdots (*c_0)'' \text{ は,} \\ S = S(p,\ V) = nC_V\log pV^{\gamma} + \alpha_3 \cdots\cdots\cdots\cdots (*c_1)'' \text{ に変形} \end{cases}$

できることを示してみよう。

(i) $(*c_0)$ を変形して，$(*c_1)$ を導いてみよう。

$$S = S(T,\ V) = nC_V\log T + nR\log V + \alpha_1 \quad (\alpha_1 : \text{定数})$$

$$= nC_V\left(\log T + \frac{R}{C_V}\log V\right) + \alpha_1$$

$$\frac{C_p - C_V}{C_V} = \frac{C_p}{C_V} - 1 = \gamma - 1$$

・マイヤーの関係式 $R = C_p - C_V$
・比熱比 $\gamma = \dfrac{C_p}{C_V}$

$$= nC_V\left\{\log T + (\gamma - 1)\log V\right\} + \alpha_1$$

$$= nC_V\left(\log T + \log V^{\gamma-1}\right) + \alpha_1$$

$$= nC_V\log TV^{\gamma-1} + \alpha_1 \cdots\cdots (*c_1) \quad (\alpha_1 : \text{定数}) \text{ が導けた。}$$

ポアソンの関係式：$TV^{\gamma-1} =$ (一定) の左辺と同じ形の式になっている。

(ii) $(*c_0)''$ を変形して，$(*c_1)''$ を導いてみよう。

$$S = S(p,\ V) = nC_V\log p + nC_p\log V + \alpha_3 \quad (\alpha_3 : \text{定数})$$

$$= nC_V\left(\log p + \frac{C_p}{C_V}\log V\right) + \alpha_3 \qquad \left(\frac{C_p}{C_V} = \gamma\right)$$

$$= nC_V\left(\log p + \gamma\log V\right) + \alpha_3$$

$$= nC_V\left(\log p + \log V^{\gamma}\right) + \alpha_3$$

$$= nC_V\log pV^{\gamma} + \alpha_3 \cdots\cdots (*c_1)'' \quad (\alpha_3 : \text{定数}) \text{ も導けた。}$$

ポアソンの関係式：$pV^{\gamma} =$ (一定) の左辺と同じ形の式になっている。

どう？ $(*c_1)$ と $(*c_1)''$ ならば，$nC_V\log$(ポアソンの関係式) + (定数) となって，非常に覚えやすくなったでしょう。($TV^{\gamma-1}$，または pV^{γ})

それでは，エントロピーの計算公式 $(*c_1)$ と $(*c_1)''$ を用いて，実際に次の例題でエントロピーの変化分 ΔS を求めてみよう。

(ex1) $n = 10(\text{mol})$ の単原子分子の理想気体が次のように状態 $A(T_A = 300(K),\ V_A = 1(m^3))$ から状態 $B(T_B = 400(K),\ V_B = 8(m^3))$ に変化したとき，エントロピーの変化分 $\Delta S(= S_B - S_A)$ を求めてみよう。

単原子分子理想気体なので，$C_V = \frac{3}{2}R$，$C_p = \frac{5}{2}R$，$\gamma = \frac{C_p}{C_V} = \frac{5}{3}$ となる。よって，状態 A →状態 B の変化によるエントロピーの変化分 $\Delta S = S_B - S_A$ は公式 $(*c_1)$ を用いると，

$$\Delta S = S_B - S_A = nC_V \log T_B V_B^{\gamma-1} \cancel{+\alpha_1} - (nC_V \log T_A V_A^{\gamma-1} \cancel{+\alpha_1})$$

定数項は打ち消し合うので書かなくてもいい。

$$= nC_V \log \frac{T_B V_B^{\gamma-1}}{T_A V_A^{\gamma-1}} = nC_V \log\left\{\frac{T_B}{T_A} \times \left(\frac{V_B}{V_A}\right)^{\gamma-1}\right\}$$

$$= 10 \times \frac{3}{2} R \log\left\{\frac{40\cancel{0}}{30\cancel{0}} \times \left(\frac{8}{1}\right)^{\frac{5}{3}-1}\right\} = 15 \times R \log \frac{16}{3}$$

$8^{\frac{2}{3}} = (2^3)^{\frac{2}{3}} = 2^2 = 4$，$R = 8.31$，$\log \frac{16}{3} = 1.6739\cdots$

$\fallingdotseq 208.7(\text{J/K})$ と求めることができる。

(ex2) $n = 2(\text{mol})$ の多原子分子の理想気体が次のように状態 $A(p_A = 10^5(\text{Pa}),\ V_A = 1(m^3))$ から状態 $B(p_B = 2 \times 10^5(\text{Pa}),\ V_B = 2(m^3))$ に変化したとき,エントロピーの変化分 $\Delta S(= S_B - S_A)$ を求めてみよう。

多原子分子理想気体なので，$C_V = 3R$，$C_p = 4R$，$\gamma = \frac{4}{3}$ となる。よって，状態 A →状態 B の変化によるエントロピーの変化分 $\Delta S = S_B - S_A$ は公式 $(*c_1)''$ を用いると，

$$\Delta S = S_B - S_A = nC_V \log p_B V_B^{\gamma} - nC_V \log p_A V_A^{\gamma}$$

$$= nC_V \log\left(\frac{p_B V_B^{\gamma}}{p_A V_A^{\gamma}}\right) = nC_V \log\left\{\frac{p_B}{p_A} \times \left(\frac{V_B}{V_A}\right)^{\gamma}\right\}$$

$$= 2 \times 3R \cdot \log\left\{\frac{2 \times \cancel{10^5}}{\cancel{10^5}} \times \left(\frac{2}{1}\right)^{\frac{4}{3}}\right\} = 6R \log 2^{\frac{7}{3}} = 6R \cdot \frac{7}{3} \log 2$$

$= 14 R \log 2 \fallingdotseq 80.6(\text{J/K})$ と求まるんだね。大丈夫？

$R = 8.31$，$\log 2 = 0.6931\cdots$

例題 **18**　n モルの理想気体を作業物質とする右図のようなカルノー・サイクルについて，**A**，**B**，**C**，**D** におけるエントロピーをそれぞれ S_A，S_B，S_C，S_D とおく。このとき，
(ⅰ) $S_B - S_A$，(ⅱ) $S_C - S_B$，
(ⅲ) $S_D - S_C$，(ⅳ) $S_A - S_D$ の各値を，**A**，**B** における体積 V_A と V_B で表してみよう。また，このカルノー・サイクルを TS 図 (縦軸 T 軸，横軸 S 軸) で表してみよう。

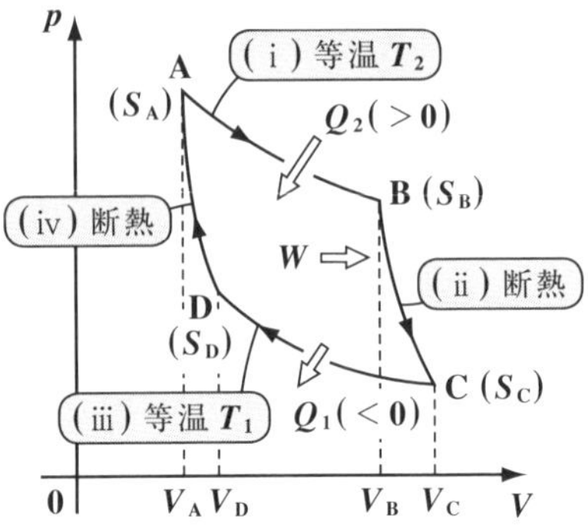

(ⅰ) $S_B - S_A = \dfrac{Q_2}{T_2}$，(ⅱ) $S_C - S_B = 0$，(ⅲ) $S_D - S_C = \dfrac{Q_1}{T_1}$，(ⅳ) $S_A - S_D = 0$

となることは，既に解説した。**(P115)**　でも，今回は，これを V_A，V_B で表さないといけないので，ここでは，エントロピーの微分公式：

$$dS = \frac{d'Q}{T} = \frac{1}{T}(\underbrace{dU}_{nC_V dT} + \underbrace{p}_{\frac{nRT}{V}} dV) = nC_V \frac{dT}{T} + nR\frac{dV}{V} \quad \cdots\cdots(a)$$

（理想気体より）

を用いることにしよう。

(ⅰ) 等温変化：**A → B** について，高熱源と同様に作業物質の温度 T_2 は一定より，$dU = 0$　　よって，(a)より，

$$S_B - S_A = \int_A^B dS = \int_{V_A}^{V_B} nR\frac{dV}{V} = nR\int_{V_A}^{V_B}\frac{1}{V}dV = nR[\log V]_{V_A}^{V_B}$$

$$= nR(\log V_B - \log V_A) = nR\log\frac{V_B}{V_A} \quad \cdots\cdots(b)$$　となる。

（これは $\dfrac{Q_2}{T_2}$ に等しい。）

もちろん，公式 $S = S(T, V) = nC_V \log TV^{\gamma-1} + \alpha_1 \cdots\cdots(*c_1)$ を使って，

$$S_B - S_A = nC_V \log T_2 V_B{}^{\gamma-1} \cancel{+\alpha_1} - (nC_V \log T_2 V_A{}^{\gamma-1} \cancel{+\alpha_1}) = nC_V \log\frac{\cancel{T_2}V_B{}^{\gamma-1}}{\cancel{T_2}V_A{}^{\gamma-1}}$$

$$= nC_V \log\left(\frac{V_B}{V_A}\right)^{\gamma-1} = n\cdot\underbrace{C_V(\gamma-1)}_{C_p - C_V = R}\log\frac{V_B}{V_A} = nR\log\frac{V_B}{V_A}$$ と求めてもいい。

(ⅱ) 準静的断熱膨張：B → C について，

$d'Q = 0$ より，$dS = \dfrac{d'Q}{T} = 0$

$\therefore\ S_C - S_B = \int_B^C dS = 0$　となる。($S_B = S_C$)

(ⅲ) 等温変化：C → D について，低熱源と同様に作業物質の温度 T_1 は一定より，$dU = 0$　　よって，(a)より，

$$S_D - S_C = \int_C^D dS = \int_{V_C}^{V_D} nR\frac{dV}{V} = nR\int_{V_C}^{V_D}\frac{1}{V}dV = nR[\log V]_{V_C}^{V_D}$$

$$= nR(\log V_D - \log V_C) = nR\log\frac{V_D}{V_C}$$ となる。

これは $\dfrac{Q_1}{T_1}$ に等しい。

ここで，例題 13 (P90) より，$\dfrac{V_B}{V_A} = \dfrac{V_C}{V_D}$

$\therefore\ S_D - S_C = nR\log\left(\dfrac{V_B}{V_A}\right)^{-1} = -nR\log\dfrac{V_B}{V_A}\ [= -(S_B - S_A)]$　となる。

(ⅳ) 準静的断熱圧縮：D → A について，

$d'Q = 0$ より，$dS = \dfrac{d'Q}{T} = 0$

$\therefore\ S_A - S_D = \int_D^A dS = 0$　となる。($S_A = S_D$)

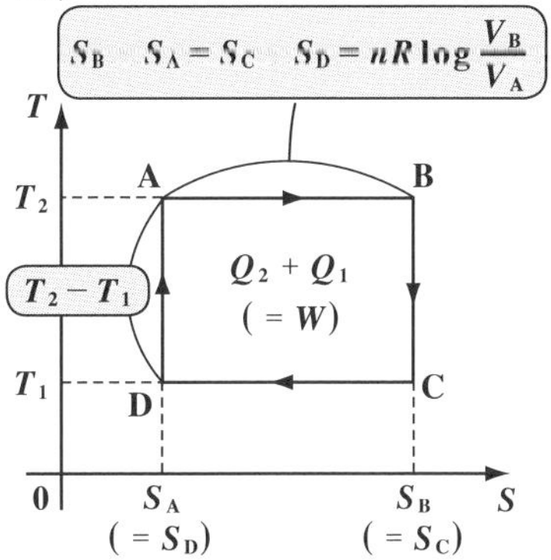

以上 (ⅰ) ～ (ⅳ) より，このカルノー・サイクルを TS 図に描くと，右図のような長方形のサイクルとして表される。

ここで，$Q_2 = T_2(S_B - S_A)$

$Q_1 = T_1(S_D - S_C)$

$= -T_1(S_B - S_A)$　より，

$Q_2 + Q_1 = T_2(S_B - S_A) - T_1(S_B - S_A)$

$= (T_2 - T_1)(S_B - S_A)$

$S_A(= S_D)$ の絶対値は定まらないので，S 軸上の適当な点を $S_A(= S_D)$ とおけばいい。

よって，TS 図に表したカルノー・サイクルの長方形の面積は $Q_1 + Q_2$ となるんだね。前のように，$Q_1 < 0$ でなく $Q_1 > 0$ とすると，この面積は $Q_2 - Q_1 = W$ となって，pV 図におけるカルノー・サイクルの曲線の囲む面積と一致することがより分かりやすいと思う。

§2. エントロピー増大の法則

それでは，これから“**エントロピー増大の法則**”について解説しよう。しかし，前回解説した準静的な可逆過程(カルノー・サイクル)においては，エントロピーは増大したり，減少したり，変化しなかったりして，常に増大するとは限らなかった。

では，どのような場合に，エントロピーは“**常に増大する**”と言えるのか？ それは，「断熱された孤立系において，初め何らかの束縛条件の下，熱平衡状態にあったものが，束縛が解除されたために変化が生じる」場合に，“**常にエントロピーが増大する**”向きに変化すると言えるんだよ。

エッ，何のことかサッパリ分からないって？ 当然だね。これから，具体例を示しながら親切に解説していくから，すべて理解できると思う。

● クラウジウスの不等式を導いてみよう！

前回学習した準静的で可逆なカルノー・サイクルにおいて，エントロピー S は，

(ⅰ) 等温膨張のとき，増大し，
(ⅱ) 断熱膨張のとき，変化せず
(ⅲ) 等温圧縮のとき，減少し
(ⅳ) 断熱圧縮のとき，変化しない

カルノー・サイクル
A
B
C
D
(ⅰ)等温 S は増大
(ⅱ)断熱 S は変化なし
(ⅲ)等温 S は減少
(ⅳ)断熱 S は変化なし

そして，エントロピーは状態量より，1 サイクル回って，元の A に戻ると，エントロピーの変化は 0 となって，保存されるんだったね。

それでは，現実的な不可逆機関においてはどうなるのか？ これから調べていくことにしよう。

図 1 に示すように，温度 T_2 の高熱源から熱量 Q_2 を取り出し，その 1 部を仕事 W に変え，残りの熱量 Q_1 を温度 T_1 の低熱源に放出する不可逆機関 C' があるものとしよう。

図 1 不可逆機関

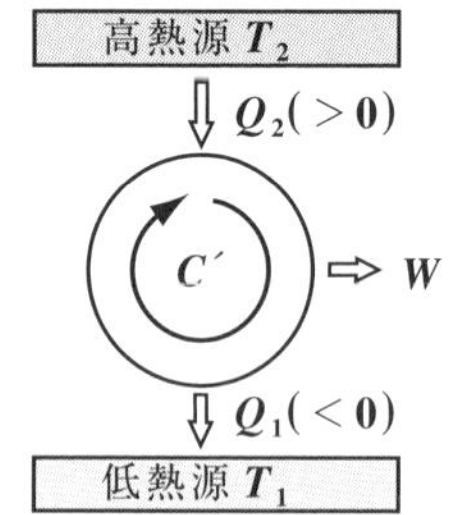

このとき，この不可逆機関 C' の熱効率 η' は当然，

$\eta' = 1 + \dfrac{Q_1}{Q_2}$ ……① となるのはいいね。

不可逆機関の熱効率は，$\eta' = 1 - \dfrac{Q_1'}{Q_2'}$ (P107) と表したけれど，今回は“´”(ダッシュ)をとって表記した。また，$Q_1 < 0$ と表しているので，$\eta' = 1 - \dfrac{-Q_1}{Q_2} = 1 + \dfrac{Q_1}{Q_2}$ ……①となるんだね。

ここで，温度が一定の2つの熱源の間で働く可逆機関(カルノー・サイクル)の熱効率を η とおくと，これは作業物質が何であるかに関わらず，温度だけで決まり，

$\eta = 1 - \dfrac{T_1}{T_2}$ ……② となるんだった。 ← これが，熱効率の最大値

そして，$\eta' < \eta$ ……③の不等式が成り立つので，①，②を③に代入すると，

$\cancel{1} + \dfrac{Q_1}{Q_2} < \cancel{1} - \dfrac{T_1}{T_2}$ $\quad \dfrac{Q_1}{Q_2} < -\dfrac{T_1}{T_2}$

この両辺に $\dfrac{Q_2}{T_1}(>0)$ をかけて，$\dfrac{Q_1}{T_1} < -\dfrac{Q_2}{T_2}$

$\therefore \dfrac{Q_1}{T_1} + \dfrac{Q_2}{T_2} < 0$ ……④が成り立つ。

カルノー・サイクルなど，任意の可逆機関については，
$\dfrac{Q_1}{T_1} + \dfrac{Q_2}{T_2} = 0$
$\displaystyle\sum_{k=1}^{n} \frac{Q_k}{T_k} = 0$
$\displaystyle\oint_C \frac{d'Q}{T} = 0$ となる。
④以降の不等式は，これと比較すれば分かりやすい。

もし，C' が可逆機関であれば，④に等号が成り立つ。よって，C' が可逆または不可逆のとき，④は，

$\dfrac{Q_1}{T_1} + \dfrac{Q_2}{T_2} \leqq 0$ ……$(*d_0)$ と表せる。

これを“**クラウジウスの不等式**”という。

ここで，系が可逆や不可逆のサイクルを経て元に戻ったとする。この途中，$k = 1, 2, \cdots, n$ として，温度 T_k の熱源から Q_k の熱を吸収したり，逆に放出したりしながら，1サイクル回るものとすると，クラウジウスの不等式 $(*d_0)$ から，

$\displaystyle\sum_{k=1}^{n} \frac{Q_k}{T_k} \leqq 0$ ……$(*d_0)'$ が成り立つことが分かるね。

そして，$(*d_0)'$ の左辺の $n \to \infty$ の極限をとると，

形式的に，

$$\lim_{n\to\infty}\sum_{k=1}^{n}\frac{Q_k}{T_k}=\oint_C\frac{d'Q}{T}$$ と表せる。

$$\frac{Q_1}{T_1}+\frac{Q_2}{T_2}\leqq 0\cdots(*d_0)$$

$$\sum_{k=1}^{n}\frac{Q_k}{T_k}\leqq 0\cdots\cdots(*d_0)'$$

よって，$(*d_0)'$ は，

$$\oint_C\frac{d'Q}{T}\leqq 0\ \cdots\cdots(*d_0)''$$ となるんだね。

以上より，(Ⅰ) 不可逆過程を含むサイクルと，(Ⅱ) 可逆過程だけからなるサイクルの公式を，対比して下に示そう。

(Ⅰ) 不可逆過程を含むサイクル	(Ⅱ) 可逆過程だけからなるサイクル
(i) $\frac{Q_1}{T_1}+\frac{Q_2}{T_2}<0$	(i) $\frac{Q_1}{T_1}+\frac{Q_2}{T_2}=0$
(ii) $\sum_{k=1}^{n}\frac{Q_k}{T_k}<0$	(ii) $\sum_{k=1}^{n}\frac{Q_k}{T_k}=0$
(iii) $\oint_C\frac{d'Q}{T}<0$	(iii) $\oint_C\frac{d'Q}{T}=0$

ここで，いくつか注意点を指摘しておこう。(Ⅱ) の可逆サイクルの場合，(Ⅱ) の (i)，(ii)，(iii) の温度 T (または T_1，T_2，T_k) は系そのものの温度を表す。しかし，(Ⅰ) のサイクルの中で不可逆過程の場合，温度 T (または T_1，T_2，T_k) は外部の熱源の温度になる。何故なら，不可逆過程において，系 (作業物質) は熱平衡状態ではないので，それを 1 つの温度では表現できないからだ。

また，(Ⅰ) の (iii) の周回積分においても，不可逆過程では p も V も定義できないので，pV 図などに曲線や線分の経路を描くことはできない。よって，曲線に沿った積分は不可能なんだね。だから，形式的に (iii) の形で表現できると言ったんだ。納得いった？

● エントロピー増大の法則をマスターしよう！

それでは，準備も整ったので，いよいよ"**エントロピー増大の法則**"について解説しよう。図 **2** に示すように，pV 図に不可逆過程と可逆過程からなるサイクルがあり，(ⅰ)$A \to B$ が不可逆過程，

（図中，破線で示した。もちろん，不可逆過程の場合，本当はその経路はまったく描けない。何故なら，**A** と **B** は熱平衡状態でも，その途中はそうではないため，p も V も T も定義できないからだ。だから，破線の経路はあくまでもイメージにすぎない。）

図 **2** エントロピー増大の法則

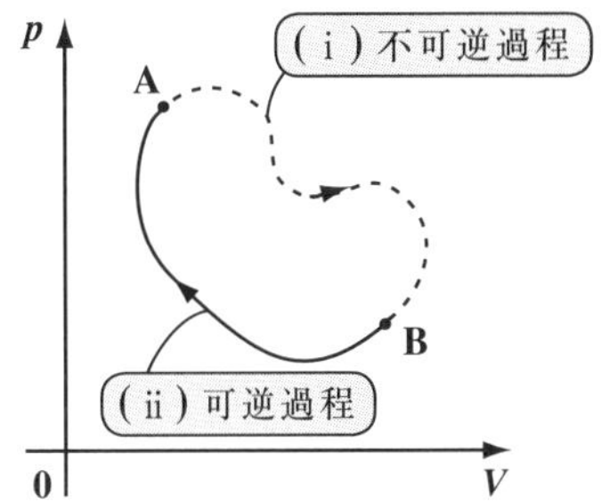

(ⅱ)$B \to A$ が可逆過程とする。

（実線でその経路を示した。）

そして，可逆過程の積分には(可)を，不可逆過程の積分には(不)を付けて表すことにすると，この(ⅰ)と(ⅱ)を併せたサイクルについては，$(*d_0)''$ より，次式が成り立つ。

$$\oint_C \frac{d'Q}{T} = \int_{A(不)}^{B} \frac{d'Q}{T} + \int_{B(可)}^{A} \frac{d'Q}{T} \leqq 0 \quad \cdots\cdots(a)$$

ここで，$\displaystyle\int_{B(可)}^{A} \frac{d'Q}{T} = S_A - S_B$ ……(b)より，(b)を(a)に代入して，

（これは，$S_A - S_B$ の定義式）（可逆過程に沿った積分で，エントロピーの差が求まる。）

$$\int_{A(不)}^{B} \frac{d'Q}{T} + S_A - S_B \leqq 0$$

（$d'Q$ は系(作業物質)が受けとる(または放出する)微小熱量のこと。(受けるとき⊕，放出するとき⊖)）

$$\therefore S_B - S_A \geqq \int_{A(不)}^{B} \frac{d'Q}{T} \quad \cdots\cdots(*e_0)$$ が成り立つ。

（不可逆過程より，この T は外部の熱源の温度のこと）

ここで，$(*e_0)$ の微小変化については，当然，

$dS \geqq \dfrac{d'Q}{T}$ ……$(*e_0)'$ が成り立つ。これは，$(*e_0)$ の微分表示だ。

ここで，この不可逆過程が断熱変化である場合，$(*e_0)$ と $(*e_0)'$ の $d'Q$ は共に，$d'Q=0$ となるため，

$$S_B - S_A \geqq \int_{A\,(\text{不})}^{B} \frac{d'Q}{T} \quad \cdots\cdots(*e_0)$$

$$dS \geqq \frac{d'Q}{T} \quad \cdots\cdots(*e_0)'$$

$(*e_0)$ より，　$S_B - S_A \geqq 0$　$\therefore S_B \geqq S_A \cdots\cdots(*f_0)$ が成り立ち，また，

$(*e_0)'$ より，　$dS \geqq 0 \cdots\cdots(*f_0)'$ が成り立つ。

以上より，次のような"**エントロピー増大の法則**"が成り立つ。

エントロピー増大の法則

ある熱力学的系が，外部と断熱された孤立した系であるとき，その系に不可逆変化が起こった場合，エントロピーは必ず増大する。

すなわち，**A** から **B** の状態へ，不可逆変化が起こると，必ず

$S_B \geqq S_A \cdots\cdots(*f_0)$ となる。これを微分表示すると，

$dS \geqq 0 \cdots\cdots(*f_0)'$ となる。

以上の解説を読んでも，まだキツネにつままれたような感じで，ピンとこない方が多いと思う。これから，詳しく解説しよう。

初めに，(ⅰ)不可逆過程 **A → B** と (ⅱ) 可逆過程 **B → A** を組み合わせたサイクルを考えたけれど，今回の解説の目的はあくまでも(ⅰ)の不可逆過程の方だ。そして，これが断熱変化で，状態 **A** から状態 **B** に不可逆変化する場合，図 **3**(ⅰ) に示すように，その変化は，S_A(小) → S_B(大) と必ずエントロピーが増大する向きに生じるというのが，"**エントロピー増大の法則**"なんだね。

状態 **A** と **B** は共に熱平衡状態なんだけれど，その途中は違うので，その経路は ***pV*** 図などでは描けない！

図 **3**　エントロピー増大の法則

(ⅰ)**A → B** の不可逆過程

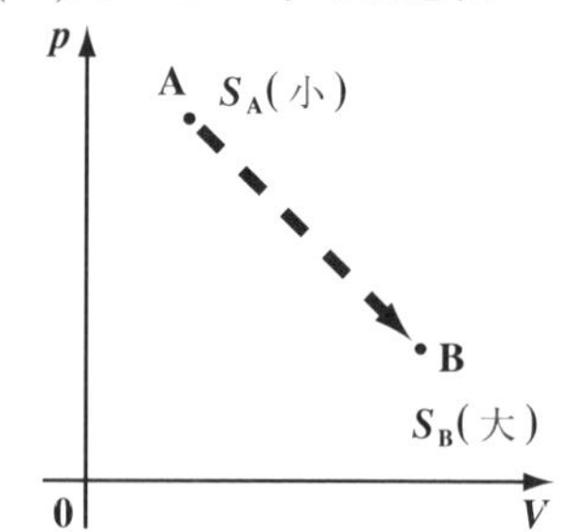

でも，まだ，熱的に孤立した系が，何故 **A → B** の変化を起こすのか？

その理由が分からないって？ ……，それは，初め何らかの制約条件の下，この孤立系は**A**の熱平衡状態に束縛されていたと考えるんだ。そして，この束縛が解除されると，この孤立系はエントロピーが増大する向きに変化を開始し，やがて，**B**という熱平衡状態に達して，変化が終了すると考えればいいんだね。納得いった？

それでは，エントロピーが増大する具体例の解説に入る前に，重要なことを解説しておこう。まず，$(*f_0)$ と $(*f_0)'$ についてだけれど，実は，この $(*f_0)$ と $(*f_0)'$ は断熱状態での $\mathbf{A} \to \mathbf{B}$ の変化が，(ⅰ)可逆の場合と(ⅱ)不可逆の場合の**2**つを表しているんだよ。

(ⅰ) $\mathbf{A} \to \mathbf{B}$ が可逆のとき，

これは，準静的断熱変化となるので，エントロピー S は変化しない。

$\therefore S_B = S_A$，または $dS = 0$ と言えるし，

(ⅱ) $\mathbf{A} \to \mathbf{B}$ が不可逆のとき，

これは，不可逆な断熱変化なので，エントロピー S は必ず増大する。

$\therefore S_B > S_A$，または $dS > 0$ と言えるんだね。大丈夫？

次，エントロピー増大の法則にしたがって，$\mathbf{A} \to \mathbf{B}$ に不可逆変化したとき，エントロピーは $S_B - S_A (>0)$ だけ増加しているはずなんだけれど，このエントロピーの増分をどうやって計算するのか？が問題になる。不可逆過程では，エントロピーを積分計算するための積分経路が存在しないからだ。

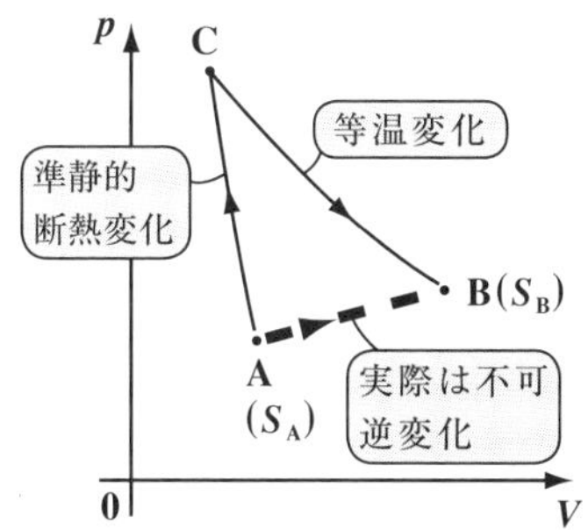

図4 エントロピー増分 $S_B - S_A$ の計算には，可逆な経路を利用する

しかし，図**4**に示すように，たとえば pV 図に**2**つの点(状態)**A**，**B**が与えられたならば，積分定数分の不確定性は存在するけれど，それぞれの点におけるエントロピーの値 S_A と S_B は決まっているはずなんだね。したがって，この増分 $S_B - S_A$ を計算するためには，たとえば図**4**に示すような準静的断熱変化と等温変化のように，仮想的に，準静的な可逆変化の経路を設けて，これに沿った積分計算をすればいいんだね。納得いった？

● 実際に，エントロピーの増分を求めてみよう！

それでは，"**エントロピー増大の法則**"についての例題をこれから，実際に解いてみよう。そして，それぞれの問題で，エントロピーの増分 $\Delta S(=S_B-S_A)$ も計算してみよう。

> 例題 **19**　図（ⅰ）に示すように，断熱材で囲まれた容積 V_B の容器を仕切りで V_A と V_B-V_A の容積に分割し，容積 V_A の方にのみ温度 T_0 の n モルの理想気体を入れ，他方は真空にしておく。この状態を状態 **A** とする。
>
> 　次に，図（ⅱ）に示すように，この仕切りに穴をあけると，気体は自由膨張して，容器全体を一様に満たした。この状態を状態 **B** とする。このとき，状態 **A**，**B** におけるエントロピーをそれぞれ S_A，S_B とおき，**A** → **B** の変化により増加したエントロピーの増分 S_B-S_A を求めてみよう。
>
> 図（ⅰ）状態 **A**
>
>
>
> 図（ⅱ）状態 **B**
>
>

$$dS=\frac{1}{T}(dU+pdV)\ \cdots\cdots\cdots\cdots\cdots(*b_0)'$$

$$S=nC_V\log T+nR\log V+\alpha_1\cdots(*c_0)$$

状況設定としては，例題 **15**(**P104**) と同様なので分かりやすいと思う。

まず，この系は断熱材で囲まれているので，熱的に孤立系なのは分かるね。そして，仕切り板という束縛条件により，初め n モルの理想気体は，容積 V_A の部屋に閉じ込められている。これが状態 **A** だね。そして，この仕切りに穴をあけることにより，束縛を解除された気体は，穴から噴出して，しばらく複雑な流れや渦が生ずるはずだ。しかし，それも時間の経過と共に納まり，容積 V_B の容器全体を一様に満たすことになる。この熱平衡に達した状態を状態 **B** とおく。

すでに，例題 **15** で解説しているので，状態 **B** における温度は，状態 **A** のときと同じ T_0 であること，さらに，**A** → **B** の変化は不可逆変化であることは，すぐに分かると思う。したがって，エントロピー増大の法則より，これをエントロピーで表した場合，$S_B-S_A>0$ となるはずだね。

それでは，このエントロピーの増分 $\Delta S = S_B - S_A$ を求めてみよう。この場合，A も B も同じ温度なので，右図に示すように，不可逆過程 A → B を，ゆっくりじわじわの準静的な等温過程に置き替えて，ΔS を求めればいい。

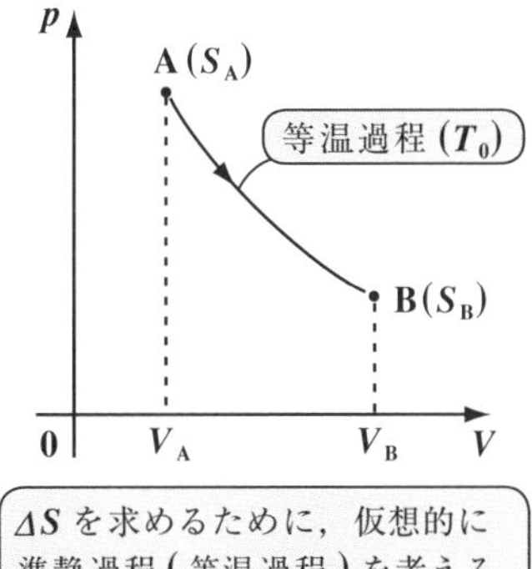

ΔS を求めるために，仮想的に準静的過程（等温過程）を考える。

ここで，$dS = \dfrac{1}{T}(\underbrace{dU}_{nC_VdT} + p\underbrace{dV}_{})$ ……$(*b_0)'$　（$p = \dfrac{nRT}{V}$ ← 理想気体）

において，$dT = 0$ から，$dU = nC_V\underbrace{dT}_{0} = 0$ となる。

よって，$dS = \dfrac{1}{\cancel{T}} \cdot \dfrac{nR\cancel{T}}{V}dV = nR\dfrac{dV}{V}$　となる。よって，求める ΔS は，

$$\Delta S = S_B - S_A = \int_A^B dS = nR\int_{V_A}^{V_B}\frac{1}{V}dV = nR[\log V]_{V_A}^{V_B}$$

$$= nR(\log V_B - \log V_A) = nR\log\frac{V_B}{V_A}$$ となるんだね。

ここで，$V_B > V_A > 0$ より，$\dfrac{V_B}{V_A} > 1$

よって，$\Delta S = \underbrace{nR}_{\oplus}\log\underbrace{\left(\dfrac{V_B}{V_A}\right)}_{1より大} > 0$　と言える。つまり，A → B の不可逆過程で，ナルホド，エントロピーが増大したことが確認できたんだね。

別解

公式：$S = S(T,\ V) = nC_V\log TV^{\gamma-1} + \alpha_1$ ……$(*c_1)$ を用いて，

$\Delta S = S_B - S_A$ を $\Delta S = S_B - S_A = nC_V\log T_0{V_B}^{\gamma-1} - nC_V\log T_0{V_A}^{\gamma-1}$

$= nC_V\log\dfrac{\cancel{T_0}{V_B}^{\gamma-1}}{\cancel{T_0}{V_A}^{\gamma-1}} = \underbrace{nC_V(\gamma-1)}_{C_p - C_V = R}\log\dfrac{V_B}{V_A} = nR\log\dfrac{V_B}{V_A}(>0)$ と求めても構わない。

例題 **19** では，**A** → **B** の変化が不可逆であることを知って $\Delta S = S_B - S_A > 0$ であることを確認した。しかし，実は，$\Delta S > 0$ から，逆に **A** → **B** の変化が不可逆であると言ってもいい。すなわち，次の定理が成り立つことを頭に入れておこう。

エントロピーによる，可逆・不可逆の判定

ある熱力学的系が外部と断熱された孤立系であるとき，
この系の **A** → **B** の変化について，

(ⅰ) **A** → **B** が不可逆過程 $\Longleftrightarrow$ $\Delta S = S_B - S_A > 0$

(ⅱ) **A** → **B** が可逆過程 $\Longleftrightarrow$ $\Delta S = S_B - S_A = 0$

例題 **15**(**P104**) では，**A** → **B** が不可逆であることを示すのに結構苦労したね。しかし，これからは，その系が断熱された孤立系であれば，その系の変化による ΔS を調べ，これが (ⅰ) 正ならば，その変化は不可逆，(ⅱ) **0** ならば，その変化は可逆と，数値 (数式) で判断できるようになったんだね。

ここで，さらに言っておくと，状態 **A** での束縛が解除されて，状態 **B** へと不可逆変化していく場合，エントロピーは増大していく。しかし，熱平衡状態 **B** で変化が止まるということは，その条件下では，**B** でエントロピーは最大になったと考えていい。もし，そうでなければ，系は状態 **B** からさらにエントロピーの増大する向きに変化するはずだからだ。納得いった？

● エントロピーは，示量変数？ 示強変数？

状態量には，示量変数（物質の量に比例するもの）と示強変数（物質の量と無関係なもの）があること，そして，状態量 p, V, T, U が次のように分類されることは，**P69** で既に解説したね。

- 示量変数：V，U
- 示強変数：p，T

そして，エンタルピー $H = U + pV$ も，（U：示量，p：示強，V：示量）

(示強変数)×(示量変数)＝(示量変数) となるので，当然 H も示量変数と言えるんだったね。

それでは，エントロピーは示量変数か？ 示強変数か？ 調べてみよう。エントロピーの微分量の定義 $dS = \frac{d'Q}{T}$ で考えると，

$d'Q = dU + p\,dV$ より，$d'Q$ は状態量ではないけれど，示量性の量だ
（dU：示量，p：示強，dV：示量）

ということが分かる。よって，

$$dS = \frac{d'Q}{T} = \frac{(\text{示量性の量})}{(\text{示強変数})}$$ より，

要は，示量変数（または，示量性の量）に，示強変数をかけても，それで割っても，示量変数は示量変数なんだね。

dS，すなわち，エントロピー S は示量変数であることが分かった。

これから，2つ以上の系があった場合，それぞれ個別のエントロピーの増分を計算して，その和をとると，複数（2つ以上）の系を総合して1つの系とみたときのエントロピーの増分になるんだね。

それでは，この考え方を利用して，次の例題を解いてみよう。

例題 20　図（i）に示すように，断熱材で囲まれた容器を，熱をよく通す仕切りで2等分し，それぞれの容器に同種ではあるが，温度がそれぞれ T_2（高温）と T_0（低温）で異なる理想気体を1モルずつ入れた。これらを入れた瞬間を状態Aとする。

図（i）状態A

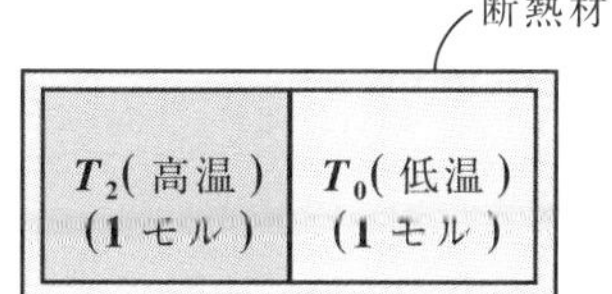

図（ii）状態B

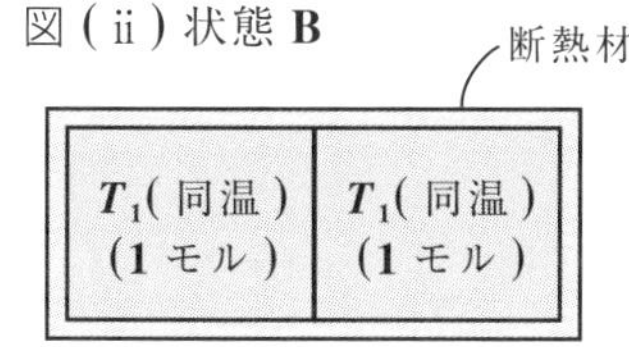

次に，仕切りを通して，高温から低温に熱が移り，やがて2つの気体の温度は一定の T_1（中温）になった。この熱平衡状態を状態Bとする。このとき，状態A，Bにおけるエントロピーをそれぞれ S_A，S_B とおき，$\Delta S = S_B - S_A > 0$ となることを示して，このA→Bの過程が不可逆過程であることを示してみよう。（ただし，この理想気体の定積モル比熱 C_V は定数であるとする。）

A → **B** の変化によるエントロピーの変化分 $\Delta S = S_B - S_A$ は，高温部と低

（まだ $\Delta S > 0$ を示していないので，この時点では増分ではなく，変化分とした。）

温部の **2** つに場合分けして，(ⅰ) 高温 (T_2) → 中温 (T_1) の変化分 ΔS_1 と，(ⅱ) 低温 (T_0) → 中温 (T_1) の変化分 ΔS_2 を別々に求め，そして，

$\Delta S = \Delta S_1 + \Delta S_2$ ……①として，求めればいい。これは，エントロピーが示量変数だからできる解法なんだね。ではまず，

(ⅰ) 高温 (T_2) ⟶ 中温 (T_1) を準静的な定積変化と考えて，$dV = 0$ だね。

（エントロピーの計算には，仮想的に準静変化を考えることがコツだ。）

$$\left[\begin{array}{ccc} T_2 & \longrightarrow & T_1 \\ (1\text{モル}) & & (1\text{モル}) \end{array} \right]$$

よって，公式：$dS = \frac{1}{T}(\underset{\underset{n}{1}C_V dT}{\underline{dU}} + p\underset{0}{\underline{dV}}) = C_V \frac{dT}{T}$

これから，求めるこのエントロピーの変化分 ΔS_1 は，

$$\Delta S_1 = \int_{\text{高温}}^{\text{中温}} dS = C_V \int_{T_2}^{T_1} \frac{1}{T} dT = C_V [\log T]_{T_2}^{T_1} \text{ より，}$$

$$\Delta S_1 = \underset{\ominus}{\underline{C_V(\log T_1 - \log T_2)}} \text{ ……② となる。次，}$$

(ⅱ) 低温 (T_0) ⟶ 中温 (T_1) も，準静的な定積変化と考えて，$dV = 0$

$$\left[\begin{array}{ccc} T_0 & \longrightarrow & T_1 \\ (1\text{モル}) & & (1\text{モル}) \end{array} \right]$$

よって，同様に，このときのエントロピーの変化分 ΔS_2 は，

$$\Delta S_2 = \int_{\text{低温}}^{\text{中温}} dS = C_V \int_{T_0}^{T_1} \frac{1}{T} dT = C_V [\log T]_{T_0}^{T_1} \text{ より，}$$

$$\Delta S_2 = \underset{\oplus}{\underline{C_V(\log T_1 - \log T_0)}} \text{ ……③ となる。}$$

以上 (ⅰ)(ⅱ) より，②，③を①に代入すると，

$$\Delta S = \underset{\ominus}{\underline{C_V(\log T_1 - \log T_2)}} + \underset{\oplus}{\underline{C_V(\log T_1 - \log T_0)}} \text{ ……④ となる。}$$

④は，(負) + (正) の形なので，これが⊕だと即断はできないね。

どうする？ ……，そう，自然対数関数 $z = \log T$ が，上に凸のグラフであることを利用すればいいんだね。

④を変形して，

$$\Delta S = C_V(2\log T_1 - \log T_0 - \log T_2) = \underbrace{2C_V}_{\oplus}\left(\log T_1 - \frac{\log T_0 + \log T_2}{2}\right) \text{となる。}$$

（これが⊕であることを示せばいい。）

$2C_V > 0$ より，$\Delta S > 0$ を示すには，$\log T_1 - \dfrac{\log T_0 + \log T_2}{2} > 0$ ……(*)

を示せばいいんだね。

ここで，仕切りの両側の物質は，同種・同モル数の気体なので，明らかに

$$T_1 = \frac{T_0 + T_2}{2}$$

となる。

ここで，$z = \log T$ とおくと，そのグラフは右図のように，上に凸な曲線になる。

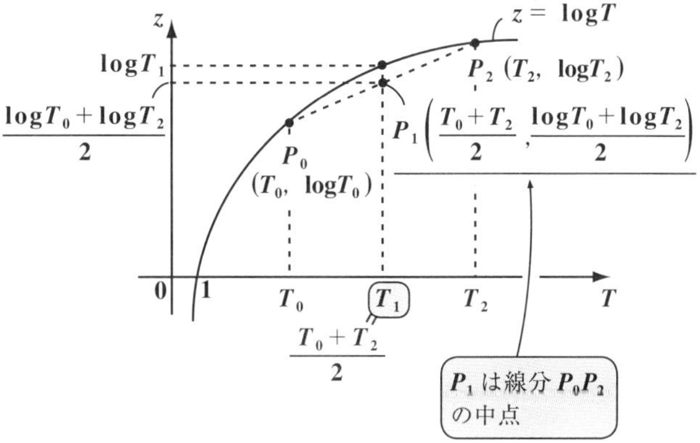

よって，グラフから明らかに，

$$\log T_1 - \frac{\log T_0 + \log T_2}{2} > 0 \text{ ……(*) が成り立つことが分かった。}$$

$\therefore \Delta S = \Delta S_1 + \Delta S_2 > 0$ となる。

よって，断熱された孤立系において，A → B の変化によるエントロピーの変化分 $\Delta S > 0$ が示せたので，この変化は不可逆過程であることが分かった。そして，これは，“**クラウジウスの原理**”の別の表現：

「熱が高温の物体から低温の物体に
　　　　移る現象は不可逆である。」……$(*y)'$ (P103)

が成り立つことを，このエントロピーの変化分 $\Delta S > 0$ から裏付けたことになるんだね。面白かった？

それでは次，2 種類の物質 (液体や気体) が分離した状態から混合した状態に移行する過程も不可逆過程になることを，このエントロピーの計算から確認してみよう。

例題 21　図 (ⅰ) に示すように，断熱材で囲まれた容器を，仕切りで容積が V_1 と V_2 の 2 つの部屋に分けた。容積 V_1 の部屋に n_1 モルの理想気体Ⅰを入れ，容積 V_2 の部屋に n_2 モルの異なる種類の理想気体Ⅱを入れた所，いずれも圧力 p_0，温度 T_0 であった。この状態を状態 A とする。次に，図 (ⅱ) に示すように，仕切りをとると，2 種類の気体は互いに拡散・混合して，やがて熱平衡状態になった。この状態を状態 B とする。

図 (ⅰ)　状態 A

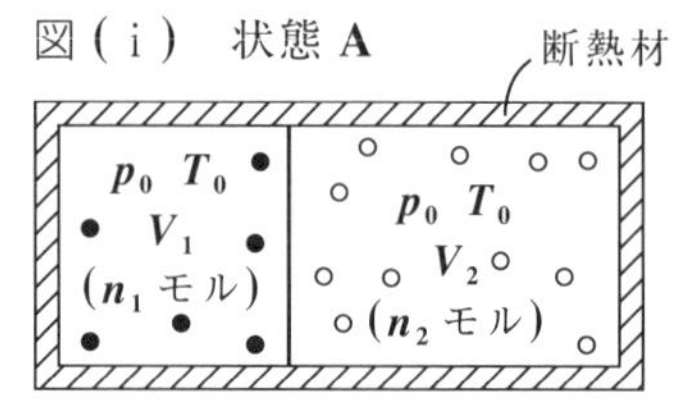

図 (ⅱ)　状態 B

このとき，状態 A，B におけるエントロピーをそれぞれ S_A，S_B とおき，$\Delta S = S_B - S_A$ を n_1 と n_2 で表してみよう。そして，$\Delta S > 0$ となることを示して，A → B の混合過程が不可逆過程であることを示してみよう。

状態 A において，2 つの部屋の異なる理想気体の状態方程式は，

$p_0V_1 = n_1RT_0$ ……①　　$p_0V_2 = n_2RT_0$ ……②　となる。

よって，① ÷ ② より，$\frac{p_0V_1}{p_0V_2} = \frac{n_1RT_0}{n_2RT_0}$　$\frac{V_1}{V_2} = \frac{n_1}{n_2}$ より，$\frac{V_1}{n_1} = \frac{V_2}{n_2}$

$\frac{V_1}{n_1} = \frac{V_2}{n_2} = k$ (正の定数) とおくと，

$V_1 = kn_1$ ……③　　$V_2 = kn_2$ ……④　となる。

ここで，ΔS を求めるためには，この後に示すように，気体Ⅰと気体Ⅱの個別の仮想的な可逆過程を考え，それぞれのエントロピーの増分を ΔS_{I} と ΔS_{II} とおいて，これらをまず別々に計算する。そして，これらの和から，次のように ΔS を求めることができる。

$\Delta S = \Delta S_{\mathrm{I}} + \Delta S_{\mathrm{II}}$ ……⑤

A → B の変化において，A と B の気体温度は共に T_0 で等しいので，

(ⅰ) 気体Ⅰについて，右図のような仮想的な準静的等温変化を考え，このエントロピーの変化分ΔS_{I}を求めてみよう。

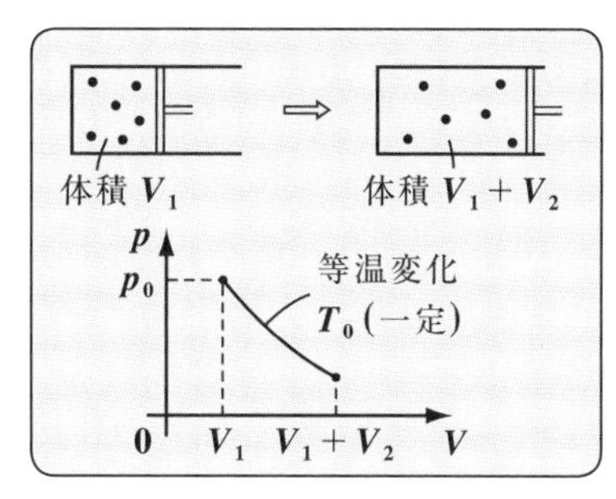

$$dS=\frac{1}{T_0}(n_1C_V\underset{\boxed{0}}{dT}+\underset{\boxed{\frac{n_1RT_0}{V}}}{p}\,dV)$$

ここで，$dT=0$，$p=\dfrac{n_1RT_0}{V}$ より，

$$dS=n_1R\frac{dV}{V}$$

$$\therefore\ \Delta S_{\mathrm{I}}=\int_{\mathrm{A}}^{\mathrm{B}}dS=n_1R\int_{V_1}^{V_1+V_2}\frac{dV}{V}$$

$$=n_1R[\log V]_{V_1}^{V_1+V_2}\quad=n_1R\{\log(V_1+V_2)-\log V_1\}$$

$$=n_1R\log\frac{V_1+V_2}{V_1}=n_1R\log\frac{n_1+n_2}{n_1}$$ ……⑥ となる。(③，④より)

③，④より，$\dfrac{V_1+V_2}{V_1}=\dfrac{kn_1+kn_2}{kn_1}=\dfrac{n_1+n_2}{n_1}$

(ⅱ) 同様に，気体Ⅱのエントロピーの変化分ΔS_{II}を求めると，

体積 V_2 ⇒ 体積 V_1+V_2

p，p_0，等温変化 T_0(一定)，0，V_2，V_1+V_2，V

$$dS=\frac{1}{T_0}(\cancel{n_2C_V\underset{\boxed{0}}{dT}}+\frac{n_2RT_0}{V}dV)$$ より，

$$\Delta S_{\mathrm{II}}=\int_{\mathrm{A}}^{\mathrm{B}}dS=n_2R\int_{V_2}^{V_1+V_2}\frac{dV}{V}$$

$$=n_2R[\log V]_{V_2}^{V_1+V_2}$$

$$=n_2R\{\log(V_1+V_2)-\log V_2\}$$

$$=n_2R\log\frac{V_1+V_2}{V_2}=n_2R\log\frac{n_1+n_2}{n_2}$$ ……⑦ となる。(③，④より)

③，④より，$\dfrac{V_1+V_2}{V_2}=\dfrac{kn_1+kn_2}{kn_2}=\dfrac{n_1+n_2}{n_2}$

$$\Delta S = \Delta S_{\text{I}} + \Delta S_{\text{II}} \quad \cdots\cdots⑤$$

$$\Delta S_{\text{I}} = n_1 R \log \frac{n_1 + n_2}{n_1} \cdots\cdots⑥$$

$$\Delta S_{\text{II}} = n_2 R \log \frac{n_1 + n_2}{n_2} \cdots\cdots⑦$$

以上(i)(ii)より，⑥，⑦を⑤に代入して，求めるΔSは，

$$\Delta S = \Delta S_{\text{I}} + \Delta S_{\text{II}} = n_1 R \log \frac{n_1 + n_2}{n_1} + n_2 R \log \frac{n_1 + n_2}{n_2}$$

$$= R\left(n_1 \log \frac{n_1 + n_2}{n_1} + n_2 \log \frac{n_1 + n_2}{n_2}\right) \cdots\cdots⑧$$ となって，答えになる。

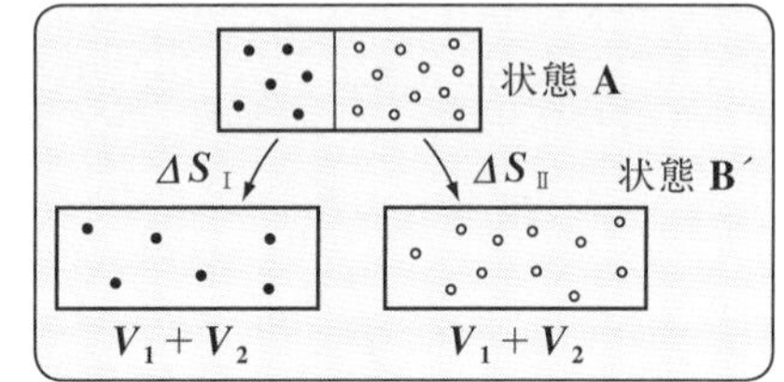

ン？ これでは，右図のように，状態**A**から状態**B´**に変化するときのエントロピーの変化分を求めただけで，本当に混合された状態**B**にはなっていないって？ 当然の疑問だね。これから調べてみよう。

図(ア)に示すように，状態**B´**において，気体Ⅰの入った容積$V_1 + V_2$の容器の**1**つの壁を気体Ⅱの分子だけを通す半透膜のフィルターⅠにする。同様に，気体Ⅱの入った容積$V_1 + V_2$の容器の**1**つの壁を気体Ⅰの分子だけを通す半透膜のフィルターⅡにしよう。このような便利なフィルターが本当に存在するか，どうかはどうでもいい。あくまでもこれは頭の中の思考実験なんだ。

図(ア) 状態**B´**

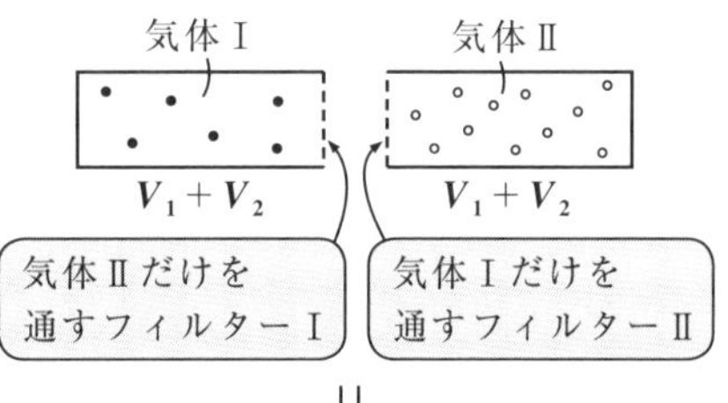

ここで，図(イ)に示すように，**2**つの容器を準静的にゆっくりじわじわと重ね合わせていこう。すると，フィルターⅠを通して，気体Ⅱは自由に通過し，またフィルターⅡを通して気体Ⅰも自由に通過できるので，**2**つのフィルターの間には，気体Ⅰと気体Ⅱの混合気体が生じる。

図(イ)

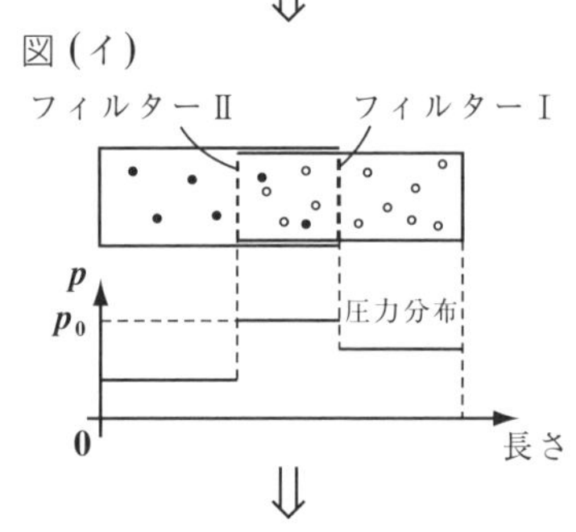

図(ウ) 状態**B**

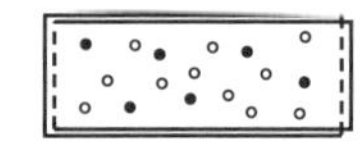

(このときの気体の圧力分布の概形も示しておく。逆に言うと，このような圧力分布を生じさせ得るフィルターが，フィルターⅠとⅡだと考えてくれたらいいんだよ。)

そして，図(ウ)に示すように，この**2**つの容器が完全に一致するまで押し込んだ結果，容積 V_1+V_2 の容器内に気体Ⅰと気体Ⅱが混合して，圧力 p_0 となった状態**B**が実現されることになるんだね。

では，この**B´→B**の変化についての，エントロピーの変化を調べてみよう。

$$dS=\frac{1}{T}(dU+p\,dV)\ \cdots\cdots⑨$$

を基に考えてみると，まず，気体Ⅰと気体Ⅱの温度は共に T_0 で等しく，これは準静的等温変化なので，$dU=0$ ……⑩ となる。次に，仕事 $p\,dV$ について，フィルターⅡが押し込まれていくとき，気体Ⅰは自由にこのフィルターを通り抜けられるので，フィルターⅡが気体Ⅰから圧力(力)を受けることはない。同様に，フィルターⅠが気体Ⅱから圧力を受けることもないんだね。よって，容器を押し込んでいくのに力は必要ない。

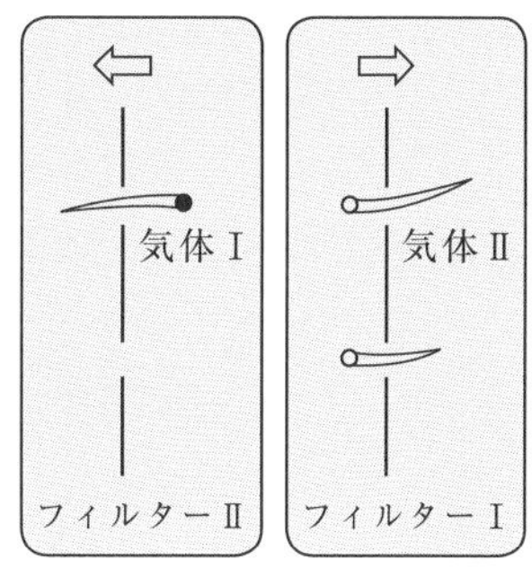

よって，$p\,dV=0$ ……⑪ となる。

以上⑩，⑪を⑨に代入して，$dS=0$ が導けるので，**B´→B**の過程において，エントロピーは変化しないことが分かった。

以上より，**A→B**の混合過程におけるエントロピーの変化分 ΔS は，⑧のままでいい。

A → B´ → B
$\Delta S=S_{B'}-S_A$　$\Delta S=0$

すなわち，

$$\Delta S=S_B-S_A=\Delta S_{\mathrm{I}}+\Delta S_{\mathrm{II}}$$

$$=R\left(\underbrace{n_1\log\overbrace{\frac{n_1+n_2}{n_1}}^{1\text{より大}}}_{\oplus}+\underbrace{n_2\log\overbrace{\frac{n_1+n_2}{n_2}}^{1\text{より大}}}_{\oplus}\right)\cdots\cdots⑧$$

となるんだね。

ここで，$\Delta S>0$ より，この**A→B**の混合過程は不可逆過程であることも分かった。これから，**2**つの気体が分離していた状態**A**から，仕切りを取り払うと，自然に混合して状態**B**になり，元の分離した**A**の状態に戻ることはない。この日頃ボク達が経験する現象がエントロピーの計算によって裏付けられたんだね。

それでは，例題 **21** に関連した“**ギブスのパラドクス**”についても考えてみよう。例題 **21** では **2** 種類の異なる理想気体の混合によるエントロピーの増分 ΔS が⑧で与えられることを計算したんだね。では，異なる **2** 種類ではなくて，同じ種類の気体であったとしても，仕切りを取って混合すれば，⑧と同じエントロピーの増加が生じるのだろうか？ でも，同一種類の気体であれば，仕切りを取っても，気体の状態に何の変化もないから，$\Delta S = 0$ となるのではないか？ これが，“**ギブスのパラドクス**”なんだね。

例題 **21** の答え
$$\Delta S = R\left(n_1 \log \frac{n_1 + n_2}{n_1} + n_2 \log \frac{n_1 + n_2}{n_2}\right) \cdots\cdots⑧$$

（**2** つの部屋 V_1, V_2 に入る気体の温度，圧力も等しいとする。）

話を簡単にするために，図 **5** (i) に示すように，断熱された容積 $2V_0$ の容器を仕切りにより，容積 V_0 の **2** つの部屋を作り，それぞれ **1** モルの同じ種類の気体を入れたところ，いずれも圧力 p_0，温度 T_0 で等しくなったものとしよう。この状態を状態 **A** とする。そして，この仕切りが取られて，混合された状態を状態 **B** とおこう。ここで，**A** → **B** の変化によるエントロピーの変化分 ΔS がどうなるかを調べたいんだね。そのために，例題 **21** のときと同様に，図 **5** (ii) に示すような，状態 **B**´ を考えよう。容積 V_0 の部屋のそれぞれの気体が，準静的等温変化により，圧力が $\frac{1}{2}p_0$，容積が $2V_0$ になった状態だね。この **2** つのエントロピーの増分の和を $\Delta S_{A \to B'}$ とおくと，これは⑧について，$n_1 = n_2 = 1$ を代入したものと等しいので，

（本当は，気体の状態に何の変化もないんだけどね。）

図 **5**　ギブスのパラドクス

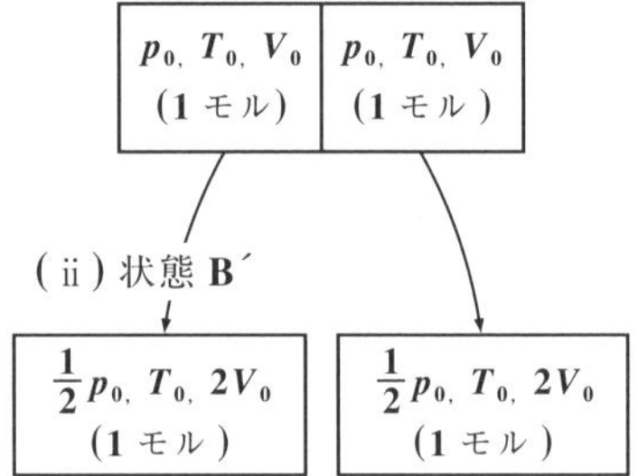

$$\Delta S_{A \to B'} = R\left(1 \cdot \log \frac{1+1}{1} + 1 \cdot \log \frac{1+1}{1}\right) = 2R \log 2 \cdots\cdots(a)$$ となる。

では次，例題 **21** と同様に，図 **6**（i）（ii）（iii）に示すように，$\mathbf{B}' \to \mathbf{B}$ の変化を考えてみよう。今回は，**2** つの $2V_0$ の容器に入っている気体は同種の理想気体になるので，一方だけを通すフィルターなど，意味がないんだね。つまり，これは図 **7** に示すように，**2** モル，体積 $4V_0$ の気体を $2V_0$ まで準静的に等温圧縮する過程になる。

よって，$\mathbf{B}' \to \mathbf{B}$ への変化による，エントロピーの変化分を $\Delta S_{B' \to B}$ とおくと，

図 **6**　ギブスのパラドクス

（i）状態 $\mathbf{B}'$　フィルターの意味がない。

$2V_0$（**1** モル）　$2V_0$（**1** モル）

（ii）

（iii）状態 **B**

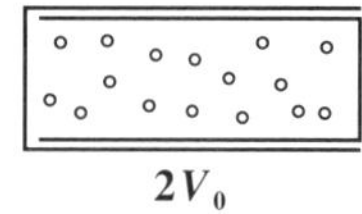

図 **7**

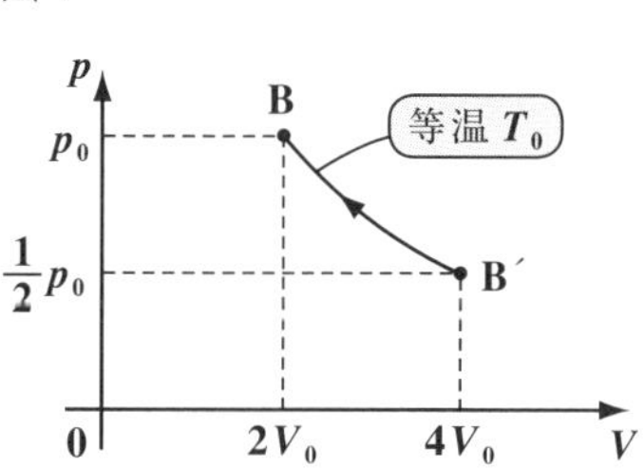

$$dS = \frac{1}{T_0}(\underbrace{dU}_{0} + \underbrace{p}_{\frac{2RT_0}{V}}dV)$$

（$dU = 0$：等温より）

$$= 2R\frac{dV}{V}$$ より，

$$\Delta S_{B' \to B} = \int_{B'}^{B} dS = 2R\int_{4V_0}^{2V_0} \frac{1}{V}dV$$
$$= 2R[\log V]_{4V_0}^{2V_0}$$
$$= 2R(\log 2V_0 - \log 4V_0)$$
$$= 2R\log\frac{2V_0}{4V_0} = 2R\log 2^{-1} = -2R\log 2 \quad \cdots\cdots(\mathrm{b})$$ となる。

以上より，$\mathbf{A} \to \mathbf{B}$，すなわち $\mathbf{A} \to \mathbf{B}' \to \mathbf{B}$ の変化によるエントロピーの増分 ΔS は，(a)，(b)より，（$\mathbf{A} \to \mathbf{B}'$：$\Delta S_{A \to B'}$，$\mathbf{B}' \to \mathbf{B}$：$\Delta S_{B' \to B}$）

$$\Delta S = \underbrace{\Delta S_{A \to B'}}_{2R\log 2} + \underbrace{\Delta S_{B' \to B}}_{-2R\log 2} = 2R\log 2 - 2R\log 2 = 0$$

となることが，確認できた。

　つまり，同じ状態の同種の気体を混合しても，気体の状態に変化があるわけではないので，$\Delta S = 0$ という結果になるんだね。納得いった？

● 時間の矢と宇宙の熱死について

この章の最後に，エントロピー増大の法則と絡めて，宇宙の空間と時間について考えてみよう。

我々が日頃時間を意識するのは，物体の運動と関連している。地球が太陽の周りを公転したり，自分自身の自転により，**1** 年や **1** 日 (**24** 時間) という時間を定義するようになったわけだからね。

ここで，空間における距離と時間について考えるとき，まず，宇宙空間に，**A** 点と **B** 点というように区別し得る指標が存在しなければならない。そして，この **2** 点間をあるものが有限な速度で移動するときにのみ，時間の意味が生まれてくる。具体例を挙げると，「宇宙空間に，太陽 (点 **A**) と地球 (点 **B**) がそれぞれ別の場所 (座標) に存在することが確認され，かつ太陽を発した光 (電磁波) は約 **30** 万 **km/s**(有限の速さ) で地球まで約 **8.3** 分 (時間) かけて到達する」ということだね。

では，もし無限の速度で移動するものがあったとしたら…。遠く離れた場所に住む親しい人や愛する人の不幸を，虫の知らせや夢などで感じたことのある方は意外と多いのではないだろうか？ ボク自身も何回か経験している。このように，重大なことを遠く離れた親しい人に知らせようとする人の思念や思考の速さは無限大ではないのか，との記述をスピリチュアルな本で読んだことがある。

もし，これが事実であるとするのならば，例えば，地球人の思念が太陽人 (もし存在するとすればだけどね) に瞬時に届くことになるわけだから，空間における距離や時間の意味が消失してしまうことになる。かつて，デカルトは「我思う，故に我あり」(***cogito, ergo sum***) と述べたと言われるが，

ラテン語表現の「我思う，故に我あり」

思い (思考) が無限の速さで移動できるものとすると，そして，人間の本質が肉体ではなくて思考にあるとするならば，(デカルトの主旨とは離れることになるかも知れないけれど) 我々はこの大宇宙のいずれにも存在し得る存在という，スゴイ話になってくるんだね。

それでは，ここで話をエントロピーに戻そう。断熱された孤立系において，我々が目にするほとんどの変化は不可逆過程とみていいから，エントロピーが増大する向きに変化は進むんだね。つまり，初めエントロピーの小さい状態から，時間の経過と共に，エントロピーは増大していくわけだから，エントロピーの増大の向きと時間経過の向きは一致する。だから，熱力学的に考えると，エントロピーの増大によって，時間を定義することができるかも知れない。これを，エントロピーによる“**時間の矢**”(または“**時間の向き**”)というんだよ。

ここで，宇宙を外界から断熱された孤立系であると考えると，時間の経過と共に，エントロピーは増大を続け，やがて最大値に達したところで変化は停止する。すなわち時間は矢を失ってしまうと考えられる。

これまでの例題からも分かるように，エントロピーが小さい状態というのは，整然として規則正しい状態のことであり，エントロピーが大きい状態というのは，雑然として規則性が無くなる状態のことなんだね。気体がある部分だけに存在して，真空と隔離されていても，仕切りが取れると雑然と一様に拡がってしまう。高温部と低温部に整然と区別できていたものが，一様な温度になってしまう。2つの別々の気体がキチンと分かれていたものが，仕切りを取り去ると雑然とした混合状態になってしまう，といった具合だ。

ということは，宇宙が熱的に孤立系であると仮定すると，エントロピーが限りなく増大して，ブラックホールや銀河やアンドロメダ星雲など，宇宙を構成する様々な個性的な要素がなくなり，マクロ的に見て，どこも一様で等温で均質な混合状態が出現することになる。これを，ボルツマンは，“**宇宙の熱死**”(または“**宇宙の熱的死**”)と呼んだ。

こうなると，宇宙空間は，均質等方な何の面白みもない単調な状態になってしまい，当然一様な温度だから熱機関を作り出すことなんて不可能になる。というよりも，宇宙は **A** 点と **B** 点の区別そのものさえできなくなってしまうので，空間および時間も定義できない虚ろな存在になってしまうと考えられるんだね。

これが本当か否かは分からないけれど，“エントロピー増大の法則”はこのように，宇宙の終末論にも影響を与えているんだね。

講義5 ● エントロピー　公式エッセンス

1. エントロピー S の定義

(Ⅰ) A, B 間のエントロピーの差：$S_B - S_A = \int_A^B \frac{d'Q}{T}$

(Ⅱ) 微分量による定義：$dS = \frac{d'Q}{T}$

(Ⅰ)の積分は，A，B を結ぶ準静的変化に沿った積分であることに注意する。

2. n(mol) の気体について，$dS = \frac{1}{T}(dU + pdV)$

3. n(mol) の理想気体のエントロピー S

(i) $S = S(T, V) = nC_V \log T + nR \log V + \alpha_1$

(ii) $S = S(p, T) = nC_p \log T - nR \log p + \alpha_2$

(iii) $S = S(p, V) = nC_V \log p + nC_p \log V + \alpha_3 = \underline{nC_V \log pV^\gamma + \alpha_3}$

これより，準静的断熱変化のとき，$pV^\gamma =$ (一定) から，エントロピー S も一定となる。

4. クラウジウスの不等式

(i) $\frac{Q_1}{T_1} + \frac{Q_2}{T_2} \leqq 0$　　(ii) $\sum_{k=1}^{n} \frac{Q_k}{T_k} \leqq 0$　　(iii) $\oint_C \frac{d'Q}{T} \leqq 0$

等号のみが成立する可逆サイクルの場合，(i)(ii)(iii) の T，T_1，T_2，T_k は，系そのものの温度を表すが，等号の付かない不可逆過程の場合，温度 T，T_1，T_2，T_k は外部の熱源の温度になる。

5. エントロピー増大の法則

「ある熱力学的系が，外部と断熱された孤立した系であるとき，その系に不可逆変化が起こった場合，エントロピーは必ず増大する。すなわち，A から B の状態へ不可逆変化が起こると，必ず $S_B \geqq S_A$ となる。これを微分表示すると，$dS \geqq 0$ となる。」

6. エントロピーによる，可逆・不可逆の判定

ある熱力学的系が，外部と断熱された孤立系であるとき，この系の変化 A → B について，

(i) A → B が不可逆過程 $\Longleftrightarrow \Delta S = S_B - S_A > 0$

(ii) A → B が可逆過程 $\Longleftrightarrow \Delta S = S_B - S_A = 0$

熱力学的関係式

▶ 内部エネルギーとエンタルピー

$(dU = TdS - pdV,\ \ dH = TdS + Vdp)$

▶ 自由エネルギー

$(dF = -SdT - pdV,\ \ dG = -SdT + Vdp)$

▶ マクスウェルの関係式

$\left(\left(\frac{\partial T}{\partial V}\right)_S = -\left(\frac{\partial p}{\partial S}\right)_V,\ \ \left(\frac{\partial T}{\partial p}\right)_S = \left(\frac{\partial V}{\partial S}\right)_p \right.$ など)

§1. 内部エネルギーとエンタルピー

これまで，状態変数として，圧力 p，体積 V，温度 T，内部エネルギー U，エンタルピー H，そして，エントロピー S について解説してきたけれど，これらはもちろん互いに関連し合っている。1 つの状態変数は，他の 2 つの状態変数の 2 変数関数として表すことができる。

今回は特に，内部エネルギー U とエンタルピー H の全微分に着目し，これらが他の 2 つの状態量により，どのように表わされるのか調べてみよう。数学的には，2 変数関数の偏微分と全微分の知識をフルに利用することになる。自信のない方は，もう 1 度 P18 の基本事項を確認してから，この解説を読むといいよ。もちろん，ここでも簡単な復習は入れるけれどね。

● まず，内部エネルギー U の全微分を求めてみよう！

これまで解説した，圧力 p，体積 V，温度 T，内部エネルギー U，エンタルピー H，エントロピー S の 6 つの状態量は，次のように，示量変数（物質の量に比例する状態量）と示強変数（物質の量とは無関係の状態量）に分類されることは大丈夫だね。(P134)

$$\begin{cases} \cdot \text{示量変数：} S,\ V,\ U,\ H \\ \cdot \text{示強変数：} p,\ T \end{cases}$$

ここで，微分形式の熱力学第 1 法則とエントロピーの定義を示すと，

$$\begin{cases} d'Q = dU + pdV \quad \cdots\cdots(*p)' \\ dS = \dfrac{d'Q}{T} \quad \cdots\cdots\cdots\cdots\cdots(*a_0)' \end{cases}$$ だね。

$(*a_0)'$ より，$d'Q = TdS$　　これを $(*p)'$ に代入すると，

$TdS = dU + pdV$　となる。

これから，内部エネルギー U の全微分 dU は，

$$dU = TdS - pdV \quad \cdots\cdots(*g_0)$$ と表せる。

この $(*g_0)$ から，内部エネルギー U は S と V の関数，つまり $U = U(S, V)$ と表せ，かつ，

$$\left(\frac{\partial U}{\partial S}\right)_V = T \quad \cdots\cdots(*g_0)', \quad \left(\frac{\partial U}{\partial V}\right)_S = -p \quad \cdots\cdots(*g_0)''$$ も導ける。

エッ，$(*g_0)$ から，何でそんなことが分かるのかって？　それは，**2** 変数関数 $z=f(x, y)$ の偏微分と全微分の知識 (**P18**) から導かれるんだね。簡単に復習しておこう。

2 変数関数の偏微分と全微分

2 変数関数 $z=f(x, y)$ が，x と y について共に偏微分可能で，かつ全微分可能とする。このとき，f の全微分 df は，

$df=\left(\frac{\partial f}{\partial x}\right)_y dx+\left(\frac{\partial f}{\partial y}\right)_x dy$ ……$(*h)$　と表される。

$f(x, y)$ の y を定数として，x で偏微分したもの

$f(x, y)$ の x を定数として，y で偏微分したもの

したがって，$(*g_0)$ も，内部エネルギー U の全微分の式なので，U は S と V の **2** 変数関数 $U=U(S, V)$ として，その全微分は，

$dU=\left(\frac{\partial U}{\partial S}\right)_V dS+\left(\frac{\partial U}{\partial V}\right)_S dV$ ……①　と表されるはずであり，この①と $(*g_0)$ を比較すれば，$(*g_0)'$ と $(*g_0)''$ が導けることも納得できると思う。

ここで，この $(*g_0)$ のように，**1** つの状態量を **2** つの状態変数の全微分の形で表現したものを"**熱力学的関係式**"と呼ぶことにする。そして，この後も様々な熱力学的関係式を導いていくけれど，この $(*g_0)$ がすべての熱力学的関係式の基礎となるので，シッカリ頭に入れておこう。

それでは，$(*g_0)'$，$(*g_0)''$ の物理的な意味も押さえておこう。まず，

(i) $\left(\frac{\partial U}{\partial S}\right)_V=T$ ……$(*g_0)'$ より，

準静的な定積変化では，「エントロピーの変化分に温度をかけたものは，内部エネルギーの変化分に等しい」と言える。

$(*a_0)'$ を使っているため，変化はすべて準静的で可逆な変化と考えるんだね。

これは，$dU=TdS-p\underset{0}{\underline{dV}}$ …$(*g_0)$ について，定積変化のとき $dV=0$

より，$\underline{dU}=\underline{T}\underline{dS}$　となることからも分かると思う。次に，

内部エネルギーの変化分　温度　エントロピーの変化分

(ⅱ) $\left(\frac{\partial U}{\partial V}\right)_S = -p$ ……$(*g_0)''$ より，

$dU = TdS - pdV$ …$(*g_0)$
$\left(\frac{\partial U}{\partial S}\right)_V = T$ ………$(*g_0)'$
$\left(\frac{\partial U}{\partial V}\right)_S = -p$ ……$(*g_0)''$

エントロピー一定，すなわち準静的(可逆)断熱過程では，「内部エネルギーは，気体が外部に対してした仕事分だけ減少する」と言える。

これは，$dU = TdS - pdV$ ……$(*g_0)$ について，エントロピー一定のとき，$dS = 0$ より，　$dU = -pdV$　　$\underline{-dU} = \underline{pdV}$　となることからも分かるね。納得いった？

内部エネルギーの減少分

気体が外部にした仕事

では次，$(*g_0)$ の式を，示量変数と示強変数で見てみると，

$\underline{dU} = \underline{TdS} - \underline{pdV}$ ……$(*g_0)$　となることにも注意しよう。

(示量)

(示強)×(示量)=(示量)

(示強)×(示量)=(示量)

つまり，$(*g_0)$ の右辺の 2 つの項は共に，(示強変数)×(示量変数)=(示量変数)の形になっているんだね。このパターンは，これから解説する他の熱力学的関係式についても言えるから，覚えておくといいよ。

それではさらに，2 階偏導関数について，次の“**シュワルツの定理**”が成り立つので，これも紹介しておこう。

シュワルツの定理

2 変数関数 $f(x, y)$ について，

$\frac{\partial}{\partial y}\left(\frac{\partial f}{\partial x}\right) = \frac{\partial^2 f}{\partial y \partial x}$　と　$\frac{\partial}{\partial x}\left(\frac{\partial f}{\partial y}\right) = \frac{\partial^2 f}{\partial x \partial y}$

f を x で偏微分したものをさらに y で偏微分する。

f を y で偏微分したものをさらに x で偏微分する。

が共に連続であるならば，

$\frac{\partial^2 f}{\partial y \partial x} = \frac{\partial^2 f}{\partial x \partial y}$ ……$(*g)'$　が成り立つ。

これを，シュワルツの定理という。

一般に，熱力学における **2** 変数関数の状態量を，**2** つの変数で順番を変えて **2** 階偏微分したものは，連続関数になると考えていいので，シュワルツの定理は常に成り立つと思っていい。したがって，$(*g_0)'$ と $(*g_0)''$ にシュワルツの定理を用いると，また新たな関係式を導くことができる。

それでは，$U = U(S, V)$ について，

(ⅰ) $\dfrac{\partial U}{\partial S} = T$ ……$(*g_0)'$ の両辺を，さらに V で偏微分すると，

U を S で偏微分するとき，V を定数とみて微分することは数学的には暗黙の了解事項なので，数学的には $\left(\dfrac{\partial U}{\partial S}\right)_V$ などと書く必要はないんだね。

$$\frac{\partial}{\partial V}\left(\frac{\partial U}{\partial S}\right) = \frac{\partial T}{\partial V} \qquad \therefore \frac{\partial^2 U}{\partial V \partial S} = \frac{\partial T}{\partial V} \quad \cdots\cdots②$$ となる。

(ⅱ) $\dfrac{\partial U}{\partial V} = -p$ ……$(*g_0)''$ の両辺を，さらに S で偏微分すると，

これも，上記と同様に，数学的には，右下の添字 "S" は不要だ。

$$\frac{\partial}{\partial S}\left(\frac{\partial U}{\partial V}\right) = -\frac{\partial p}{\partial S} \qquad \therefore \frac{\partial^2 U}{\partial S \partial V} = -\frac{\partial p}{\partial S} \quad \cdots\cdots③$$ となる。

②，③について，シュワルツの定理 $\dfrac{\partial^2 U}{\partial V \partial S} = \dfrac{\partial^2 U}{\partial S \partial V}$ が成り立つので，

偏微分する順番を変えても等しい。

$\dfrac{\partial T}{\partial V} = -\dfrac{\partial p}{\partial S}$，すなわち，

$$\left(\frac{\partial T}{\partial V}\right)_S = -\left(\frac{\partial p}{\partial S}\right)_V \quad \cdots\cdots(*h_0)$$ が成り立つ。

最後は，熱力学の表記法に従って，左辺は S 一定を，そして右辺は V 一定を示すために，それぞれ右下に "S" と "V" の添字を付けて表記した。

この $(*h_0)$ は "**マクスウェルの関係式**" と呼ばれる方程式の **1** つなんだ。エッ，覚えるのが多すぎて大変だって !? そうだね。でも，慣れればこれらの関係式も機械的に導けるようになるんだよ。また，"**マクスウェルの関係式**" は全部で **4** つあるんだけれど，これらのとっておきの覚え方については，後でまとめて教えるつもりだ。楽しみにしてくれ！

● エンタルピーの熱力学的関係式を求めてみよう！

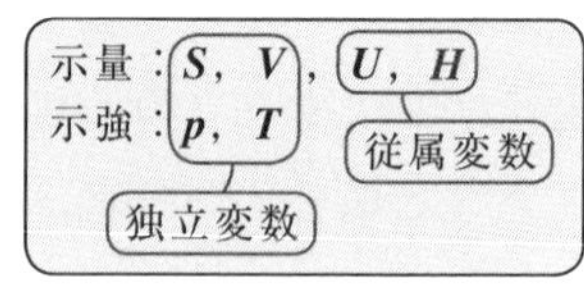

内部エネルギー U の熱力学的関係式：

$dU = TdS - pdV$ ……$(*g_0)$

は $U = U(S, V)$ と考えた U の全微分表示

（U は，S と V の 2 変数関数）

だから，$(*g_0)$ の右辺の T や p も当然，S と V の 2 変数関数と考えるんだ。

そして，これから扱う熱力学的関係式は，上図のように p, S, V, T

（これは，"ポークで，す ぶ た" と覚えると忘れない！ (p) $(S)(V)(T)$）

の内のいずれか 2 つが，他の状態量を表す独立変数になると覚えておくといい。（今の場合，U か H）

したがって，U の次はエンタルピー H $(= U + pV)$ (P71) の熱力学的関係式を求めてみることにしよう。

$H = U + pV$ ……$(*s)$ の全微分をとると，

$dH = dU + d(pV)$

（$dU = TdS - pdV$ （$(*g_0)$ より），$d(pV) = Vdp + pdV$）

（これは，積の微分公式：$(f \cdot g)' = f' \cdot g + f \cdot g'$ と同様だ！）

$dH = TdS - \cancel{pdV} + Vdp + \cancel{pdV}$ （$(*g_0)$ より）

よって，エンタルピー H の熱力学的関係式：

$dH = TdS + Vdp$ ……$(*i_0)$ が導けた。

$(*i_0)$ より，エンタルピー H は，"**ポーク** (p) **で，す** (S) **ぶ** (V) **た** (T)" の内の S と p の 2 変数関数，すなわち $H = H(S, p)$ で表されることが分かったんだね。よって，$(*i_0)$ の右辺の T と V も S と p の関数と考える。

では次，2 変数関数 $H = H(S, p)$ の全微分を求めると，

$$dH = \underbrace{\left(\frac{\partial H}{\partial S}\right)_p}_{T} dS + \underbrace{\left(\frac{\partial H}{\partial p}\right)_S}_{V} dp \quad \cdots\cdots ①$$

となる。

よって，①と $(*i_0)$ の右辺を比較することにより，機械的に，公式：

$\left(\frac{\partial H}{\partial S}\right)_p = T$ ……$(*i_0)'$ $\left(\frac{\partial H}{\partial p}\right)_S = V$ ……$(*i_0)''$ も導ける。

それでは，$(*i_0)'$ と $(*i_0)''$ の物理的な意味を示しておこう。

(i) $\left(\frac{\partial H}{\partial S}\right)_p = T$ ……$(*i_0)'$ より，

準静的な定圧変化では，「エントロピーの変化分に温度をかけたものは，エンタルピーの変化分に等しい」と言える。

これは，$dH = TdS + V\underline{dp}_{0}$ …$(*i_0)$ について，定圧変化のとき $dp = 0$

より，$dH = TdS$ となることからも分かると思う。

（dH：エンタルピーの変化分，T：温度，dS：エントロピーの変化分）

内部エネルギー U では，定積変化だったものが，エンタルピー H では定圧変化になっているだけなんだね。この U と H の性質の違いをシッカリ押さえておこう。

(ii) $\left(\frac{\partial H}{\partial p}\right)_S = V$ ……$(*i_0)''$ より，

エントロピー一定，すなわち準静的(可逆)断熱過程では，「圧力の変化分に体積をかけたものは，エンタルピーの変化分に等しい」と言える。これは，物理的なイメージはとらえにくいけれど，式の上で理解しておけばいい。そして，これも，

$dH = T\underline{dS}_{0} + Vdp$ …$(*i_0)$ について，エントロピー一定のとき $dS = 0$

より，$dH = Vdp$ となることからも分かるだろう。

（dH：エンタルピーの変化分，V：体積，dp：圧力の変化分）

そして，この $(*i_0)$ も，(示量変数)と(示強変数)でみてみると，

$dH = TdS + Vdp$ の形になっていることも大丈夫だね。

（dH：(示量)，TdS：(示強)×(示量)＝(示量)，Vdp：(示量)×(示強)＝(示量)）

どう？ エンタルピー H の熱力学的関係式も，内部エネルギー U のときのものと解説がまったく同様であることが分かった？ それでは，次の例題で，H についての“**マクスウェルの関係式**”を導いてみよう。

例題 **22**　エンタルピー H の熱力学的関係式：

$dH = TdS + Vdp$ ……$(*i_0)$ を用いて，

4 つのマクスウェルの関係式の内の **1** つ

$\left(\frac{\partial T}{\partial p}\right)_S = \left(\frac{\partial V}{\partial S}\right)_p$ ……$(*j_0)$ を導いてみよう。

エンタルピー $H = H(S, p)$ の全微分は，

$$dH = \underbrace{\left(\frac{\partial H}{\partial S}\right)_p}_{T} dS + \underbrace{\left(\frac{\partial H}{\partial p}\right)_S}_{V} dp \quad \cdots\cdots(\text{a})$$ より，

(a)と $(*i_0)$ とを比較して，

$$\left(\frac{\partial H}{\partial S}\right)_p = T \quad \cdots\cdots(*i_0)' \qquad \left(\frac{\partial H}{\partial p}\right)_S = V \quad \cdots\cdots(*i_0)''$$

(i) $\frac{\partial H}{\partial S} = T$ ……$(*i_0)'$ の両辺をさらに p で偏微分して，

$$\frac{\partial}{\partial p}\left(\frac{\partial H}{\partial S}\right) = \frac{\partial T}{\partial p} \qquad \therefore \frac{\partial^2 H}{\partial p \partial S} = \frac{\partial T}{\partial p} \quad \cdots\cdots(\text{b})$$ となる。

(ii) $\frac{\partial H}{\partial p} = V$ ……$(*i_0)''$ の両辺をさらに S で偏微分して，

$$\frac{\partial}{\partial S}\left(\frac{\partial H}{\partial p}\right) = \frac{\partial V}{\partial S} \qquad \therefore \frac{\partial^2 H}{\partial S \partial p} = \frac{\partial V}{\partial S} \quad \cdots\cdots(\text{c})$$ となる。

ここで，$\frac{\partial^2 H}{\partial p \partial S}$ と $\frac{\partial^2 H}{\partial S \partial p}$ は共に連続と考えると，シュワルツの定理より，

$$\frac{\partial^2 H}{\partial p \partial S} = \frac{\partial^2 H}{\partial S \partial p} \quad \cdots\cdots(\text{d})$$ が成り立つ。

以上(b)，(c)，(d)より，**4** つのマクスウェルの関係式の内の **1** つ

$\left(\frac{\partial T}{\partial p}\right)_S = \left(\frac{\partial V}{\partial S}\right)_p$ ……$(*j_0)$ が導ける。大丈夫だった？

以上で，熱力学的関係式の前半の解説が終了した。この後さらに"**ヘルムホルツの自由エネルギー**" F や"**ギブスの自由エネルギー**" G を新たな状態量として定義し，これをまた，"**ポーク** (p) **で，す** (S) **ぶ** (V) **た** (T)"のうちの **2** つを独立変数として表すことにする。数学的な操作は，内部エネルギー U とエンタルピー H のときとまったく同様だから，難しくはないよ。

それでは，今回解説した，内部エネルギー U とエンタルピー H の熱力学的関係式を下にまとめて示すから，もう **1** 度頭の中を整理しておこう。

U と H の熱力学的関係式

(Ⅰ) 内部エネルギー U について，次の関係式が成り立つ。

(i) $dU = TdS - pdV$ ……$(*g_0)$

(ii) $\left(\frac{\partial U}{\partial S}\right)_V = T$ ……$(*g_0)'$　　$\left(\frac{\partial U}{\partial V}\right)_S = -p$ ……$(*g_0)''$

(iii) $\left(\frac{\partial T}{\partial V}\right)_S = -\left(\frac{\partial p}{\partial S}\right)_V$ ……$(*h_0)$ ← マクスウェルの関係式

(Ⅱ) エンタルピー H について，次の関係式が成り立つ。

(i) $dH = TdS + Vdp$ ……$(*i_0)$

(ii) $\left(\frac{\partial H}{\partial S}\right)_p = T$ …$(*i_0)'$　　$\left(\frac{\partial H}{\partial p}\right)_S = V$ …$(*i_0)''$

(iii) $\left(\frac{\partial T}{\partial p}\right)_S = \left(\frac{\partial V}{\partial S}\right)_p$ ……$(*j_0)$ ← マクスウェルの関係式

これらの関係式はすべて，

・$dU = TdS - pdV$ ……$(*g_0)$ と ← これは，$d'Q = dU + pdV$ と $d'Q = TdS$ から導ける。

・$H = U + pV$ ……………$(*s)$ ← エンタルピーの定義式

の **2** つの方程式から導くことができる。

エッ，自信がないって!?　それならまず，この講義を読み返して内容をシッカリ理解することだ。そして，今度は解説を見ずに自力で，$(*g_0)$ と $(*s)$ の **2** つだけから，上記の U と H の熱力学的関係式を導いてみることだね。頑張ろう！

§2. 自由エネルギー

前回の講義で，内部エネルギー U とエンタルピー H の熱力学的な関係式を導いた。今回は，“**ヘルムホルツの自由エネルギー**” F と “**ギブスの自由エネルギー**” G の **2** つの自由エネルギーを新たな状態量と定義して，これらの熱力学的関係式を導いてみることにしよう。

ヘルムホルツの自由エネルギー F は，気体がもつ内部エネルギーの内で仕事に代わり得る有効なエネルギーであることを示そう。また，ギブスの自由エネルギー G は，ファン・デル・ワールスの状態方程式の解説のところで紹介した “**マクスウェルの規則**” **(P53)** の証明に重要な役割を演じることを示すつもりだ。

今回も盛り沢山の内容だけれど，また分かりやすく解説するからシッカリマスターしてくれ。

● 2 つの自由エネルギーを導入してみよう！

図 **1** に示すように，これまで解説した熱力学的関係式の状態量を，従属変数と独立変数に分類してみると，

$$\begin{cases} \text{従属変数：} U, \ H \\ \text{独立変数：} \underline{p, \ S, \ V, \ T} \end{cases}$$

“ポーク (p) で，す (S) ぶ (V) た (T)”

となるんだね。

図 **1** 状態変数と熱力学的関係式

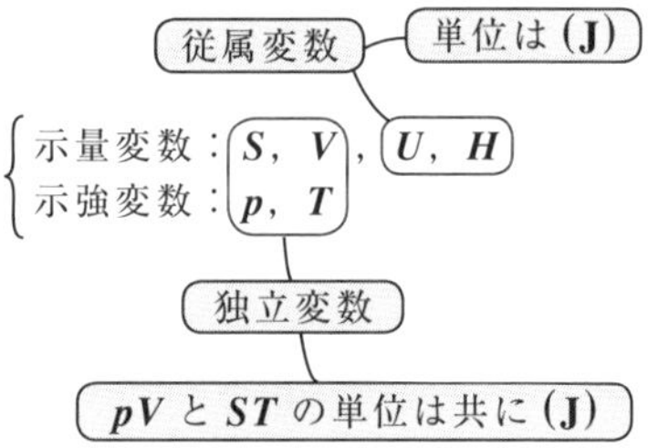

ここで，従属変数である内部エネルギー U とエンタルピー H $(=U+pV)$ の単位が共にエネルギー（仕事，熱量）の単位 **(J)** であることに，まず気を付けよう。そして，独立変数 p，S，V，T についても，これらの内の **2** つの積の組合せで，$\underline{pV}$ と $\underline{TS}$ の **2** つが同じくエネルギーの単位 **(J)** をもつこと

これらはいずれも，（示強）×（示量）の形でもある。

も分かると思う。すなわち，

・pV の単位は $[\mathrm{Pa} \times \mathrm{m}^3] = \left[\dfrac{\mathrm{N}}{\mathrm{m}^2} \times \mathrm{m}^3\right] = [\mathrm{N} \cdot \mathrm{m}] = [\mathrm{J}]$ であり，

・TS の単位は $\left[K \cdot \frac{J}{K}\right] = [J]$

エントロピーの定義 $dS = \frac{d'Q}{T}$ から
S の単位は $[J/K]$ だ。

$dU = TdS - pdV$ ……$(*g_0)$
$dH = TdS + Vdp$ ……$(*i_0)$

となるからね。

であるならば，内部エネルギー U を基に，エンタルピー H を，

$H = U + pV$ ……$(*s)$ と定義したように，

新たな状態量として，$U + TS$，$U - TS$，$U + pV + TS$，$U + pV - TS$，

（各項の単位 (J)）

など… を定義できないだろうか？と考えるのは自然な発想なんだね。この中で，$U - TS$ は "**ヘルムホルツの自由エネルギー**" F と呼ばれるものであり，$U + pV - TS$ は "**ギブスの自由エネルギー**" G と呼ばれるものなんだ。すなわち，F と G は，

$$\begin{cases} F = U - TS & \cdots\cdots\cdots\cdots(*k_0) \\ G = U + pV - TS & \cdots\cdots(*l_0) \end{cases}$$

と定義される。

ここで，$(*k_0)$ の両辺の微分量をとると，

$$dF = \underbrace{dU}_{TdS - pdV\ ((*g_0)\text{より})} - \underbrace{d(TS)}_{(SdT + TdS)} = \cancel{TdS} - pdV - SdT - \cancel{TdS}$$

F は T と V の 2 変数関数

$\therefore\ dF = -SdT - pdV$ ……$(*m_0)$ と，$(*g_0)$ や $(*i_0)$ と同様の式が導ける。

参考 $U + TS$ の微分量は，
$dU + d(TS) = TdS - pdV + SdT + TdS = 2TdS + SdT - pdV$ となって，
キレイな $(*g_0)$ のような 2 変数関数の形にならないからね。よって，ボツだ。

同様に，$(*l_0)$ の両辺の微分量をとると，

$$dG = \underbrace{dU}_{TdS - pdV\ ((*g_0)\text{より})} + \underbrace{d(pV)}_{Vdp + pdV} - \underbrace{d(TS)}_{(SdT + TdS)} = \cancel{TdS} - \cancel{pdV} + Vdp + \cancel{pdV} - SdT - \cancel{TdS}$$

$\therefore\ dG = -SdT + Vdp$ ……$(*n_0)$ となって，これも T と p の 2 変数関数のキレイな形が出てくるんだね。

参考 $U + pV + TS$ も，ボツだ。これも自分で確かめてみるといい。

このように，数学的に美しい形になるヘルムホルツの自由エネルギー F とギブスの自由エネルギー G は，物理的にも意味のある状態量なんだ。

$F=U-TS$ …………$(*k_0)$
$dF=-SdT-pdV$ …$(*m_0)$
$G=U+pV-TS$ ……$(*l_0)$

$(*k_0)$ における TS は"**束縛エネルギー**"と呼ばれるもので，内部エネルギー U の中で仕事になり得ない無駄なエネルギーと考えていい。これを U から差し引くことにより，仕事として取り出し得る自由エネルギー F になるんだね。これについては後で解説しよう。

また，$(*l_0)$ で定義されるギブスのエネルギー G は，準静的（可逆的）等温・定圧変化において変化しない。したがって，これから，ファン・デル・ワールスの状態方程式の"**マクスウェルの規則**"(P53) を導くことができるんだ。

以上，F と G の物理的な意味も含めて，これから，2つの自由エネルギー F と G の熱力学的関係式を調べていくことにする。

● F の熱力学的関係式を求めよう！

それでは，ヘルムホルツの自由エネルギー $F(=U-TS)$ について，次の例題で，その熱力学的関係式を導いてみよう。

例題 23　ヘルムホルツの自由エネルギー $F=U-TS$ について，$dF=-SdT-pdV$ …$(*m_0)$ が成り立つことから，次の熱力学的関係式を導いてみよう。

(1) $\left(\frac{\partial F}{\partial T}\right)_V=-S$ ……$(*m_0)'$　　$\left(\frac{\partial F}{\partial V}\right)_T=-p$ ……$(*m_0)''$

(2) $\left(\frac{\partial S}{\partial V}\right)_T=\left(\frac{\partial p}{\partial T}\right)_V$ ……$(*o_0)$ ← マクスウェルの関係式の1つ

U や H のときと同様に変形すればいいんだね。じゃ，始めよう。

(1) まず，$(*m_0)$ から，F は，T と V の関数，すなわち $F=F(T,V)$ で（S と p も）あることが分かるね。よって，F の全微分 dF を求めると，

$$dF = \underbrace{\left(\frac{\partial F}{\partial T}\right)_V}_{-S} dT + \underbrace{\left(\frac{\partial F}{\partial V}\right)_T}_{-p} dV \quad \cdots\cdots①$$

$f(x, y)$ のとき，
$df = \frac{\partial f}{\partial x}dx + \frac{\partial f}{\partial y}dy$ だからね。

①と $(*m_0)$ を比較することにより，公式：

$\left(\frac{\partial F}{\partial T}\right)_V = -S \quad \cdots\cdots(*m_0)'$ と，$\left(\frac{\partial F}{\partial V}\right)_T = -p \quad \cdots\cdots(*m_0)''$ が導ける。

(2) 次，$(*m_0)'$ と $(*m_0)''$ を使って，マクスウェルの関係式 $(*o_0)$ も導こう。

(i) $\frac{\partial F}{\partial T} = -S \quad \cdots\cdots(*m_0)'$ の両辺をさらに V で偏微分して，

$$\frac{\partial}{\partial V}\left(\frac{\partial F}{\partial T}\right) = -\frac{\partial S}{\partial V} \qquad \therefore \frac{\partial^2 F}{\partial V \partial T} = -\frac{\partial S}{\partial V} \quad \cdots\cdots②$$ となる。

(ii) $\frac{\partial F}{\partial V} = -p \quad \cdots\cdots(*m_0)''$ の両辺をさらに T で偏微分して，

$$\frac{\partial}{\partial T}\left(\frac{\partial F}{\partial V}\right) = -\frac{\partial p}{\partial T} \qquad \therefore \frac{\partial^2 F}{\partial T \partial V} = -\frac{\partial p}{\partial T} \quad \cdots\cdots③$$ となる。

ここで，$\frac{\partial^2 F}{\partial V \partial T}$ と，$\frac{\partial^2 F}{\partial T \partial V}$ は共に連続と考えると，シュワルツの定理より，

$\frac{\partial^2 F}{\partial V \partial T} = \frac{\partial^2 F}{\partial T \partial V}$ となる。よって，②，③より，$-\frac{\partial S}{\partial V} = -\frac{\partial p}{\partial T}$

$\therefore \left(\frac{\partial S}{\partial V}\right)_T = \left(\frac{\partial p}{\partial T}\right)_V \quad \cdots\cdots(*o_0)$ が導けるんだね。大丈夫？

それでは，$(*m_0)'$ と $(*m_0)''$ の物理的な意味も押さえておこう。

(i) $\left(\frac{\partial F}{\partial T}\right)_V = -S \quad \cdots\cdots(*m_0)'$ より，定積変化では，「温度の変化分にエントロピーをかけた分だけ，ヘルムホルツの自由エネルギーは減少する」と言える。これは，$(*m_0)$ について，定積変化のとき，$dV = 0$ より，$dF = -SdT$ 　よって，$-dF = SdT$ となることからも分かると思う。

(ii) $\left(\frac{\partial F}{\partial V}\right)_T = -p \quad \cdots\cdots(*m_0)''$ より，等温変化では，「系が外部にした仕事分だけ，ヘルムホルツの自由エネルギーは減少する」と言える。これは，$(*m_0)$ について，等温変化のとき，$dT = 0$ より，$dF = -pdV$ 　よって，$-dF = pdV$ となることからも分かるね。

これまでの議論はすべて可逆過程についてのものだったんだけれど，ここで可逆・不可逆を含めて，等温変化におけるヘルムホルツの自由エネルギー F と，系が外部になす仕事との関係をさらに詳しく検討してみよう。

熱力学第 1 法則より，$dU = d'Q - d'W$ ……① であり，

また，可逆・不可逆の両過程を考慮に入れたエントロピーの式は，

$$dS \geqq \frac{d'Q}{T}$$ ……② だね。←（エントロピー増大の法則）

（可逆のとき等号，不可逆のとき不等号）

②より，$TdS \geqq d'Q$ ……②′

①と②′より，$dU + d'W = d'Q \leqq TdS$

よって，$dU + d'W \leqq TdS$ より，

$$\underline{\underline{dU - TdS}} \leqq -d'W$$ ……③となる。

ここで，等温変化より，$dT = 0$ だね。これより，③の左辺から $SdT(=0)$ を引いて変形すると，

③の左辺 $= dU - TdS - \underline{SdT} = dU - (\underline{TdS + SdT})$

（これは $\mathbf{0}$ だから，引いても変化しない。）　（$d(TS)$）

$$= dU - d(TS) = d(\underline{U - TS}) = \underline{\underline{dF}}$$ ……④となる。

（F（($*k_0$) より））

よって，④を③に代入すると，

$$\underline{\underline{dF}} \leqq -\underline{d'W}$$

（これは，pdV としてもいい。いずれにせよ，系が外部にする仕事だ。）

$$\therefore \underline{-dF} \geqq \underline{d'W}$$ ……⑤

（自由エネルギーの減少分）（系（気体）が外部になす仕事）

よって，⑤より，等温過程において，

(i) 可逆変化のとき，$-dF = d'W$ であり，

(ii) 不可逆変化のとき，$-dF > d'W$ となるので，

系が外部になす仕事は，可逆変化のとき最大で，ヘルムホルツの自由エネルギーの減少分と等しいが，不可逆変化のときはこの減少分より少ない仕事しかできないことが分かったんだね。

このように，ヘルムホルツの自由エネルギー F は，仕事として自由に取り出すことのできる正味のエネルギーのことであり，内部エネルギー U から，仕事として取り出すことのできない束縛エネルギー TS を差し引いたものとして定義されるんだね。納得いった？

● G の熱力学的関係式も求めよう！

$G = U + pV - TS$ ………$(*l_0)$
$dG = -SdT + Vdp$ ……$(*n_0)$

ギブスの自由エネルギー G は，

$G = U + pV - TS = \underset{U+pV}{H} - TS = \underset{U-TS}{F} + pV$ と表現することができる。それでは，この G についても，次の例題でその熱力学的関係式を導いてみよう。

例題 24　ギブスの自由エネルギー $G = U + pV - TS$ について，$dG = -SdT + Vdp$ …$(*n_0)$ が成り立つことから，次の熱力学的関係式を導いてみよう。

(1) $\left(\frac{\partial G}{\partial T}\right)_p = -S$ ……$(*n_0)'$　　$\left(\frac{\partial G}{\partial p}\right)_T = V$ ……$(*n_0)''$

(2) $\left(\frac{\partial S}{\partial p}\right)_T = -\left(\frac{\partial V}{\partial T}\right)_p$ ……$(*p_0)$ ← マクスウェルの関係式の1つ

(1) まず，$(*n_0)$ から，G は T と p の関数（および S と V も，T と p の関数），すなわち $G = G(T, p)$ であることが分かる。よって，G の全微分を示すと，

$dG = \underbrace{\left(\frac{\partial G}{\partial T}\right)_p}_{-S} dT + \underbrace{\left(\frac{\partial G}{\partial p}\right)_T}_{V} dp$ ……(a)　となる。

(a)と $(*n_0)$ を比較すると，公式：

$\left(\frac{\partial G}{\partial T}\right)_p = -S$ ……$(*n_0)'$ と，$\left(\frac{\partial G}{\partial p}\right)_T = V$ ……$(*n_0)''$ が導ける。

(2) 次，$(*n_0)'$ と $(*n_0)''$ を用いて，

マクスウェルの関係式：

$$\left(\frac{\partial S}{\partial p}\right)_T = -\left(\frac{\partial V}{\partial T}\right)_p \quad \cdots\cdots(*p_0)$$

を導いてみよう。

> $G = U + pV - TS$ ………$(*l_0)$
> $dG = -SdT + Vdp$ ……$(*n_0)$
> $\left(\frac{\partial G}{\partial T}\right)_p = -S$ …………$(*n_0)'$
> $\left(\frac{\partial G}{\partial p}\right)_T = V$ ……………$(*n_0)''$

(i) $\frac{\partial G}{\partial T} = -S$ ……$(*n_0)'$

の両辺をさらに p で偏微分して，

$$\frac{\partial}{\partial p}\left(\frac{\partial G}{\partial T}\right) = -\frac{\partial S}{\partial p} \qquad \therefore \frac{\partial^2 G}{\partial p \partial T} = -\frac{\partial S}{\partial p} \quad \cdots\cdots(b)$$

となる。

(ii) $\frac{\partial G}{\partial p} = V$ ……$(*n_0)''$ の両辺をさらに T で偏微分して，

$$\frac{\partial}{\partial T}\left(\frac{\partial G}{\partial p}\right) = \frac{\partial V}{\partial T} \qquad \therefore \frac{\partial^2 G}{\partial T \partial p} = \frac{\partial V}{\partial T} \quad \cdots\cdots(c)$$

となる。

ここで，$\frac{\partial^2 G}{\partial p \partial T}$ と，$\frac{\partial^2 G}{\partial T \partial p}$ は共に連続であるとすると，シュワルツの定理より，$\frac{\partial^2 G}{\partial p \partial T} = \frac{\partial^2 G}{\partial T \partial p}$　　よって，(b)，(c)より，$-\frac{\partial S}{\partial p} = \frac{\partial V}{\partial T}$

$\therefore \left(\frac{\partial S}{\partial p}\right)_T = -\left(\frac{\partial V}{\partial T}\right)_p$ ……$(*p_0)$ も導けた。

これで，熱力学的関係式の導き方にも十分に慣れたと思う。
それでは，$(*n_0)'$ と $(*n_0)''$ の物理的な意味も調べておこう。

(i) $\left(\frac{\partial G}{\partial T}\right)_p = -S$ ……$(*n_0)'$ より，定圧変化では，「温度の変化分にエントロピーをかけた分だけ，ギブスの自由エネルギーは減少する」と言える。これは，$(*n_0)$ について，定圧変化のとき，$dp = 0$ より，$dG = -SdT$　よって，$-dG = SdT$ となることからも分かると思う。

> U が定積変化，H が定圧変化に対応していたように，自由エネルギーでも，F が定積変化 (P159)，G が定圧変化に対応していることに注意しよう。

(ii) $\left(\frac{\partial G}{\partial p}\right)_T = V$ …$(*n_0)''$ より，等温変化では「圧力の変化分に体積をかけたものは，ギブスの自由エネルギーの変化分に等しい」と言える。

これについても，$(*n_0)$ において，等温変化のとき $dT=0$ より，
$dG=Vdp$ となることからも分かるね。

それでは次，可逆・不可逆を含めて，等温定圧変化において，ギブスの自由エネルギー G がどのような方向性をもっているか，調べてみよう。
まず，熱力学第 1 法則より，$dU=d'Q-pdV$ ……(d) であり，
また可逆・不可逆の両過程を考慮に入れたエントロピーの式は，

$$dS \geqq \frac{d'Q}{T} \quad \cdots\cdots(\mathrm{e})$$ となる。

(e)より，$TdS \geqq d'Q$ ……(e)′ ← 可逆のとき等号，不可逆のとき不等号

(d)と(e)′より，$dU+pdV=d'Q \leqq TdS$

よって，$dU+pdV \leqq TdS$

$$dU+pdV-TdS \leqq 0 \quad \cdots\cdots(\mathrm{f})$$

ここで，今，等温定圧変化を考えているので，$dT=0$，かつ $dp=0$
よって，(f)の左辺に $Vdp(=0)$ を加えても，$SdT(=0)$ を引いても変化しないので，

$$\underbrace{dU+pdV+Vdp}_{d(pV)}\ \underbrace{-TdS-SdT}_{-(TdS+SdT)=-d(TS)} \leqq 0$$

$$dU+d(pV)-d(TS) \leqq 0$$

$$d(\underbrace{U+pV-TS}_{G}) \leqq 0$$

← ギブスの自由エネルギー（$(*l_0)$ より）

$\therefore dG \leqq 0$ ……(g) が導ける。　(g)より，等温定圧過程において，
(ア) 可逆変化のときは，$dG=0$ であり，G は変化しないが，
(イ) 不可逆変化のときは，$dG<0$ となって，G が常に減少する向きに変化が生じることが分かったんだね。

(ア)の準静的（可逆な）等温定圧変化においては，$dT=0$，$dp=0$ より，これを $dG=-SdT+Vdp$ …$(*n_0)$ に代入すれば，$dG=0$ となることからも明らかだね。このように，準静的等温定圧変化では，ギブスの自由エネルギー $G=U+pV-TS$ が変化しないことから，ファン・デル・ワールスの状態方程式における **“マクスウェルの規則”**（等面積の規則）が成り立つことを示せるんだよ。

● マクスウェルの規則を証明しよう！

図 2　実在の気体 (n モル)

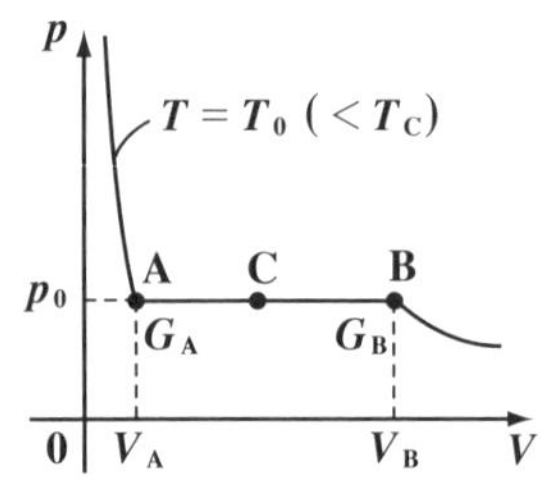

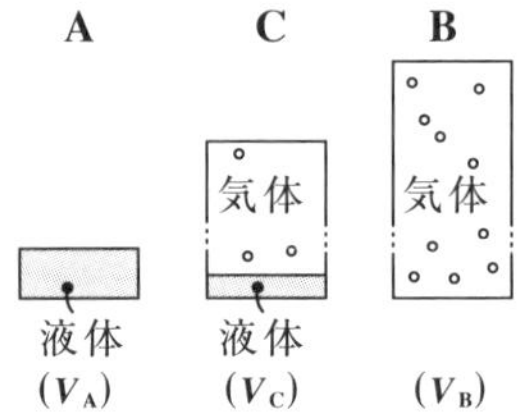

n モルの実在の気体を臨界温度 T_C より低い温度 T_0 で，等温圧縮すると，図 2 に示すように，点 B では，まだすべて気体の状態だけど，これから液化が始まり，点 C では気体と液体が共存する状態になり，最終的に点 A ですべて液体になるんだったね。(P40)　A，C，B 点における系の気体と液体の状態のイメージも，図 2 の下に示しておいた。

この気体が液化する B → A の過程は，

$T = T_0$ (一定)，$p = p_0$ (一定) で準静的な可逆過程，すなわち準静的等温定圧変化なので，この変化の過程でギブスの自由エネルギー：

$G = U + pV - TS$ ……①　は変化しないんだね。

よって，状態 A と状態 B におけるギブスの自由エネルギーをそれぞれ G_A，G_B とおくと，

$G_A = G_B$ ……②　が成り立つ。

ここで，①より，

$G_A = U_A + p_0V_A - T_0S_A$ ……③，　$G_B = U_B + p_0V_B - T_0S_B$ ……④

A，B における内部エネルギー，体積，エントロピーをそれぞれ U_A，U_B，V_A，V_B，S_A，S_B とおいた。

となる。この③，④を②に代入してまとめると，

$U_A + p_0V_A - T_0S_A = U_B + p_0V_B - T_0S_B$

$T_0(S_B - S_A) = U_B - U_A + p_0(V_B - V_A)$

$$\therefore S_B - S_A = \frac{U_B - U_A}{T_0} + p_0\frac{V_B - V_A}{T_0} \quad \cdots\cdots ⑤$$

となる。

次，$T = T_0$ ($< T_C$) における n モルの気体 (または液体) のファン・デル・ワールスの状態方程式の pV 図を図 3 に示す。これは，図 2 に示した実在の気体の pV 図を近似的に表したものだったんだね。

図 3 n モルの気体 (液体) の ファン・デル・ワールスの 状態方程式

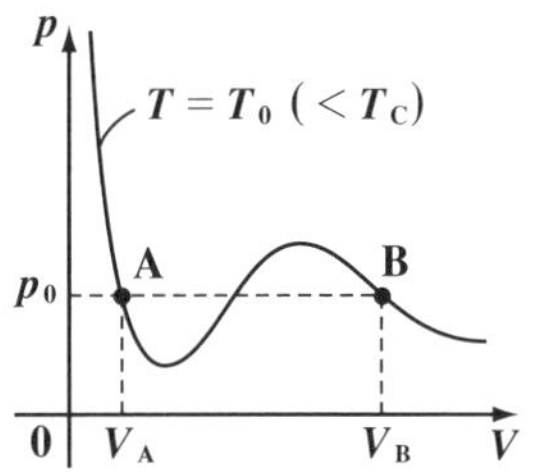

ここで，このファン・デル・ワールスの状態方程式を利用して，A → B の変化によるエントロピーの変化分 $S_B - S_A$ を求めてみよう。

$dS = \dfrac{1}{T_0}(dU + pdV)$ より， ← T_0 は一定

$$S_B - S_A = \int_A^B dS = \frac{1}{T_0}\int_A^B (dU + pdV) = \frac{1}{T_0}\left(\int_{U_A}^{U_B} dU + \int_{V_A}^{V_B} pdV\right)$$

（$\int_{U_A}^{U_B} dU = [U]_{U_A}^{U_B} = U_B - U_A$，このpは曲線を描いて，一定ではない。）

$$\therefore\ S_B - S_A = \frac{U_B - U_A}{T_0} + \frac{1}{T_0}\int_{V_A}^{V_B} pdV \quad \cdots\cdots ⑥$$

となる。

⑤，⑥のそれぞれの右辺を比較して，

$$\frac{U_B - U_A}{T_0} + \frac{p_0(V_B - V_A)}{T_0} = \frac{U_B - U_A}{T_0} + \frac{1}{T_0}\int_{V_A}^{V_B} pdV$$

$$\therefore\ p_0(V_B - V_A) = \int_{V_A}^{V_B} pdV \quad \cdots\cdots ⑦$$

図 4 マクスウェルの規則

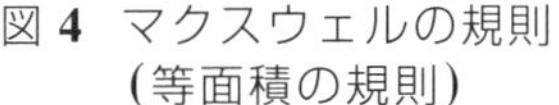
(等面積の規則)

[p_0 V_A V_B V = V_A V_B V]

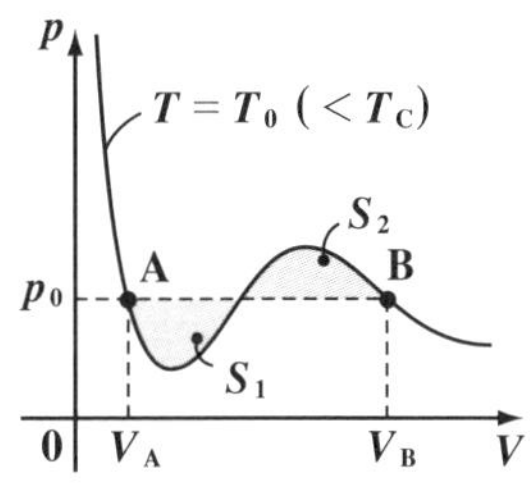

よって，⑦より，図 2 の実在気体と，図 3 のファン・デル・ワールスの状態方程式の 2 つの pV 図を重ねて，図 4 のように描くと，図 4 に示した 2 つの図形の面積 S_1 と S_2 は，$S_1 = S_2$ をみたすことが分かる。逆に言えば，$S_1 = S_2$ となるように，圧力 $p = p_0$ (一定) となるような線分を，ファン・デル・ワールスの状態方程式の曲線に引けばいい。これで，“**マクスウェルの規則**” (等面積の規則)(P53) が証明できたんだね。

● 熱力学的関係式をまとめてみよう！

次の **4** つのエネルギー U, H, F, G についての熱力学的関係式は，すぐに導けるように練習しておこう。これが，すべての基本になるからね。

4 つの熱力学的関係式

(Ⅰ) 内部エネルギー $U(S, V)$

$dU = TdS - pdV$ ……$(*g_0)$

(Ⅱ) エンタルピー $H(S, p) = U + pV$

$dH = TdS + Vdp$ ……$(*i_0)$

(Ⅲ) ヘルムホルツの自由エネルギー $F(T, V) = U - TS$

$dF = -SdT - pdV$ ……$(*m_0)$

(Ⅳ) ギブスの自由エネルギー $G(T, p) = U + pV - TS$

$dG = -SdT + Vdp$ ……$(*n_0)$

このように，**4** つのエネルギーの熱力学的関係式を併記することにより，これらのエネルギーの性質と利用法がはっきりと見えてくる。

(i) エントロピー一定，すなわち準静的断熱過程について考えるときは，$dS = 0$ となるので，内部エネルギー U $(*g_0)$ とエンタルピー H $(*i_0)$ を利用するといいんだね。
($\because dS = 0$ より，$dU = -pdV$，$dH = Vdp$ と簡単になる。)

(ii) 等温変化について考えるときは，
$dT = 0$ となるので，ヘルムホルツの自由エネルギー F $(*m_0)$ とギブスの自由エネルギー G $(*n_0)$ を利用するといい。
($\because dT = 0$ より，$dF = -pdV$，$dG = Vdp$ となるからね。)

(iii) 定積過程について考えるときは，
$dV = 0$ となるので，内部エネルギー U $(*g_0)$ とヘルムホルツの自由エネルギー F $(*m_0)$ を利用するといい。
($\because dV = 0$ より，$dU = TdS$，$dF = -SdT$ となるからだ。)

(iv) 定圧過程について考えるときは，
$dp = 0$ となるので，エンタルピー H $(*i_0)$ とギブスの自由エネルギー G $(*n_0)$ を利用するといいんだね。
($\because dp = 0$ より，$dH = TdS$，$dG = -SdT$ となるからだね。)

そして，**4** つのエネルギー U, H, F, G の全微分から，次の **8** つの公式が導けるんだね。

(Ⅰ) $U=U(S,\ V)$ より，$dU=\underbrace{\left(\frac{\partial U}{\partial S}\right)_V}_{T}dS+\underbrace{\left(\frac{\partial U}{\partial V}\right)_S}_{-p}dV$ ← $(*g_0)$ より

$$\therefore\ \left(\frac{\partial U}{\partial S}\right)_V=T\ \cdots\cdots(*g_0)',\qquad \left(\frac{\partial U}{\partial V}\right)_S=-p\ \cdots\cdots(*g_0)''$$

(Ⅱ) $H=H(S,\ p)$ より，$dH=\underbrace{\left(\frac{\partial H}{\partial S}\right)_p}_{T}dS+\underbrace{\left(\frac{\partial H}{\partial p}\right)_S}_{V}dp$ ← $(*i_0)$ より

$$\therefore\ \left(\frac{\partial H}{\partial S}\right)_p=T\ \cdots\cdots(*i_0)',\qquad \left(\frac{\partial H}{\partial p}\right)_S=V\ \cdots\cdots(*i_0)''$$

(Ⅲ) $F=F(T,\ V)$ より，$dF=\underbrace{\left(\frac{\partial F}{\partial T}\right)_V}_{-S}dT+\underbrace{\left(\frac{\partial F}{\partial V}\right)_T}_{-p}dV$ ← $(*m_0)$ より

$$\therefore\ \left(\frac{\partial F}{\partial T}\right)_V=-S\ \cdots\cdots(*m_0)',\qquad \left(\frac{\partial F}{\partial V}\right)_T=-p\ \cdots\cdots(*m_0)''$$

(Ⅳ) $G=G(T,\ p)$ より，$dG=\underbrace{\left(\frac{\partial G}{\partial T}\right)_p}_{-S}dT+\underbrace{\left(\frac{\partial G}{\partial p}\right)_T}_{V}dp$ ← $(*n_0)$ より

$$\therefore\ \left(\frac{\partial G}{\partial T}\right)_p=-S\ \cdots\cdots(*n_0)',\qquad \left(\frac{\partial G}{\partial p}\right)_T=V\ \cdots\cdots(*n_0)''$$

これらを，右辺の $-p$, $-S$, V, T でまとめると，次のようになる。

8 つの熱力学的関係式

(1) $\left(\frac{\partial U}{\partial V}\right)_S=\left(\frac{\partial F}{\partial V}\right)_T=-p\ \cdots\cdots(*g_0)'',\ (*m_0)''$

(2) $\left(\frac{\partial F}{\partial T}\right)_V=\left(\frac{\partial G}{\partial T}\right)_p=-S\ \cdots\cdots(*m_0)',\ (*n_0)'$

(3) $\left(\frac{\partial H}{\partial p}\right)_S=\left(\frac{\partial G}{\partial p}\right)_T=V\ \cdots\cdots(*i_0)'',\ (*n_0)''$

(4) $\left(\frac{\partial U}{\partial S}\right)_V=\left(\frac{\partial H}{\partial S}\right)_p=T\ \cdots\cdots(*g_0)',\ (*i_0)'$

● マクスウェルの関係式もまとめて覚えよう！

4つのエネルギー U, H, F, G の熱力学的関係式から，それぞれ4つの独立変数 $\underline{p, S, V, T}$ に関する "**マクスウェルの関係式**" が導かれたんだね。

"**ポーク(p)で，す(S)ぶ(V)た(T)**"

この4つのマクスウェルの関係式もまとめて下に示そう。

4つのマクスウェルの関係式

(i) $\left(\frac{\partial T}{\partial V}\right)_S = -\left(\frac{\partial p}{\partial S}\right)_V$ …($*h_0$)　(ii) $\left(\frac{\partial T}{\partial p}\right)_S = \left(\frac{\partial V}{\partial S}\right)_p$ ……($*j_0$)

(iii) $\left(\frac{\partial S}{\partial V}\right)_T = \left(\frac{\partial p}{\partial T}\right)_V$ ……($*o_0$)　(iv) $\left(\frac{\partial S}{\partial p}\right)_T = -\left(\frac{\partial V}{\partial T}\right)_p$ …($*p_0$)

これらの公式も覚えておくと，式変形に役に立つ。エッ，こんなに覚えられないって!?　そうでもないよ。各式の右下の添字を無視して，ジッと見てごらん。… そうだね。"**ポーク(p)で，す(S)ぶ(V)た(T)**" の順に文字が回転しているのが分かるだろう。

まず，起点となる p(ポーク)の位置は，(i)，(iii)のように右上に，(ii)，(iv)のように左下に固定して考える。そして，"**ポーク(p)で，す(S)ぶ(V)た(T)**" の順に反時計回りに回転するときは正としてそのままにし，時計回りに回転するときは，負として，右辺に－を付けると覚えておけばいい。

この要領を，図5(i)～(iv)に模式図的に示すので，是非覚えよう。

図5　マクスウェルの関係式の覚え方

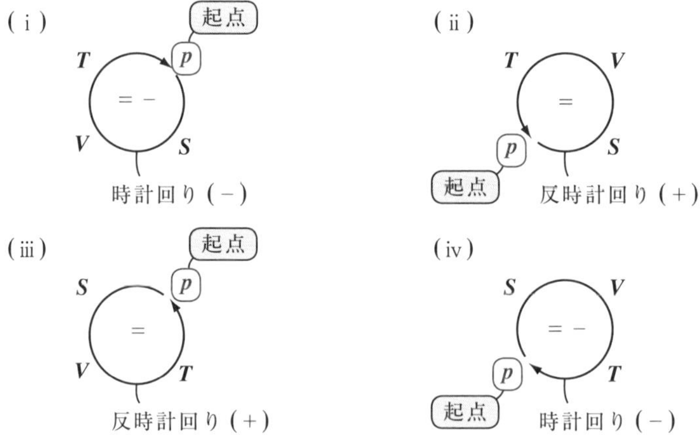

これまで解説した熱力学的関係式は，すべて可逆な準静的過程を基に導き出しているので，単なる数学的な式変形で実際の問題には役に立たないと思っているかも知れないね。でも，扱っている変数はすべて状態量だから，エントロピーのときの計算と同様に，**2** つの状態を結ぶ途中経過は何でもかまわない。だから，これら熱力学的関係式は，実際の物理的・化学的変化を理論的に調べるのに非常に役に立つことを，頭に入れておいてくれ。

● 熱力学的関係式の例題を解いてみよう！

それでは，これから熱力学的関係式を，例題の中で実際に使ってみよう。

> 例題 **25**　U, H, S の **1** モル当たりの状態量をそれぞれ u, h, s とおく。
>
> (**1**) 定積モル比熱の公式 $C_V=\left(\frac{\partial u}{\partial T}\right)_V$ ……$(*q)$　から，
>
> $C_V=T\left(\frac{\partial s}{\partial T}\right)_V$ ……$(*q_0)$　と表せることを示そう。
>
> (**2**) 定圧モル比熱の公式 $C_p=\left(\frac{\partial h}{\partial T}\right)_p$ ……$(*r)'$　から，
>
> $C_p=T\left(\frac{\partial s}{\partial T}\right)_p$ ……$(*r_0)$　と表せることを示そう。

$u=\frac{U}{n}$, $h=\frac{H}{n}$, $s=\frac{S}{n}$, $v=\frac{V}{n}$　(n：モル数) とおくことにする。

(**1**) は，$dU=TdS-pdV$ …$(*g_0)$ の示量変数を **1** モル当りのものと考えて，$du=Tds-pdv$ …$(*g_1)$ を使えばいいことに気付けばいいんだね。

ここで，体積 (v) 一定の定積変化より，$dv=0$　よって，$(*g_1)$ より，

$du=Tds$ だね。

これから，

$$\left(\frac{\partial u}{\partial T}\right)_V=T\left(\frac{\partial s}{\partial T}\right)_V$$ となる。

$$\therefore C_V=\left(\frac{\partial u}{\partial T}\right)_V \cdots\cdots(*q)$$ より，

$$C_V=T\left(\frac{\partial s}{\partial T}\right)_V \cdots\cdots(*q_0)$$

が導ける。

> この流れを丁寧に示そう。
> $\Delta u=T\Delta s$ として，両辺を ΔT で割って，
> $\frac{\Delta u}{\Delta T}=T\frac{\Delta s}{\Delta T}$　　ここで，
> V 一定の下，$\Delta T\to 0$ の極限をとると，
> $\left(\frac{\partial u}{\partial T}\right)_V=T\left(\frac{\partial s}{\partial T}\right)_V$ が導ける。
>
> u と s は，T と v の **2** 変数関数として，偏微分表示にした。

(2) では，エンタルピー H の熱力学的関係式：

$dH = TdS + Vdp$ ……$(*i_0)$

の示量変数を 1 モル当りのものに書き変えて，

$dh = Tds + v\underbrace{dp}_{0}$ ……$(*i_1)$

を利用すればいいんだね。

(2) の問い
$C_p = \left(\frac{\partial h}{\partial T}\right)_p$ …$(*r)'$ より，
$C_p = T\left(\frac{\partial s}{\partial T}\right)_p$ …$(*r_0)$
を導く。

ここで，圧力 (p) 一定の定圧変化より，$dp = 0$　よって，$(*i_1)$ は，

$dh = Tds$ となる。

これから，

$\left(\frac{\partial h}{\partial T}\right)_p = T\left(\frac{\partial s}{\partial T}\right)_p$ となる。

$\Delta h = T\Delta s$ として，両辺を ΔT で割って，
$\frac{\Delta h}{\Delta T} = T\frac{\Delta s}{\Delta T}$　ここで，
p 一定の下，$\Delta T \to 0$ の極限をとると，
$\left(\frac{\partial h}{\partial T}\right)_p = T\left(\frac{\partial s}{\partial T}\right)_p$ が導ける。
h と s は，T と p の 2 変数関数として，偏微分にした。

$\therefore C_p = \left(\frac{\partial h}{\partial T}\right)_p$ ……$(*r)'$ より，

$C_p = T\left(\frac{\partial s}{\partial T}\right)_p$ ……$(*r_0)$

が導ける。納得いった？

では，次の例題も解いてみよう。

例題 26　$C_V = T\left(\frac{\partial s}{\partial T}\right)_V$ …$(*q_0)$ と，$C_p = T\left(\frac{\partial s}{\partial T}\right)_p$ …$(*r_0)$ を用いて，

n モルの系について，次の等式が成り立つことを示そう。

(1) $dS = \frac{nC_V}{T}dT + \left(\frac{\partial p}{\partial T}\right)_V dV$ ……$(*1)$

(2) $dS = \frac{nC_p}{T}dT - \left(\frac{\partial V}{\partial T}\right)_p dp$ ……$(*2)$

(1) $(*1)$ の右辺の形から，エントロピー S を T と V の関数とみればいい。

ではまず，S の全微分 dS を T と V で表してみると，

$$dS = \underset{\sim\sim\sim}{\left(\frac{\partial S}{\partial T}\right)_V} dT + \underline{\underline{\left(\frac{\partial S}{\partial V}\right)_T}} dV \quad \cdots\cdots ①$$ となる。

(i) ここで，$(*q_0)$ の両辺に n (モル) をかけて，

$$nC_V = T\left(\frac{\partial(\overset{S}{\overset{\parallel}{ns}})}{\partial T}\right)_V = T\left(\frac{\partial S}{\partial T}\right)_V$$

$$\therefore \left(\frac{\partial S}{\partial T}\right)_V = \frac{nC_V}{T} \quad \cdots\cdots ②$$ となる。

(ii) 次，マクスウェルの関係式より，

$$\left(\frac{\partial S}{\partial V}\right)_T = \left(\frac{\partial p}{\partial T}\right)_V \quad \cdots\cdots ③$$ となる。

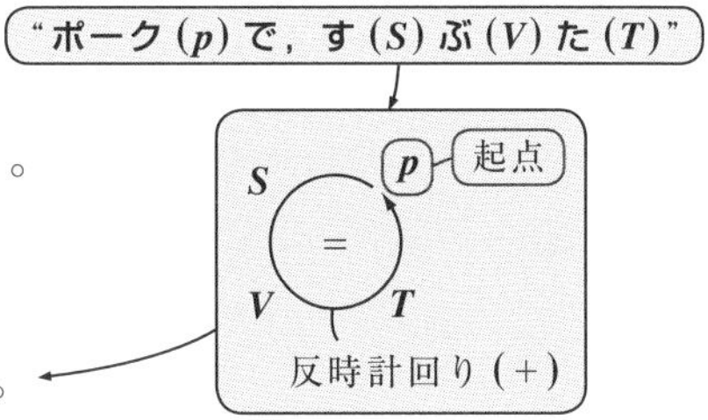

"ポーク (p) で，す (S) ぶ (V) た (T)"

S p 起点 $=$ V T 反時計回り $(+)$

以上 (i)(ii) より，②と③を①に代入して，

$$dS = \frac{nC_V}{T} dT + \left(\frac{\partial p}{\partial T}\right)_V dV \quad \cdots\cdots (*1)$$ が導けた！

(2) 今度は，$(*2)$ の右辺の形から，エントロピー S を T と p の関数とみて，S の全微分 dS を表すと，

$$dS = \underset{\sim\sim\sim}{\left(\frac{\partial S}{\partial T}\right)_p} dT + \underline{\underline{\left(\frac{\partial S}{\partial p}\right)_T}} dp \quad \cdots\cdots ④$$ となる。

(i) ここで，$(*r_0)$ の両辺に n をかけて，

$$nC_p = T\left(\frac{\partial(\overset{S}{\overset{\parallel}{ns}})}{\partial T}\right)_p = T\left(\frac{\partial S}{\partial T}\right)_p$$

$$\therefore \left(\frac{\partial S}{\partial T}\right)_p = \frac{nC_p}{T} \quad \cdots\cdots ⑤$$ となる。

(ii) 次，マクスウェルの関係式より，

$$\left(\frac{\partial S}{\partial p}\right)_T = -\left(\frac{\partial V}{\partial T}\right)_p \quad \cdots\cdots ⑥$$ となる。

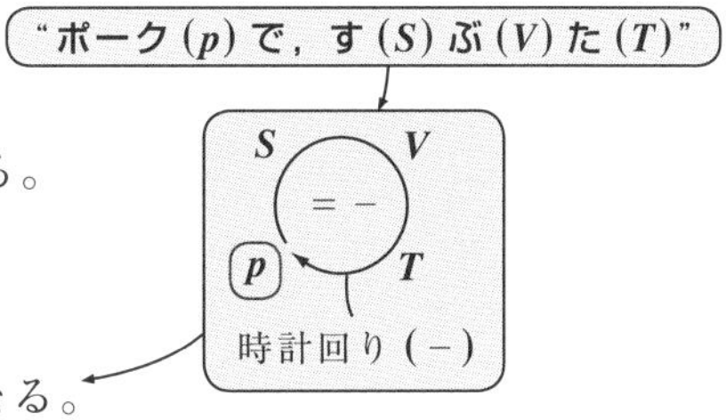

"ポーク (p) で，す (S) ぶ (V) た (T)"

S V $= -$ p T 時計回り $(-)$

以上 (i)(ii) より，⑤と⑥を④に代入して，

$$dS = \frac{nC_p}{T} dT - \left(\frac{\partial V}{\partial T}\right)_p dp \quad \cdots\cdots (*2)$$ も導ける。大丈夫だった？

例題 **27**　**(1)** 次の関係式(エネルギー方程式)が成り立つことを示そう。

$$\left(\frac{\partial U}{\partial V}\right)_T = T\left(\frac{\partial p}{\partial T}\right)_V - p \quad \cdots\cdots(*3)$$

(2) $(*3)$ を利用して，理想気体の内部エネルギー U は，体積 V に依存しないことを示そう。

(1) U の熱力学的関係式：

$dU = TdS - pdV$ ……$(*g_0)$　を利用すると，

$\Delta U = T\Delta S - p\Delta V$ とおける。この両辺を ΔV で割って，

$\dfrac{\Delta U}{\Delta V} = T\dfrac{\Delta S}{\Delta V} - p$ ……①　となる。

ここで，$U = U(T, V)$，$S = S(T, V)$ と考え，

T 一定の条件の下で，$\Delta V \to 0$ の極限を求めると，①は，

$\left(\dfrac{\partial U}{\partial V}\right)_T = T\left(\dfrac{\partial S}{\partial V}\right)_T - p$ ……②　となる。

ここで，マクスウェルの関係式：

$\left(\dfrac{\partial S}{\partial V}\right)_T = \left(\dfrac{\partial p}{\partial T}\right)_V$

を②に代入すると，

これを，"エネルギー方程式"と呼ぶ。

$\left(\dfrac{\partial U}{\partial V}\right)_T = T\left(\dfrac{\partial p}{\partial T}\right)_V - p$ ……$(*3)$　が導ける。

(2) n モルの理想気体の状態方程式：$pV = nRT$ より，

$p = \dfrac{nRT}{V}$ ……③　　③を $(*3)$ に代入すると，

$$\left(\frac{\partial U}{\partial V}\right)_T = T\underbrace{\left\{\frac{\partial}{\partial T}\left(\frac{nRT}{V}\right)\right\}_V}_{\frac{nR}{V}} - p = \frac{nRT}{V} - p = 0 \text{ となる。}$$

p (③より)

これから，理想気体の内部エネルギー U は，体積 V に依存しないことが分かったんだね。

例題 **28** (1) 次の関係式が成り立つことを示そう。

$$\left(\frac{\partial U}{\partial p}\right)_T = -T\left(\frac{\partial V}{\partial T}\right)_p - p\left(\frac{\partial V}{\partial p}\right)_T \cdots\cdots(*4)$$

(2) $(*4)$ を利用して，理想気体の内部エネルギー U は，圧力 p に依存しないことを示そう。

(1) U の熱力学的関係式：

$dU = TdS - pdV \cdots\cdots(*g_0)$ を利用すると，

$\Delta U = T\Delta S - p\Delta V$ とおける。この両辺を Δp で割って，

$$\frac{\Delta U}{\Delta p} = T\frac{\Delta S}{\Delta p} - p\frac{\Delta V}{\Delta p} \cdots\cdots①$$ となる。

ここで，$U = U(T, P)$，$S = S(T, p)$，$V = V(T, p)$ と考え，

T 一定の条件の下で，$\Delta p \to 0$ の極限を求めると，①は，

$$\left(\frac{\partial U}{\partial p}\right)_T = T\left(\frac{\partial S}{\partial p}\right)_T - p\left(\frac{\partial V}{\partial p}\right)_T \cdots\cdots②$$ となる。

ここで，マクスウェルの関係式：

$$\left(\frac{\partial S}{\partial p}\right)_T = -\left(\frac{\partial V}{\partial T}\right)_p$$

S　V
= −
p　T
時計回り (−)

を②に代入すると，

$$\left(\frac{\partial U}{\partial p}\right)_T = -T\left(\frac{\partial V}{\partial T}\right)_p - p\left(\frac{\partial V}{\partial p}\right)_T \cdots\cdots(*4)$$ が導ける。

(2) n モルの理想気体の状態方程式：$pV = nRT$ より，

$V = \dfrac{nRT}{p} \cdots\cdots③$　　③を $(*4)$ に代入すると，

$$\left(\frac{\partial U}{\partial p}\right)_T = -T\underbrace{\left\{\frac{\partial}{\partial T}\left(\frac{nRT}{p}\right)\right\}_p}_{\frac{nR}{p}} - p\underbrace{\left\{\frac{\partial}{\partial p}\left(\frac{nRT}{p}\right)\right\}_T}_{-\frac{nRT}{p^2}}$$

（$\dfrac{nRT}{p}$ は V）

$$= -\frac{nRT}{p} + \frac{nRT}{p} = 0$$ となる。

$C_V = \left(\dfrac{\partial u}{\partial T}\right)_V \cdots(*q)$ より，$C_V = \dfrac{du}{dT}$

これから，理想気体の内部エネルギー U は，圧力 p に依存しないことも分かった。つまり，U は T のみの関数 $U = nC_VT$ なんだね。

講義6 ● 熱力学的関係式　公式エッセンス

1. U と H の熱力学的関係式

(Ⅰ) 内部エネルギー U について，次の関係式が成り立つ。

(ⅰ) $dU = TdS - pdV$　　(ⅱ) $\left(\frac{\partial U}{\partial S}\right)_V = T$，$\left(\frac{\partial U}{\partial V}\right)_S = -p$

(Ⅱ) エンタルピー H について，次の関係式が成り立つ。

(ⅰ) $dH = TdS + Vdp$　　(ⅱ) $\left(\frac{\partial H}{\partial S}\right)_p = T$，$\left(\frac{\partial H}{\partial p}\right)_S = V$

2. 4つの熱力学的関係式

(Ⅰ) 内部エネルギー $U(S, V)$

$$dU = TdS - pdV$$

(Ⅱ) エンタルピー $H(S, p) = U + pV$

$$dH = TdS + Vdp$$

(Ⅲ) ヘルムホルツの自由エネルギー $F(T, V) = U - TS$

$$dF = -SdT - pdV$$

(Ⅳ) ギブスの自由エネルギー $G(T, p) = U + pV - TS$

$$dG = -SdT + Vdp$$

3. 8つの熱力学的関係式

(1) $\left(\frac{\partial U}{\partial V}\right)_S = \left(\frac{\partial F}{\partial V}\right)_T = -p$　　(2) $\left(\frac{\partial F}{\partial T}\right)_V = \left(\frac{\partial G}{\partial T}\right)_p = -S$

(3) $\left(\frac{\partial H}{\partial p}\right)_S = \left(\frac{\partial G}{\partial p}\right)_T = V$　　(4) $\left(\frac{\partial U}{\partial S}\right)_V = \left(\frac{\partial H}{\partial S}\right)_p = T$

4. 4つのマクスウェルの関係式

(ⅰ) $\left(\frac{\partial T}{\partial V}\right)_S = -\left(\frac{\partial p}{\partial S}\right)_V$　　(ⅱ) $\left(\frac{\partial T}{\partial p}\right)_S = \left(\frac{\partial V}{\partial S}\right)_p$

(ⅲ) $\left(\frac{\partial S}{\partial V}\right)_T = \left(\frac{\partial p}{\partial T}\right)_V$　　(ⅳ) $\left(\frac{\partial S}{\partial p}\right)_T = -\left(\frac{\partial V}{\partial T}\right)_p$

これは，"ポーク (p) で，す (S) ぶ (V) た (T)" で覚えよう！

マクスウェルの速度分布則

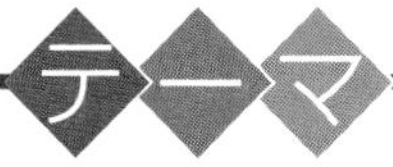

▶ 数学的準備

$$\left(\log x! \fallingdotseq x\log x - x,\ \int_0^{\infty} x^2 e^{-ax^2} dx = \frac{\sqrt{\pi}}{4a^{\frac{3}{2}}} \right)$$

▶ 統計学的準備

（ベルヌーイ分布と正規分布）

▶ マクスウェルの速度分布則

$$\left(N\left(\frac{m}{2\pi kT} \right)^{\frac{3}{2}} e^{-\frac{m(v_x{}^2 + v_y{}^2 + v_z{}^2)}{2kT}} dv_x dv_y dv_z \right)$$

▶ ボルツマンの原理

$$\left(S = k\log W(\overline{N_1},\ \overline{N_2},\ \cdots) \right)$$

§1. 数学的・統計学的準備

“熱力学” の講義もいよいよ最終章に入ろう。最後に扱うテーマは，不規則に飛び交う膨大な数の気体分子の速度分布を表す **“マクスウェルの速度分布則”** だ。

この速度分布則を導くには，特有の数学的・統計学的な知識が必要となる。そして，これを導く理論は，エントロピー S を統計的に記述した，有名な **“ボルツマンの原理”** $\left(S = k\log W(\overline{N_1},\ \overline{N_2},\ \cdots)\right)$ とも密接に関連している。

ここでは，**“マクスウェルの速度分布則”** を導くための前準備として，**“スターリングの公式”** $(\log N! \fallingdotseq N\log N - N)$ や積分公式，それに **“ベルヌーイ分布”** と **“正規分布”**，さらに **“ラグランジュの未定乗数法”** など，数学的・統計学的な基礎知識について，詳しく解説しようと思う。

エッ，難しそうだって？そうだね。確かにレベルは上がるけれど，またでき得る限り分かりやすく教えるから，シッカリついてらっしゃい。

● スターリングの公式をマスターしよう！

気体分子の速度分布を考えるとき，$\log N!$ の形の関数が頻繁に出てくる。これは，次の **“スターリングの公式”** (*Stirling's formula*) で近似することができるので，覚えておこう。

スターリングの公式

自然数 N に対して，$N >> 0$ のとき，次のスターリングの公式 (1) とその微分公式 (2) が近似的に成り立つ。

(1) $\log N! \fallingdotseq N\log N - N$ ……$(*s_0)$

(2) $(\log N!)' \fallingdotseq \log N$ …………$(*s_0)'$

自然数 N が，$N >> 0$ とは，∞ ほど極限的に大きくはないけれど，N は十分に大きいということだ。具体的には，気体分子を扱うときの N はアボガドロ数 $N_A = 6.0221 \times 10^{23}$ 程度の大きさであると考えたらいい。

“**スターリングの公式**” はあくまでも近似公式で，本当のスターリングの公式は $(*s_0)$ よりもう少し緻密で複雑な形をしている。$(*s_0)$ はその簡単バージョンだと考えてくれたらいい。

それでは，$(*s_0)$ が成り立つことを，図形的に示しておこう。まず，$(*s_0)$ の左辺は，

$$\left((*s_0)\text{ の左辺}\right) = \log N! = \log(1\cdot2\cdot3\cdot\cdots\cdot N)$$
$$= \log 1 + \log 2 + \log 3 + \cdots + \log N$$
$$= \underline{\underline{1}}\cdot\log 1 + \underline{\underline{1}}\cdot\log 2 + \underline{\underline{1}}\cdot\log 3 + \cdots + \underline{\underline{1}}\cdot\log N \quad \cdots\cdots ①$$ となる。

①の各項に，何故 $\underline{\underline{1}}$ をかけたのかって？この 1 をかけることにより，①式の各項の和が，図 1 に示すように，長方形群の面積の和になっていることに気付くと思う。であるならば，この面積の和は，これより少し大きくはなるけれど，$N >> 0$ ならば，曲線 $y = \log x\ (1 \leqq x \leqq N)$ と x 軸とで挟まれる図形の面積と近似的に等しいと言えるはずだ。よって，①は，

図 1　スターリングの公式の証明

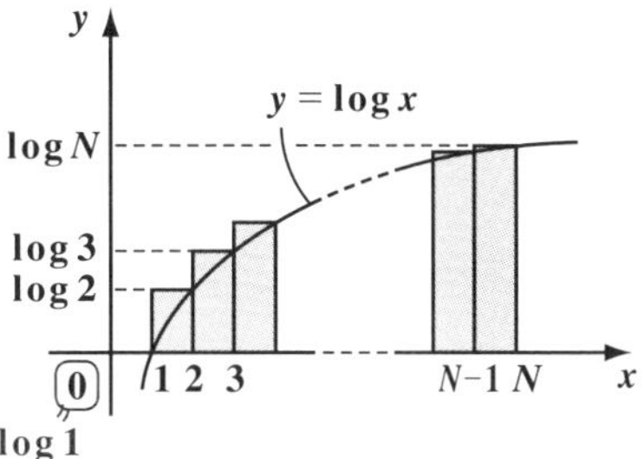

$$\left((*s_0)\text{ の左辺}\right) = 1\cdot\log 1 + 1\cdot\log 2 + 1\cdot\log 3 + \cdots + 1\cdot\log N$$
$$\fallingdotseq \int_1^N \log x\,dx$$
$$= \left[x\log x - x\right]_1^N$$
$$= N\log N - N - (1\cdot\underbrace{\log 1}_{0} - 1)$$
$$\fallingdotseq N\log N - N = \left((*s_0)\text{ の右辺}\right)$$ となって，

積分公式
$\int \log x\,dx = x\log x - x$

$N >> 0$ より，$+1$ は省略してもかまわない！

スターリングの公式の簡単バージョンの式が導けたんだね。$(*s_0)$ は，

$$\log N! \fallingdotseq N\log N - N\underbrace{\log e}_{1} = \log N^N - \log e^N = \log \frac{N^N}{e^N}$$ と変形できるので，

近似公式：$N! \fallingdotseq \left(\dfrac{N}{e}\right)^N$　と表すこともできるんだね。覚えておこう。

次，$(*s_0)'$ の $\log N!$ の微分公式だけれど，これについては N は連続型の変数ではなく，1，2，3，…と飛び飛びの値を取る離散型の変数なので，納得がいかない方が多いと思う。

$\log N! \fallingdotseq N\log N - N$ ……$(*s_0)$
$(\log N!)' \fallingdotseq \log N$ ……$(*s_0)'$

これについては，連続型の変数 x に対して，

$(x\log x - x)' = 1\cdot\log x + x\cdot\dfrac{1}{x} - 1 = \log x$ が成り立つことから，

$(\log N!)' \fallingdotseq (N\log N - N)' \fallingdotseq \log N$ となると覚えておいていい。

しかし，これで納得されない諸君のためにさらに解説しておこう。

$N >> 0$ と，N が十分に大きいとき，$\Delta N = 1$ とおいてもいいはずだね。

$N \fallingdotseq N_A = 6.0221\times10^{23}$ のとき，相対的に1は十分小さいので，$\Delta N = 1$ とおける。

よって，$f(N) = \log N!$ とおき，平均変化率の式を微分公式の代わりに用いると，

$$f'(N) = (\log N!)' \fallingdotseq \frac{f(N) - f(N-1)}{\Delta N}$$

極限の微分公式の代わりに，平均変化率の式を近似的に用いた。

$$= \frac{\log N! - \log(N-1)!}{1} = \log\frac{N!}{(N-1)!} = \log N$$ となって，

($\Delta N = 1$，$\dfrac{N!}{(N-1)!} = N$)

$(*s_0)'$ の微分公式が導けるんだね。納得いった？

● 重要な積分公式も押さえておこう！

それでは次，分子の速度分布則を求めるのに欠かせない次の積分公式も紹介しておこう。

積分公式

(1) $\displaystyle\int_0^\infty e^{-x^2}dx = \frac{\sqrt{\pi}}{2}$ ……$(*t_0)$　(2) $\displaystyle\int_0^\infty e^{-ax^2}dx = \frac{1}{2}\sqrt{\frac{\pi}{a}}$ ……$(*t_0)'$

(3) $\displaystyle\int_0^\infty x^2e^{-ax^2}dx = \frac{\sqrt{\pi}}{4a^{\frac{3}{2}}}$ ……$(*t_0)''$

(4) $\displaystyle\int_0^\infty x^4e^{-ax^2}dx = \frac{3\sqrt{\pi}}{8a^{\frac{5}{2}}}$ ……$(*t_0)'''$ (a：正の定数)

(2)，**(3)**，**(4)** の積分公式は，**(1)** の積分公式から順にすべて導くことができる。次の例題で実際に導いてみよう。

例題 **29** $\int_0^{\infty} e^{-x^2}dx = \frac{\sqrt{\pi}}{2}$ ……$(*t_0)$ が成り立つものとして，次の各積分を求めてみよう。

(ⅰ) $\int_0^{\infty} e^{-ax^2}dx$ (ⅱ) $\int_0^{\infty} x^2 e^{-ax^2}dx$ (ⅲ) $\int_0^{\infty} x^4 e^{-ax^2}dx$ (a：正の定数)

(ⅰ) $\int_0^{\infty} e^{-ax^2}dx$ について，置換積分法で解けばいい。

$\sqrt{a}x = t$ とおくと，$x : 0 \to \infty$ のとき，$t : 0 \to \infty$

また，$\sqrt{a}\,dx = dt$ となる。よって，

$$\int_0^{\infty} e^{-ax^2}dx = \int_0^{\infty} e^{-(\sqrt{a}x)^2}dx = \frac{1}{\sqrt{a}}\int_0^{\infty} e^{-t^2}dt$$

($\sqrt{a}x = t$，$dx = \frac{1}{\sqrt{a}}dt$，$\int_0^{\infty} e^{-t^2}dt = \frac{\sqrt{\pi}}{2}$ $((*t_0)$ より$)$)

x でも t でも文字変数は何でもかまわない。

$\therefore (*t_0)$ より，$\int_0^{\infty} e^{-ax^2}dx = \frac{1}{\sqrt{a}} \cdot \frac{\sqrt{\pi}}{2} = \frac{1}{2}\sqrt{\frac{\pi}{a}}$ ……$(*t_0)'$ が導けた。

(ⅱ) は，部分積分の公式を利用すればいいね。

$$\int_0^{\infty} x^2 e^{-ax^2}dx = \int_0^{\infty} x \cdot xe^{-ax^2}dx$$

($xe^{-ax^2} = -\frac{1}{2a}(-2ax \cdot e^{-ax^2}) = -\frac{1}{2a}(e^{-ax^2})'$)

$$= -\frac{1}{2a}\int_0^{\infty} x \cdot (e^{-ax^2})'dx$$

$$= -\frac{1}{2a}\left\{[xe^{-ax^2}]_0^{\infty} - \int_0^{\infty} e^{-ax^2}dx\right\}$$

部分積分法
$\int_a^b f \cdot g' dx = [f \cdot g]_a^b - \int_a^b f' \cdot g\,dx$

($\lim_{p\to\infty}[xe^{-ax^2}]_0^p = \lim_{p\to\infty} pe^{-ap^2} = 0$，$\int_0^{\infty} e^{-ax^2}dx = \frac{1}{2}\sqrt{\frac{\pi}{a}}$ $((*t_0)'$ より$)$)

$\therefore (*t_0)'$ より，$\int_0^{\infty} x^2 e^{-ax^2}dx = -\frac{1}{2a}\left(-\frac{1}{2}\right)\sqrt{\frac{\pi}{a}} = \frac{\sqrt{\pi}}{4a^{\frac{3}{2}}}$ ……$(*t_0)''$

も導けた。

(iii) の $\int_0^\infty x^4 e^{-ax^2} dx$ も部分積分を利用すればいい。

$$\int_0^\infty e^{-x^2} dx = \frac{\sqrt{\pi}}{2} \quad \cdots\cdots(*t_0)$$
$$\int_0^\infty e^{-ax^2} dx = \frac{1}{2}\cdot\sqrt{\frac{\pi}{a}} \quad \cdots\cdots(*t_0)'$$
$$\int_0^\infty x^2 e^{-ax^2} dx = \frac{\sqrt{\pi}}{4a^{\frac{3}{2}}} \quad \cdots\cdots(*t_0)''$$
$$\int_0^\infty x^4 e^{-ax^2} dx = \frac{3\sqrt{\pi}}{8a^{\frac{5}{2}}} \quad \cdots\cdots(*t_0)'''$$

$$\int_0^\infty x^4 e^{-ax^2} dx$$

$$= \int_0^\infty x^3 \cdot \underline{(xe^{-ax^2})}\, dx$$

$$-\frac{1}{2a}(-2ax\cdot e^{-ax^2}) = -\frac{1}{2a}(e^{-ax^2})'$$

$$= -\frac{1}{2a}\int_0^\infty x^3\cdot(e^{-ax^2})'\,dx$$

部分積分法
$$\int_a^b f\cdot g'\,dx = [f\cdot g]_a^b - \int_a^b f'\cdot g\,dx$$

$$= -\frac{1}{2a}\left\{\left[x^3 e^{-ax^2}\right]_0^\infty - \int_0^\infty 3x^2 e^{-ax^2}\,dx\right\}$$

$$\lim_{p\to\infty}\left[x^3 e^{-ax^2}\right]_0^p = \lim_{p\to\infty} p^3 e^{-ap^2} = 0$$

この極限は，ロピタルの定理から求めてもいい。

$$= \frac{3}{2a}\int_0^\infty x^2 e^{-ax^2}\,dx$$

$\dfrac{\sqrt{\pi}}{4a^{\frac{3}{2}}}$ （$(*t_0)''$ より）

$\therefore\ (*t_0)''$ より，$\displaystyle\int_0^\infty x^4 e^{-ax^2}dx = \frac{3}{2a}\cdot\frac{\sqrt{\pi}}{4a^{\frac{3}{2}}} = \frac{3\sqrt{\pi}}{8a^{\frac{5}{2}}}$ $\cdots\cdots(*t_0)'''$

も導けた。大丈夫だった？

それでは，$(*t_0)'$，$(*t_0)''$，$(*t_0)'''$ の基となる $(*t_0)$ の積分公式を次の例題の導入に従って証明してみよう。

例題 **30**　重積分 $\displaystyle\int_{-\infty}^\infty\int_{-\infty}^\infty e^{-x^2-y^2}dx\,dy$ ……①を，極座標に置換して積分し，その結果を用いて，

$\displaystyle\int_0^\infty e^{-x^2}dx = \frac{\sqrt{\pi}}{2}$ ……$(*t_0)$ となることを示してみよう。

まず，①の重積分を，$x=r\cos\theta$，$y=r\sin\theta$ $(0 \leqq \theta < 2\pi,\ 0 \leqq r < \infty)$ と極座標変数 r と θ での積分に置換して解く。このとき，ヤコビアン J は，

$$J=\begin{vmatrix} \frac{\partial x}{\partial r} & \frac{\partial x}{\partial \theta} \\ \frac{\partial y}{\partial r} & \frac{\partial y}{\partial \theta} \end{vmatrix} = \begin{vmatrix} \cos\theta & -r\sin\theta \\ \sin\theta & r\cos\theta \end{vmatrix} = \cos\theta\cdot r\cos\theta-(-r)\sin\theta\cdot\sin\theta$$

$$=r(\underbrace{\cos^2\theta+\sin^2\theta}_{1})=r \quad \text{となる。}$$

以上より，①は，

$$\int_{-\infty}^{\infty}\int_{-\infty}^{\infty} e^{-(\overbrace{x^2+y^2}^{r^2})}\underbrace{dx\,dy}_{|J|dr\,d\theta=r\,dr\,d\theta} = \int_0^{2\pi}\int_0^{\infty} e^{-r^2}\overbrace{r}^{|J|}dr\,d\theta$$

$$=\int_0^{2\pi}d\theta\int_0^{\infty} re^{-r^2}dr = \underbrace{[\theta]_0^{2\pi}}_{2\pi}\underbrace{\left[-\frac{1}{2}e^{-r^2}\right]_0^{\infty}}_{\lim_{p\to\infty}\left[-\frac{1}{2}e^{-r^2}\right]_0^p=\lim_{p\to\infty}\left(-\frac{1}{2}\overbrace{e^{-p^2}}^{0}+\frac{1}{2}\right)}$$

$$=2\pi\cdot\frac{1}{2}=\pi$$ となる。ここで，①は次のように変形できる。

$$\int_{-\infty}^{\infty}\int_{-\infty}^{\infty}\underbrace{e^{-x^2-y^2}}_{e^{-x^2}\cdot e^{-y^2}}dx\,dy=\int_{-\infty}^{\infty}e^{-x^2}dx\underbrace{\int_{-\infty}^{\infty}e^{-y^2}dy}_{\int_{-\infty}^{\infty}e^{-x^2}dx}=\left(\int_{-\infty}^{\infty}e^{-x^2}dx\right)^2$$

← 文字変数はなんでもいい。

以上より，$\left(\int_{-\infty}^{\infty}e^{-x^2}dx\right)^2=\pi \qquad \therefore \int_{-\infty}^{\infty}e^{-x^2}dx=\sqrt{\pi}$ となる。

ここで，$f(x)=e^{-x^2}$ は偶関数より，y 軸に関して対称なグラフとなる。よって，

$$\int_0^{\infty}e^{-x^2}dx=\frac{\sqrt{\pi}}{2} \quad \cdots\cdots(*t_0)$$ が導けるんだね。

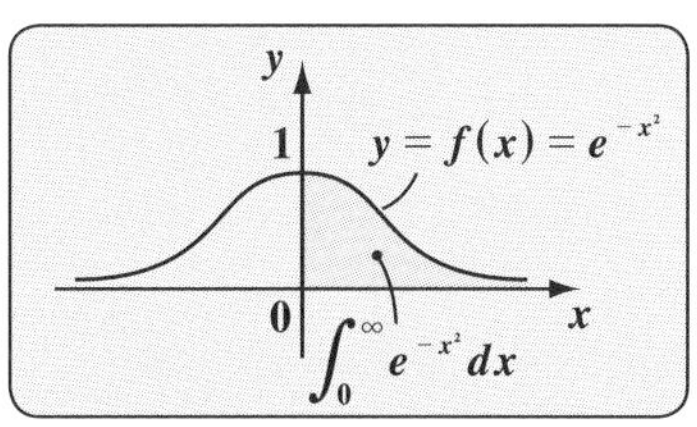

ヤコビアン等，重積分の計算に慣れていない方は，「**微分積分キャンパス・ゼミ**」で予め学習されることを勧める。

ここでさらに，これらの積分公式と漸化式の関係についても解説しておこう。

$$I_0=\int_0^{\infty}e^{-ax^2}dx=\int_0^{\infty}\underbrace{x^0}_{1}\cdot e^{-ax^2}dx=\frac{1}{2}\cdot\sqrt{\frac{\pi}{a}}\quad\cdots\cdots(*t_0)'$$

$$I_2=\int_0^{\infty}x^2e^{-ax^2}dx=\frac{\sqrt{\pi}}{4a^{\frac{3}{2}}}\quad\cdots\cdots(*t_0)''$$

$$I_4=\int_0^{\infty}x^4e^{-ax^2}dx=\frac{3\sqrt{\pi}}{8a^{\frac{5}{2}}}\quad\cdots\cdots(*t_0)'''\quad(a：正の定数)$$

とおくと，この数列 $\{I_{2n}\}$ の一般項 I_{2n} は，← $I_{2n}=a_n$ と考えると，分かりやすいかもしれない。

$I_{2n}=\int_0^{\infty}x^{2n}e^{-ax^2}dx$ ……⓪ $(n=0,\ 1,\ 2\cdots)$ と表せる。よって，ここで，

I_{2n+2} と I_{2n} の関係式，すなわち数列 $\{I_{2n}\}$ の2項間の漸化式を導いてみよう。

$$I_{2n+2}=\int_0^{\infty}x^{2n+2}e^{-ax^2}dx=-\frac{1}{2a}\int_0^{\infty}x^{2n+1}\underbrace{(-2ax)e^{-ax^2}}_{(e^{-ax^2})'}dx$$

$$=-\frac{1}{2a}\int_0^{\infty}x^{2n+1}(e^{-ax^2})'dx$$

部分積分法
$$\int_a^b f\cdot g'dx=[f\cdot g]_a^b-\int_a^b f'\cdot g\,dx$$

$$=-\frac{1}{2a}\left\{\underbrace{\left[x^{2n+1}\cdot e^{-ax^2}\right]_0^{\infty}}_{0}-\int_0^{\infty}(2n+1)\cdot x^{2n}\cdot e^{-ax^2}dx\right\}$$

$$\lim_{p\to\infty}\left[x^{2n+1}e^{-ax^2}\right]_0^p=\lim_{p\to\infty}\frac{p^{2n+1}}{e^{ap^2}}=0$$ ← ロピタルの定理を用いてもよい。

$$=\frac{2n+1}{2a}\underbrace{\int_0^{\infty}x^{2n}e^{-ax^2}dx}_{I_{2n}}=\frac{2n+1}{2a}\cdot I_{2n}$$

以上より，数列 $\{I_{2n}\}$ の漸化式が次のように導けるんだね。

$$I_{2n+2}=\frac{2n+1}{2a}\cdot I_{2n}\quad\cdots\cdots①\quad(n=0,\ 1,\ 2,\ 3\cdots)$$

この①を利用すれば，初項である $I_0=\frac{1}{2}\sqrt{\frac{\pi}{a}}$ ……$(*t_0)'$ さえ与えられていれば，$(t_0)''$ や $(t_0)'''$ の積分公式は次のように簡単に導くことができる。

・$n = 0$ のとき，①より

$$I_2 = \int_0^\infty x^2 e^{-ax^2} dx = \frac{2 \cdot 0 + 1}{2a} I_0 = \frac{1}{2a} \times \frac{1}{2}\sqrt{\frac{\pi}{a}} = \frac{\sqrt{\pi}}{4a^{\frac{3}{2}}} \quad \cdots\cdots (*t_0)''$$ となって

（I_2 の添字 $2 = 2 \times 0 + 2$，$I_0 = \frac{1}{2}\sqrt{\frac{\pi}{a}}$　（$(*t_0)'$ より)）

$(*t_0)''$ の積分公式が導けた。次に，

・$n = 1$ のとき，①より

$$I_4 = \int_0^\infty x^4 e^{-ax^2} dx = \frac{2 \cdot 1 + 1}{2a} \cdot I_2 = \frac{3}{2a} \times \frac{\sqrt{\pi}}{4a^{\frac{3}{2}}} = \frac{3\sqrt{\pi}}{8a^{\frac{5}{2}}} \quad \cdots\cdots (*t_0)'''$$ となって

（I_4 の添字 $4 = 2 \times 1 + 2$，$I_2 = \frac{\sqrt{\pi}}{4a^{\frac{3}{2}}}$　（$(*t_0)''$ より)）

$(*t_0)'''$ の積分公式もアッという間に導けるんだね。

さらに，この操作を続けると，

・$n = 2$ のとき，①より

$$I_6 = \int_0^\infty x^6 e^{-ax^2} dx = \frac{2 \cdot 2 + 1}{2a} \cdot I_4 = \frac{5}{2a} \times \frac{3\sqrt{\pi}}{8a^{\frac{5}{2}}} = \frac{15\sqrt{\pi}}{16a^{\frac{7}{2}}} \quad \cdots\cdots (*)$$ となるし

（$I_4 = \frac{3\sqrt{\pi}}{8a^{\frac{5}{2}}}$　（$(*t_0)'''$ より)）

・$n = 3$ のとき，①より

$$I_8 = \int_0^\infty x^8 e^{-ax^2} dx = \frac{2 \cdot 3 + 1}{2a} \cdot I_6 = \frac{7}{2a} \times \frac{15\sqrt{\pi}}{16a^{\frac{7}{2}}} = \frac{105\sqrt{\pi}}{32a^{\frac{9}{2}}} \quad \cdots\cdots (**)$$ となる。

（$I_6 = \frac{15\sqrt{\pi}}{16a^{\frac{7}{2}}}$　（$(*)$ より)）

このように，次々と積分公式を導くことができるんだね。面白かったでしょう？

物理学でも，特に量子力学では，この漸化式の考え方が利用されることが多いので，ここでシッカリ練習しておこう！

● 二項分布と正規分布の関係も重要だ！

ある試行を1回行って，事象Aの起こる確率をp，起こらない確率を$q(=1-p)$とおく。この試行をn回行って，その内x回だけ事象Aの起こる確率を$P_B(x)$とおくと，

$$P_B(x)={}_nC_x p^x q^{n-x} \quad \cdots\cdots① \quad (x=0,\ 1,\ 2,\ \cdots,\ n)$$

となる。この確率を“**反復試行の確率**”というのは，御存知のはずだ。

ここで，確率変数Xを$X=x$ $(x=0, 1, 2, \cdots, n)$とおくと，確率変数Xは，表1で表される確率分布をとり，これを“**二項分布**”と呼び，$B(n, p)$で表すのも大丈夫だね。

表1　二項分布

確率変数X	0	1	2	$\cdots$	n
確率$P_B(X)$	${}_nC_0 q^n$	${}_nC_1 pq^{n-1}$	${}_nC_2 p^2 q^{n-2}$	$\cdots$	${}_nC_n p^n$

この二項分布$B(n, p)$の平均(期待値)をμ，分散をσ^2とおくと，

$\mu=np$ $\cdots\cdots②$　　$\sigma^2=npq$ $\cdots\cdots③$　となることも，重要公式だから覚えておこう。

ここで，二項分布$B(n, p)$：$P_B(x)={}_nC_x p^x q^{n-x}$ $(x=0,\ 1,\ \cdots,\ n)$は離散型の確率分布だけれど，nを十分に大きくしていくと，近似的にxを連続型の確率変数と考えられるようになり，最終的には“**正規分布**”(*normal distribution*)と呼ばれる連続型の確率密度$f_N(x)$

$$f_N(x)=\frac{1}{\sqrt{2\pi}\sigma}e^{-\frac{(x-\mu)^2}{2\sigma^2}} \quad \cdots\cdots④$$

になることも証明できる。

この正規分布は，平均(期待値)μと分散σ^2が与えられれば決まるので，$N(\mu, \sigma^2)$と表す。

ここで，①は離散型変数xの確率分布なので，たとえば$x=3$を代入して，$P_B(3)={}_nC_3 p^3 q^{n-3}$は，$x=3$となるときの確率を表すのはいいね。これに対して，④は連続型変数xの確率密度なので，xがある値の範囲にあるときの確率しか求まらない。たとえば，xが区間$[x, x+dx]$に入る確率は$f_N(x)\,dx$で与えられるし，xが区間$[a, b]$に入る確率は，$\int_a^b f_N(x)\,dx$と，

積分の形で与えられることに気を付けよう。

それでは，ここでは証明は略すけれど，$n >> 0$ としたとき，$B(n, p)$ から $N(\mu, \sigma^2)$ に変化するプロセスの概略を下に示す。

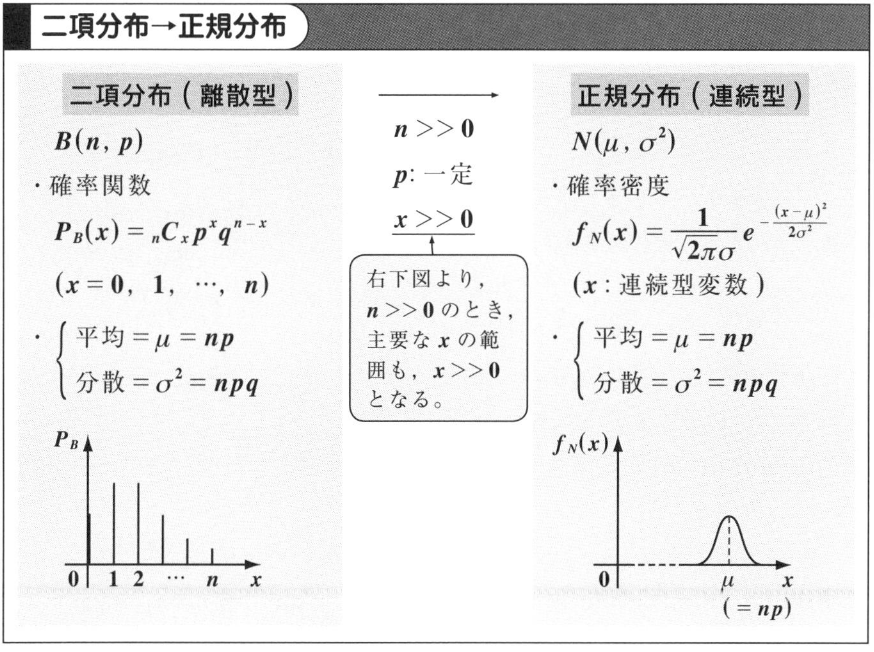

$n >> 0$ のとき，$B(n, p) \rightarrow N(\mu, \sigma^2)$ への変化の証明をお知りになりたい方には，「**確率統計キャンパス・ゼミ**」で学習されることを勧める。

二項分布で，例えば $p = \frac{1}{3}$ と固定して，$n = 5, 10, 50, 100$ と変化させたときのグラフを図 2 に示す。

図 2　二項分布 $B(n, p)$

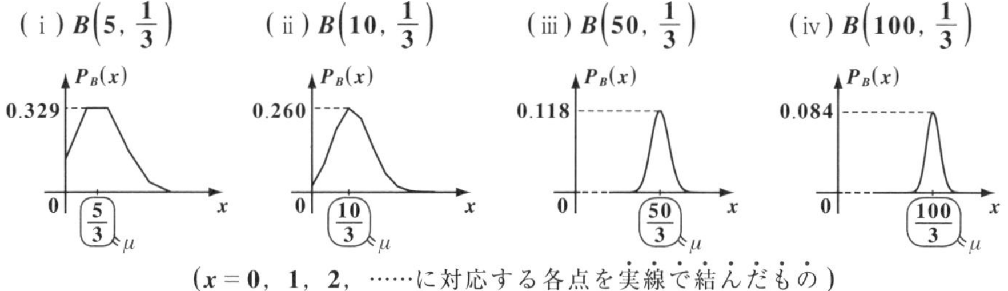

($x = 0, 1, 2, \cdots\cdots$ に対応する各点を実線で結んだもの)

図 **2** から分かるように，$n = 5, 10, 50, 100, \cdots$ と大きくしていくにつれて，キレイなすり鉢型の正規分布の形に近づいていくことが分かるはずだ。熱力学においては，n をアボガドロ数 N_A $(\fallingdotseq 6.02 \times 10^{23})$ 程度まで大きくして考える訳だから，二項分布 $B(n, p)$ は，もうほとんど正規分布 $N(\underset{np}{\mu}, \underset{npq}{\sigma^2})$ になっているとみなしてもいいんだね。

ここで，正規分布について重要なことは，図 **3** に示すように，確率変数 x が平均 μ の前後 $\pm 3\sigma$ に入る，すなわち，x が $[\mu - 3\sigma, \mu + 3\sigma]$ の間に入る確率が，**0.9973** と，ほぼ全確率 **1** に等しくなることなんだ。これは逆に言えば，x が $x < \mu - 3\sigma$ または $\mu + 3\sigma < x$ となる確率はほぼ **0** であると考えていいんだね。

図 **3**　正規分布 $N(\mu, \sigma^2)$

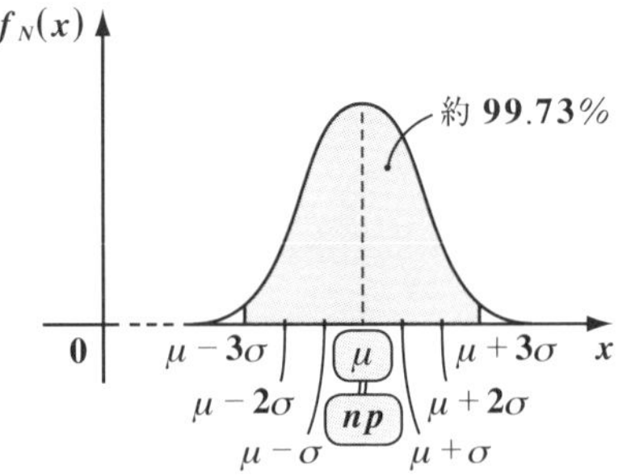

これは，熱力学で，分子や分子速度の存在確率の“**ゆらぎ**”を考える上で非常に重要になるので，シッカリ頭に入れておいてくれ。

● ラグランジュの未定乗数法もマスターしよう！

物理の問題を解く際に，ある制約条件の下で，ある関数の最大値や最小値 (極大値や極小値) を求めなければならない場合が結構ある。こんなときに役に立つのが，“**ラグランジュ (*Lagrange*) の未定乗数法**”なので，この手法は当然マスターしておかなければならない。

ここでは，解説が簡単になるし，また図形的なイメージもとらえやすいので，まず **2** 変数関数についての“**ラグランジュの未定乗数法**”，すなわち，制約条件 $g(x, y) = 0$ のもとで，**2** 変数関数 $z = f(x, y)$ の極値 (最大値または最小値) を求める手法について教えよう。

ラグランジュの未定乗数法

$f(x, y)$, $g(x, y)$ が連続な偏導関数をもつものとする。このとき,
$g(x, y) = 0$ の制約条件の下で,
関数 $z = f(x, y)$ が点 (a, b) で極値をもつならば, $(x, y) = (a, b)$ において,

$$\begin{cases} \dfrac{\partial}{\partial x}\{f(x, y) - \lambda g(x, y)\} = 0 & \cdots\cdots(*1) \\ \dfrac{\partial}{\partial y}\{f(x, y) - \lambda g(x, y)\} = 0 & \cdots\cdots(*2) \end{cases}$$

が成り立つ。

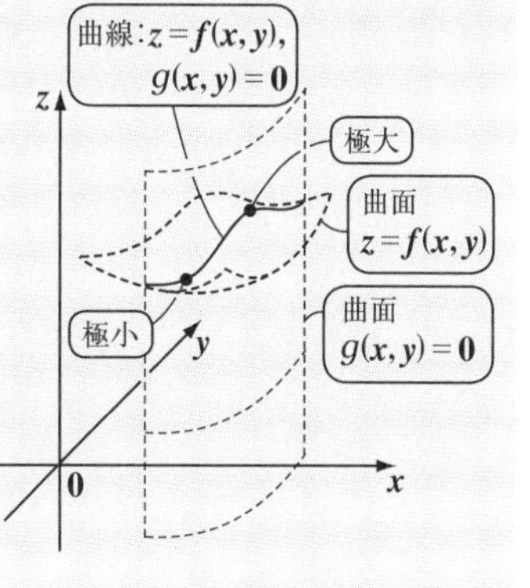

$z = f(x, y)$ は, xyz 座標空間内である曲面を表す。そして, 今回は,「制約条件 $g(x, y) = 0$ の下で, $z = f(x, y)$ の極値を求める問題」と考えてくれたらいい。$g(x, y) = 0$ は, x と y の陰関数で, 図形的には z について何の制約もないので, z 軸に平行なある曲面を表すはずだ。

したがって, 今回の問題は, 図形的には, 2 つの曲面 $z = f(x, y)$ と $g(x, y) = 0$ でできる交線 (曲線) の極値を求める問題ということになるんだね。図 4 のイメージからこの意味が分かると思う。

ところで, 未定乗数って何?って思っているかも知れないね。これは公式の中の λ(ラムダ) のことだ。これから, この意味を詳しく解説しよう。

図 4　ラグランジュの未定乗数法

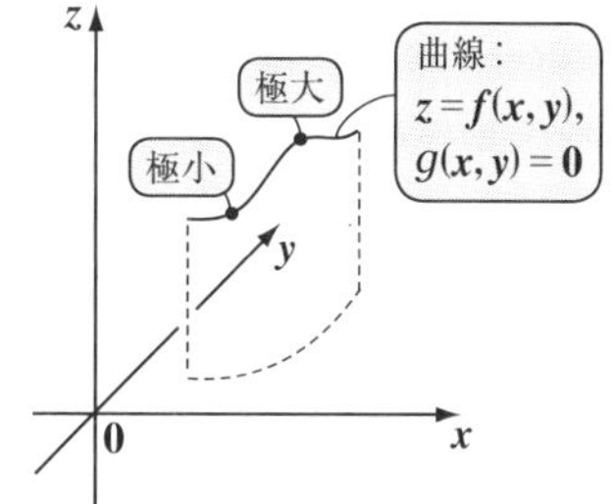

まず, 2 式を並べて下に示す。

$$\begin{cases} z = f(x, y) & \cdots\cdots① \\ g(x, y) = 0 & \cdots\cdots② \end{cases}$$

①の全微分は, $dz = \dfrac{\partial f}{\partial x} \cdot dx + \dfrac{\partial f}{\partial y} \cdot dy$ より,

$$\frac{dz}{dx} = \frac{\partial f}{\partial x} \cdot \underbrace{\frac{dx}{dx}}_{=1} + \frac{\partial f}{\partial y} \cdot \frac{dy}{dx}$$

← $\dfrac{dz}{dx}$ を求めるため, 両辺を見かけ上 dx で割ったもの

$$\therefore \frac{dz}{dx} = \frac{\partial f}{\partial x} + \frac{\partial f}{\partial y} \cdot \frac{dy}{dx} \quad \cdots\cdots ③$$ となる。

z は，②があるので，実質的に x の 1 変数関数だ。

$$\begin{cases} z = f(x, y) & \cdots\cdots ① \\ g(x, y) = 0 & \cdots\cdots ② \end{cases}$$

次に，②も同様に変形すると，

$$\frac{\partial g}{\partial x} + \frac{\partial g}{\partial y} \cdot \frac{dy}{dx} = 0 \quad \cdots\cdots ④$$ となる。

$z = g(x, y)$ とおくと，$z = g(x, y) = 0$ と，これは恒等的に 0。よって，その全微分 $dz = \frac{\partial g}{\partial x} \cdot dx + \frac{\partial g}{\partial y} \cdot dy = 0$ となる。これから，④が導ける。

④より，$\frac{dy}{dx} = -\frac{\frac{\partial g}{\partial x}}{\frac{\partial g}{\partial y}} \quad \cdots\cdots ④'$ 　よって，④´を③に代入して，

$$\frac{dz}{dx} = \frac{\partial f}{\partial x} - \frac{\partial f}{\partial y} \cdot \frac{\frac{\partial g}{\partial x}}{\frac{\partial g}{\partial y}} = \frac{\partial f}{\partial x} - \frac{\frac{\partial f}{\partial y} \cdot \frac{\partial g}{\partial x}}{\frac{\partial g}{\partial y}} \quad \cdots\cdots ⑤$$ となる。

ここで，$(x, y) = (a, b)$ の点で，この①と②で与えられる曲線が極値をもつとすると，当然 $\frac{dz}{dx} = 0$ となるので，⑤より，

$$\frac{\partial f}{\partial x} - \frac{\frac{\partial f}{\partial y} \cdot \frac{\partial g}{\partial x}}{\frac{\partial g}{\partial y}} = 0$$ となる。これをまとめて，

$\frac{\partial f}{\partial x} = \frac{\frac{\partial f}{\partial y} \cdot \frac{\partial g}{\partial x}}{\frac{\partial g}{\partial y}}$ より，$\frac{\frac{\partial f}{\partial x}}{\frac{\partial g}{\partial x}} = \frac{\frac{\partial f}{\partial y}}{\frac{\partial g}{\partial y}} \quad \cdots\cdots ⑥$ となる。

ここで，⑥ $= \lambda$（定数）とおくと，

$$\frac{\partial f}{\partial x} = \lambda \frac{\partial g}{\partial x} \quad \cdots\cdots ⑥' \qquad \frac{\partial f}{\partial y} = \lambda \frac{\partial g}{\partial y} \quad \cdots\cdots ⑥''$$

⑥の（左辺）$= \lambda$ より　　⑥の（右辺）$= \lambda$ より

⑥′より，$\frac{\partial f}{\partial x}-\lambda\frac{\partial g}{\partial x}=0$　　$\therefore\frac{\partial}{\partial x}\{f(x,\ y)-\lambda g(x,\ y)\}=0$ ……(＊1)

⑥″より，$\frac{\partial f}{\partial y}-\lambda\frac{\partial g}{\partial y}=0$　　$\therefore\frac{\partial}{\partial y}\{f(x,\ y)-\lambda g(x,\ y)\}=0$ ……(＊2)

以上より，①，②で表される曲線が，点$(a,\ b)$で極値をもつとき，$(x,\ y)=(a,\ b)$において，

$$\begin{cases}\frac{\partial}{\partial x}\{f(x,\ y)-\lambda g(x,\ y)\}=0 \quad\cdots\cdots(*1)\quad\text{かつ}\\ \frac{\partial}{\partial y}\{f(x,\ y)-\lambda g(x,\ y)\}=0 \quad\cdots\cdots(*2)\end{cases}$$
が成り立つことが分かった。

以上より，制約条件$g(x,\ y)=0$の下で，$z=f(x,\ y)$の極値を求めたかったならば，何か定数(ここでは未定でかまわない)λを用いて，新たな関数$h(x,\ y)=f(x,\ y)\underline{+\lambda}g(x,\ y)$　を作り，

これは，$+\lambda$でもかまわない。⑥$=-\lambda$(定数)とおけば当然導けるからね。

これを，xとyそれぞれで偏微分して，

$\frac{\partial h}{\partial x}=0$ ……(＊1)′　かつ，$\frac{\partial h}{\partial y}=0$ ……(＊2)′

これは，定数λの符号が違うだけで，(＊1)，(＊2)と本質的に同じもの。

とおき，さらに，$g(x,\ y)=0$も連立させて，極値を取り得る点$(a,\ b)$の座標を求めればいい。

これが“**ラグランジュの未定乗数法**”の解法なんだね。ここで，注意点を1つ言っておこう。上記のようにして，点$(a,\ b)$の座標を求めたとしても，この点で常に$z=f(x,\ y)$ …①と$g(x,\ y)=0$ …②で表される曲線が極値(極大値または極小値)をもつとは限らない。つまり，数学的には，点$(a,\ b)$において，この曲線は極値をもつ可能性があるとしか言えないんだね。しかし，物理的には，極値というよりも，与えられた制約条件$g(x,\ y)=0$の下で，関数$z=f(x,\ y)$が予め最大値(または最小値)を取ることが分かっていることが多い。だから，ラグランジュの未定乗数法を使うことにより，最大値(または最小値)をとるときの点$(a,\ b)$の座標を求めることができるんだね。納得いった？

それではここで，単純な2変数関数のラグランジュの未定乗数法を離れて，この後の気体分子の速度分布を求める際に出てくる多変数関数についてのラグランジュの未定乗数法の利用法を具体的に紹介しておこう。

x_1，x_2，…，x_n の n 個の独立変数をもつ n 変数関数

$z = f(x_1, x_2, \cdots, x_n)$ ……① が，

2つの制約条件

$$\begin{cases} g_1(x_1, x_2, \cdots, x_n) = 0 & \cdots\cdots ② \\ g_2(x_1, x_2, \cdots, x_n) = 0 & \cdots\cdots ③ \end{cases}$$ の下で，

ある点で物理的に考えて，最大となることが分かっている。

これを点の座標とみる。

このとき，$z = f(x_1, x_2, \cdots, x_n)$ を最大にする $(x_1, x_2, \cdots, x_n)$ の値の組を求めるために，ラグランジュの未定乗数法を利用しよう。

まず，①，②，③から，新たな関数 h を次のように作る。

$$h = f + \alpha g_1 + \beta g_2 \quad \cdots\cdots ④$$

$h = h(x_1, x_2, \cdots, x_n)$ と，h も f，g_1，g_2 同様に n 変数関数だ。

この未定乗数 α，β は，それぞれ $-\alpha$，$-\beta$ や，$2\alpha - 1$，$\beta - 3$ など…なんでもかまわない。後で決定すればいいだけだからね。

そして，④を n 個の独立変数 x_1，x_2，…，x_n でそれぞれ偏微分したものを0とおいて，n 個の方程式を作る。

$$\frac{\partial h}{\partial x_1} = 0, \quad \frac{\partial h}{\partial x_2} = 0, \quad \cdots\cdots, \quad \frac{\partial h}{\partial x_n} = 0$$

これらの方程式は，まとめて $\frac{\partial h}{\partial x_i} = 0$ $(i = 1, 2, \cdots, n)$ と表してもいい。

これらの方程式と②，③を連立させて，x_1，x_2，…，x_n の値と未定乗数 α，β の値を求めればいいんだね。

数学的には，ラグランジュの未定乗数法で求まる x_1，x_2，…，x_n の値は，あくまでも②と③の制約条件の下で，$z = f(x_1, x_2, \cdots, x_n)$ が極値をとる可能性のある点 $(x_1, x_2, \cdots, x_n)$ を求めているに過ぎない。だけど，物理的に極大かつ最大となる点が存在することが分かっていれば，その点で①が最大になると考えることができるんだね。この解法の流れや考え方は非常に重要だから，次の例題でシッカリ練習しておこう。

例題 **31**　次の最小値や最大値の問題を，ラグランジュの未定乗数法を用いて解いてみよう。

(1) $g(x_1,\ x_2) = 2x_1 - x_2 + 1 = 0$ の制約条件の下，
$f(x_1,\ x_2) = -x_1{}^2 + x_2{}^2$ の最小値を求めよ。

(2) $g(x_1,\ x_2,\ x_3) = x_1{}^2 + x_2{}^2 + x_3{}^2 - \dfrac{3}{2} = 0 \quad (x_1 > 0,\ x_2 > 0,\ x_3 > 0)$
の制約条件の下，$f(x_1,\ x_2,\ x_3) = x_1 + 2x_2 + x_3$ の最大値を求めよ。

(1) $g(x_1,\ x_2) = 2x_1 - x_2 + 1 = 0$ ……① の条件の下，
$f(x_1,\ x_2) = -x_1{}^2 + x_2{}^2$ ……② の最小値をラグランジュの未定乗数法を用いて求める。①，②と未定乗数 α を用いて新たな関数 $h(x_1,\ x_2)$ を次のように定義する。

$h(x_1,\ x_2) = -x_1{}^2 + x_2{}^2 + \alpha(2x_1 - x_2 + 1)$ ……③

③を x_1 と x_2 で偏微分して，0 とおくと，

$h_{x_1} = \dfrac{\partial h}{\partial x_1} = -2x_1 + 2\alpha = 0 \quad \therefore x_1 = \alpha$ ……④

$h_{x_2} = \dfrac{\partial h}{\partial x_2} = 2x_2 - \alpha = 0 \quad \therefore x_2 = \dfrac{\alpha}{2}$ ………⑤

$g(x_1,\ x_2) = 0$ のとき，$f(x_1,\ x_2)$ の最小値は，$h = f + \alpha g$ とおいて $h_{x_1} = 0$，$h_{x_2} = 0$ と $g = 0$（条件式）から求める。

④，⑤を①に代入して，

$2 \cdot \alpha - \dfrac{\alpha}{2} + 1 = 0,\quad \dfrac{3}{2}\alpha = -1 \quad \therefore \alpha = -\dfrac{2}{3}$

これを，④，⑤に代入して，$x_1 = -\dfrac{2}{3}$，$x_2 = -\dfrac{1}{3}$

このとき，$f(x_1,\ x_2)$ は最小値をとるので，②より，

最小値 $f(x_1,\ x_2) = f\left(-\dfrac{2}{3},\ -\dfrac{1}{3}\right) = -\left(-\dfrac{2}{3}\right)^2 + \left(-\dfrac{1}{3}\right)^2 = -\dfrac{4}{9} + \dfrac{1}{9} = -\dfrac{1}{3}$

となる。

もちろんこれは，①より，$x_2 = 2x_1 + 1$ となるので，これを②に代入すれば，$f(x_1,\ x_2) = -x_1{}^2 + (2x_1 + 1)^2 = 3x_1{}^2 + 4x_1 + 1$ となって，x_1 の 2 次関数（下に凸の放物線）となるので，これから，最小値を求めても，同じ結果になる。

(2) $g(x_1, x_2, x_3) = x_1{}^2 + x_2{}^2 + x_3{}^2 - \frac{3}{2} = 0$ ……⑥ $(x_1 > 0,\ x_2 > 0,\ x_3 > 0)$

の条件の下，$f(x_1, x_2, x_3) = x_1 + 2x_2 + x_3$ ……⑦ の最大値をラグランジュの未定乗数法を用いて求める。新たな関数 $h(x_1, x_2, x_3)$ を次のように定義する。

$$h(x_1, x_2, x_3) = f(x_1, x_2, x_3) - \alpha g(x_1, x_2, x_3)$$

$$= x_1 + 2x_2 + x_3 - \alpha\left(x_1{}^2 + x_2{}^2 + x_3{}^2 - \frac{3}{2}\right) \cdots ⑧ \ (\alpha：未定乗数)$$

（$f+\alpha g$ とするよりも，$f-\alpha g$ とおいた方が，後の計算で都合がいいんだね。）

⑧を x_1, x_2, x_3 で偏微分して，$\mathbf{0}$ とおくと，

$h_{x_1} = \frac{\partial h}{\partial x_1} = 1 - 2\alpha x_1 = 0$ より，$x_1 = \frac{1}{2\alpha}$ ……⑨

$h_{x_2} = \frac{\partial h}{\partial x_2} = 2 - 2\alpha x_2 = 0$ より，$x_2 = \frac{1}{\alpha}$ ………⑩

$h_{x_3} = \frac{\partial h}{\partial x_3} = 1 - 2\alpha x_3 = 0$ より，$x_3 = \frac{1}{2\alpha}$ ……⑪

$(x_1 > 0,\ x_2 > 0,\ x_3 > 0$ より，$\alpha > 0)$

⑨，⑩，⑪を⑥に代入して，

$\left(\frac{1}{2\alpha}\right)^2 + \left(\frac{1}{\alpha}\right)^2 + \left(\frac{1}{2\alpha}\right)^2 - \frac{3}{2} = 0$ より，

$\frac{1}{4\alpha^2} + \frac{1}{\alpha^2} + \frac{1}{4\alpha^2} = \frac{3}{2}$　$\frac{6}{4\alpha^2} = \frac{3}{2}$　$\alpha^2 = \frac{6}{4} \times \frac{2}{3} = 1$

ここで，$\alpha > 0$ より，$\alpha = 1$

よって，⑨，⑩，⑪より，

$x_1 = \frac{1}{2}$ ……⑨′　$x_2 = 1$ ……⑩′　$x_3 = \frac{1}{2}$ ……⑪′　となる。

このとき，$f(x_1, x_2, x_3)$ は最大値となる。よって，

最大値 $f(x_1, x_2, x_3) = f\left(\frac{1}{2},\ 1,\ \frac{1}{2}\right)$

$= \frac{1}{2} + 2 \times 1 + \frac{1}{2} = 3$　となるんだね。

では，もう少し複雑なラグランジュの未定乗数法の問題にもチャレンジしてみよう。

例題 32 $\begin{cases} g_1(x_1, x_2) = 2x_1^2 + x_2^2 - 11 = 0 & \cdots① \\ g_2(x_3, x_4) = x_3^2 + 2x_4^2 - \dfrac{11}{4} = 0 & \cdots② \end{cases}$ $(x_1 > 0, x_2 > 0, x_3 > 0, x_4 > 0)$

の制約条件の下，

$f(x_1, x_2, x_3, x_4) = 2x_1 + 3x_2 + 2x_3 + 6x_4$ ……③の最大値と，そのときの x_1, x_2, x_3, x_4の値を，ラグランジュの未定乗数法を用いて求めよ。

2つの制約条件の式 $\begin{cases} g_1(x_1, x_2) = 2x_1^2 + x_2^2 - 11 = 0 & \cdots① \\ g_2(x_3, x_4) = x_3^2 + 2x_4^2 - \dfrac{11}{4} = 0 & \cdots② \end{cases}$ $(x_k > 0, k = 1, 2, 3, 4)$

の下で，$f(x_1, x_2, x_3, x_4) = 2x_1 + 3x_2 + 2x_3 + 6x_4$ ……③の最大値をラグランジュの未定乗数法を使って求める。 問題文に従って，最大値とした。

ここで，2つの未定乗数α，βを用いて新たな関数$h(x_1, x_2, x_3, x_4)$を次のように定義する。

$$h(x_1, x_2, x_3, x_4) = f(x_1, x_2, x_3, x_4) - \alpha g_1(x_1, x_2) - \beta g_2(x_3, x_4)$$

$h=f+\alpha g_1+\beta g_2$とするよりも，$h=f-\alpha g_1-\beta g_2$とおいた方が計算がスッキリする。

$$= 2x_1 + 3x_2 + 2x_3 + 6x_4 - \alpha(2x_1^2 + x_2^2 - 11) - \beta\left(x_3^2 + 2x_4^2 - \frac{11}{4}\right) \quad \cdots\cdots④$$

ここで，④を4つの変数x_1, x_2, x_3, x_4のそれぞれで偏微分して0とおくと，

$$h_{x_1} = 2 - \alpha\cdot 4x_1 = 0 \qquad \therefore x_1 = \frac{2}{4\alpha} = \frac{1}{2\alpha} \quad \cdots\cdots⑤$$

$$h_{x_2} = 3 - \alpha\cdot 2x_2 = 0 \qquad \therefore x_2 = \frac{3}{2\alpha} \quad \cdots\cdots\cdots\cdots⑥$$

$$h_{x_3} = 2 - \beta\cdot 2x_3 = 0 \qquad \therefore x_3 = \frac{2}{2\beta} = \frac{1}{\beta} \quad \cdots\cdots\cdots⑦$$

$$h_{x_4} = 6 - \beta\cdot 4x_4 = 0 \qquad \therefore x_4 = \frac{6}{4\beta} = \frac{3}{2\beta} \quad \cdots\cdots⑧$$

ここで，$x_1 > 0$, $x_2 > 0$, $x_3 > 0$, $x_4 > 0$より，⑤，⑥，⑦，⑧から未定乗数αとβは共に$\alpha > 0$, $\beta > 0$である。よって，⑤，⑥を①に代入し，⑦，⑧を②に代入して，αとβの値を求めると，

(i) $g_1\left(\frac{1}{2\alpha},\ \frac{3}{2\alpha}\right) = 2\left(\frac{1}{2\alpha}\right)^2 + \left(\frac{3}{2\alpha}\right)^2 - 11 = 0$ より，

$$\frac{2}{4\alpha^2} + \frac{9}{4\alpha^2} - 11 = 0,\quad \frac{11}{4\alpha^2} = 11,\quad \alpha^2 = \frac{1}{4}$$

ここで，$\alpha > 0$ より，$\alpha = \sqrt{\frac{1}{4}} = \frac{1}{2}$ ……⑨

$$\begin{cases} g_1(x_1,\ x_2) = 2x_1^2 + x_2^2 - 11 = 0 \cdots\cdots① \\ g_2(x_3,\ x_4) = x_3^2 + 2x_4^2 - \frac{11}{4} = 0 \cdots② \end{cases}$$

$x_1 = \frac{1}{2\alpha}$ ……⑤　$x_2 = \frac{3}{2\alpha}$ ……⑥

$x_3 = \frac{1}{\beta}$ ……⑦　$x_4 = \frac{3}{2\beta}$ ……⑧

(ii) $g_2\left(\frac{1}{\beta},\ \frac{3}{2\beta}\right) = \left(\frac{1}{\beta}\right)^2 + 2\cdot\left(\frac{3}{2\beta}\right)^2 - \frac{11}{4} = 0$ より，

$$\frac{1}{\beta^2} + \frac{9}{2\beta^2} - \frac{11}{4} = 0,\quad \frac{11}{2\beta^2} = \frac{11}{4},\quad \beta^2 = 2$$

ここで，$\beta > 0$ より，$\beta = \sqrt{2}$ ……⑩

⑨を⑤，⑥に，⑩を⑦，⑧に代入して，

$x_1 = \frac{1}{2\times\frac{1}{2}} = 1$ ……⑤´，$x_2 = \frac{3}{2\times\frac{1}{2}} = 3$ ………⑥´

$x_3 = \frac{1}{\sqrt{2}} = \frac{\sqrt{2}}{2}$ ……⑦´，$x_4 = \frac{3}{2\sqrt{2}} = \frac{3\sqrt{2}}{4}$ ……⑧´　となる。

以上，⑤´，⑥´，⑦´，⑧´を $f(x_1,\ x_2,\ x_3,\ x_4) = 2x_1 + 3x_2 + 2x_3 + 6x_4$ に代入すると，

$$f\left(1,\ 3,\ \frac{1}{\sqrt{2}},\ \frac{3}{2\sqrt{2}}\right) = \underbrace{2\cdot 1 + 3\cdot 3}_{2+9=11} + \underbrace{2\cdot\frac{1}{\sqrt{2}} + 6\cdot\frac{3}{2\sqrt{2}}}_{\sqrt{2}+\frac{9}{\sqrt{2}}=\frac{2+9}{\sqrt{2}}=\frac{11}{\sqrt{2}}=\frac{11\sqrt{2}}{2}}$$

$= 11 + \frac{11\sqrt{2}}{2} = \frac{11\cdot(2+\sqrt{2})}{2}$ となる。

以上より，制約条件：$g_1(x_1,\ x_2) = 0$ …①，$g_2(x_3,\ x_4) = 0$ …②　($x_k > 0$，$k = 1,\ 2,\ 3,\ 4$) の下で，$f(x_1,\ x_2,\ x_3,\ x_4)$ は，$x_1 = 1$，$x_2 = 3$，$x_3 = \frac{\sqrt{2}}{2}$，$x_4 = \frac{3\sqrt{2}}{4}$ のとき，

最大値 $\frac{11\cdot(2+\sqrt{2})}{2}$ をとることが分かったんだね。大丈夫だった？

これで，ラグランジュの未定乗数法の計算にもずい分慣れたでしょう？

● $S = k\log W(\overline{N_1}, \overline{N_2}, \cdots)$ のプロローグ

では，この節の最後に情報量について，簡単な例を示そう。見かけ上見分けのつかない **1** 個の宝石と **127** 個のガラス玉が混ぜ合わされて，どれが宝石か？分からない状態になっていたとしよう。しかし，宝石の密度はガラス玉の密度より明らかに大きいものとする。このとき，天秤を利用して，**128** 個の中の **1** 個の宝石をどのように抽出するか？考えてごらん。……

そう…，**2** 個ずつ調べていたんでは無駄が多いから，まず，**128** 個を **2** 等分して，**64** 個ずつに分け，これを天秤にかけて，軽い方の **64** 個を捨て，重い方の **64** 個を残す。さらに，これを **32** 個ずつに分けて，天秤にかけ，重い方の **32** 個を残す。…　この手法を繰り返すと，

$$128 \longrightarrow 64 \longrightarrow 32 \longrightarrow 16 \longrightarrow 8 \longrightarrow 4 \longrightarrow 2 \longrightarrow \underline{1}$$

（宝石の抽出 !!）

となって，**7** 回の試行で，無事に **1** 個の宝石を抽出することができるんだね。よって，この **128** 個を (状態の場合の数)，これから **1** 個を抽出するのに必要な **7** 回の試行を (情報量) と考えると，これは数学的には，次のように底 **2** の対数関数を利用して，

$\log_2 \underline{128} = \log_2 2^7 = \underline{7}$ と表すことができる。

（状態の場合の数）（情報量）

このように，(情報量) = **log** (状態の場合の数) という基本を押さえておこう。

熱力学と統計力学の創始者であるボルツマン (***Boltzmann***) の墓標には，

$S = k\log W(\overline{N_1}, \overline{N_2}, \cdots)$ ……(＊)　が刻まれているという。

当然 S は，"**エントロピー**"，k は "**ボルツマン定数**" を表す。そして，W は "**マクロには区別できないがミクロにみて異なる状態の場合の数**" を表している。この W については，まだピンとこなくてかまわない。これから詳しく解説していく訳だからね。

しかし，(＊) から，エントロピー S が，情報量と関係した量であるということを頭に入れておくと，この後の解説が分かりやすいと思う。

以上で，"**マクスウェルの速度分布則**" や "**ボルツマンの原理**" (＊) を本格的に解説するための準備が整ったんだね。自信がない人は，もう **1** 度この節を読み返して，次回の講義に臨むといいよ。

§2. マクスウェルの速度分布則

準備も整ったので，いよいよ気体分子を確率統計的に調べて，“**気体分子の分布**”，および気体分子の速度分布，すなわち“**マクスウェルの速度分布則**”について，詳しく解説しよう。かなりレベルは高くなるけれど，これを理解するための基礎知識は，前節の講義で既に教えているから，無理なくマスターできると思う。期待していいよ。

さらに，エントロピーを統計的に定義した“**ボルツマンの原理**”
$S = k\log W(\overline{N_1},\ \overline{N_2},\ \cdots)$ と，これまでに教えたエントロピーの定義
$dS = \dfrac{d'Q}{T}$ との間の関係についても丁寧に解説するつもりだ。

これで“熱力学”の最終講義になるけれど，最後まで分かりやすく教えるから，シッカリ勉強しよう。

● 気体分子の分布について調べよう！

日頃の経験から，ボク達は気体をある容器の中に入れたとき，気体分子は一様に広がって分布することを知っている。このことを，確率統計学的に調べてみよう。

図1 気体分子の分布

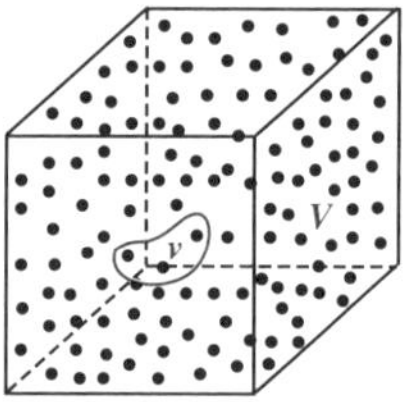

図**1**に示すように，体積Vの容器の中にN個の気体分子を入れて，容器内に体積

たとえば，**1**モルの気体であれば，$N = N_A$(アボガドロ数)$\fallingdotseq 6.02\times 10^{23}$だね。
このように，Nは巨大な数字であることに気を付けよう。

vの小部分を考えることにしよう。気体分子は完全に自由に運動していると考えていいので，ある瞬間をとったとき，**1**つの気体分子が，この小部分の中に存在する確率pは，

$p = \dfrac{v}{V}$ ……① であり，

この小部分の中に存在しない確率を q とおくと，

$q=1-p=1-\dfrac{v}{V}$ ……② となるのはいいね。

よって，N 個の分子の内 N_1 個のみが，この体積 v の小部分に存在する確率を $P_B(N_1)$ とおくと，"反復試行の確率" より，

$$P_B(N_1)={}_N\mathrm{C}_{N_1}p^{N_1}q^{N-N_1}=\frac{N!}{N_1!(N-N_1)!}p^{N_1}q^{N-N_1} \quad \cdots\cdots ③$$

となる。これは確率変数 N_1 $(=0,\ 1,\ 2,\ \cdots,\ N)$ の確率分布と見れば，二項分布に他ならない。であれば，図 2 に示すように，この分布の平均 μ と分散 σ^2 は，

$$\begin{cases}\mu=Np\\ \sigma^2=Npq\end{cases}$$ となり，

図 2　二項分布 $P_B(N_1)$

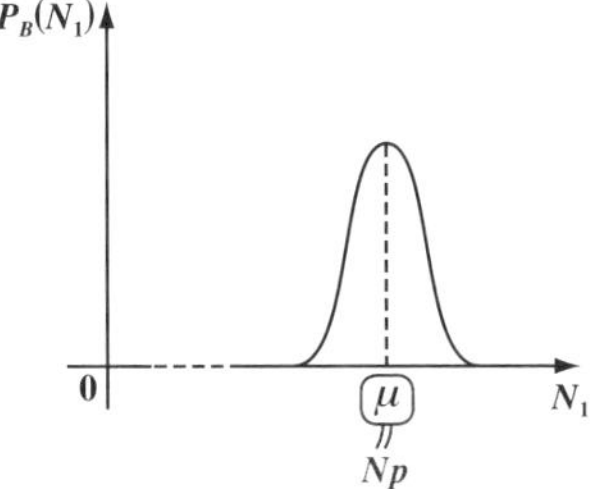

$N_1=\mu$ のとき，確率 $P_B(N_1)$ は最大値（ピーク）をとることがスグに分かる。

しかし，ここではいい練習になるので，③の式から，$P_B(N_1)$ の最大値をとる N_1 の値を $\overline{N_1}$ とおき，$\overline{N_1}=\mu=Np$ となることを，微分計算から導いてみようと思う。前節で勉強した数学力の腕の見せ所だ！　頑張ろう！

まず，計算をしやすくするために，③の両辺は正（真数条件）なので，③の両辺の自然対数をとって，$g(N_1)$ とおくことにする。つまり，

$$g(N_1)=\log P_B(N_1)=\log\frac{N!}{N_1!(N-N_1)!}p^{N_1}q^{N-N_1}$$
$$=\log N!-\log N_1!-\log(N-N_1)!+N_1\log p+(N-N_1)\log q \quad \cdots\cdots ④$$

だね。

ここで，変数 N_1 は離散型の変数ではあるけれど，定数 N と同様に十分に大きな数，すなわち $N_1>>0$ より，

微分公式：$(\log N!)'=\log N$ ……$(*s_0)'$ を使って，（この公式の N は，④の定数の N とは異なる，変数の N だ！）

$(\log N_1!)'=\log N_1$ となる。

$$g(N_1) = \underset{\text{定数}}{\log N!} - \log N_1! - \log(\underset{\text{定数}}{N} - N_1)! + N_1 \log \underset{\text{定数}}{p} + (N - N_1)\log \underset{\text{定数}}{q} \quad \cdots\cdots ④$$

を N_1 で微分すると，

合成関数の微分

$$g'(N_1) = -\log N_1 - (-1)\log(N - N_1) + \log p - \log q = \log \frac{p(N - N_1)}{qN_1}$$

となる。ここで，$g'(N_1) = 0$ のとき，$g(N_1) = \log P_B(N_1)$，すなわち $P_B(N_1)$

対数関数は単調増加関数なので，$\log P_B(N_1)$ が最大のとき $P_B(N_1)$ も最大となる。

は極大値 (最大値) をとる。よって，このときの N_1 の値を $\overline{N_1}$ とおくと，

$$g'(\overline{N_1}) = \log \underbrace{\frac{p(N - \overline{N_1})}{q\overline{N_1}}}_{1} = 0$$

よって，$\dfrac{p(N - \overline{N_1})}{q\overline{N_1}} = 1 \qquad pN - p\overline{N_1} = q\overline{N_1} \qquad \underbrace{(p + q)}_{1}\overline{N_1} = Np$

$\therefore \overline{N_1} = \mu = Np$　が導かれるんだね。

結果は，最初から分かってはいたんだけれど，この解答を得るまでのプロセスを練習しておくことが，この後に活きてくるんだよ。

ここで，容器内の体積 v の小部分に存在する粒子の個数の平均が，$\overline{N_1} = Np$ であることが分かり，確率的には，$\overline{N_1}$ となる確率が最も高いことが示せたんだね。しかし，気体分子は絶え間なく運動し続けているわけだから，この小部分に存在する気体分子の個数も，平均 $\overline{N_1}$ の前後でゆらいでいるはずだ。このゆらぎの幅を平均 $\overline{N_1}$ の前後 $\pm 3\sigma$ 分とれば，$N >> 0$ より，この確率分布は正規分布 $N(\mu, \sigma^2)$ とみなせるので，この 6σ の範囲に分子が存在する確率は 99.73% と，ほぼ全確率 $1(=100\%)$ になる。よって，この 6σ をゆらぎの幅とすると，$\sigma^2 = Npq$ より，

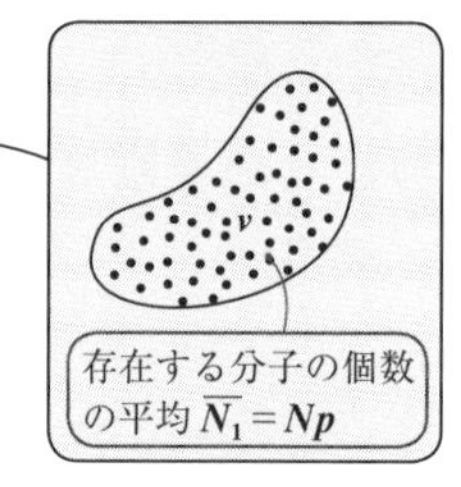

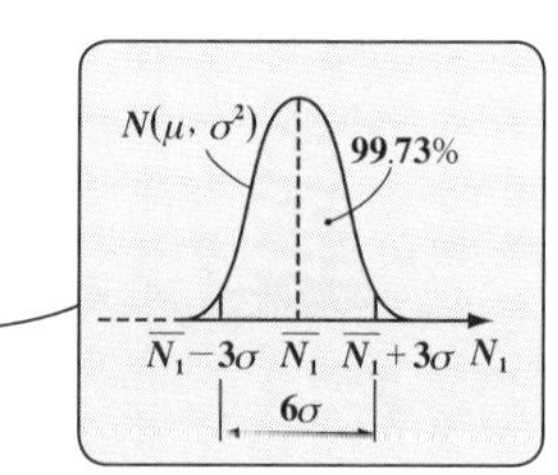

$6\sigma = 6\sqrt{Npq}$　となるね。このゆらぎが，小部分に存在する分子の平均の存在個数 $\overline{N_1} = Np$ に対して，どの程度になるのか，その度合(比)を調べてみよう。

すると，$\frac{6\sigma}{\overline{N_1}} = \frac{6\sqrt{Npq}}{Np} = 6\sqrt{\frac{q}{Np}}$ ……⑤　となるんだね。

ここで，全体の気体を 1 モルとすると，N はアボガドロ数 $N_A(\fallingdotseq 6.02\times 10^{23})$ と等しくなる。よって，

（i）$p = \frac{v}{V} = 0.01$ のとき，$q = 0.99$ より，⑤のゆらぎの度合いは，

$\frac{6\sigma}{\overline{N_1}} = 6\sqrt{\frac{0.99}{6.02\times 10^{23}\times 0.01}} \fallingdotseq 7.69\times 10^{-11}$　となり，また，

（ii）$p = \frac{v}{V} = 0.0001$ のとき，$q = 0.9999$ より，⑤のゆらぎの度合いは，

$\frac{6\sigma}{\overline{N_1}} = 6\sqrt{\frac{0.9999}{6.02\times 10^{23}\times 0.0001}} \fallingdotseq 7.73\times 10^{-10}$　と，極めて微小であることが分かるね。

このように，マクロ的に見て小さな体積 v の小部分をとった場合，この小部分に存在する気体分子の個数はほぼ $\overline{N_1} = Np$ に等しく，ゆらぎはほとんどないことが分かったんだね。

したがって，気体分子の確率分布として，正規分布 $N(\mu,\ \sigma^2)$ をすり鉢型のなだらかな曲線として描いてきたけれど，実際の分布はもちろん，N_1 軸方向の縮尺率にもよるけれど，$N_1 = \overline{N_1}$ $(=\mu = Np)$ のところのみパルスのように尖った分布となることが分かったんだね。

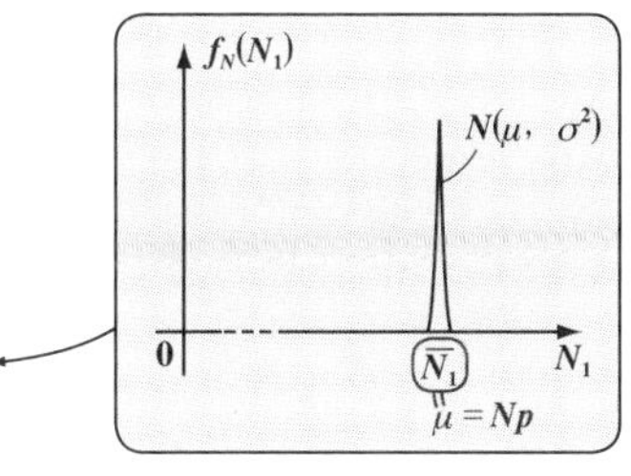

しかし，v をミクロのレベルまで小さくして，たとえば，$p = \frac{v}{V} = 10^{-23}$ のようにした場合，$q \fallingdotseq 1$ より，ゆらぎの度合は，

$\frac{6\sigma}{\overline{N_1}} = 6\sqrt{\frac{1}{6.02\times 10^{23}\times 10^{-23}}} \fallingdotseq 2.445$　となって，大きなゆらぎが存在することになる。したがって，このようなミクロな大きさの粒子が存在したとすると，これに対して，分子が絶え間なく前後，左右，上下から衝突してくることになり，酔っぱらいの千鳥足のようにランダムな動きをすることになる。このような現象を **"ブラウン運動"** と呼ぶ。そして，このブラウン運動が分子や原子の存在を示す実験的な証拠の 1 つとなったんだ。

● 気体分子の速度分布について考えよう！

さァ，これからメインテーマである気体分子の速度分布の解説に入ろう。図**3**に示すように，**1**辺の長さがlの立方体の容器にN個の気体分子が入っている

（**1**モルの気体なら，$N=N_A$(アボガドロ数)）

ものとしよう。この膨大な数(N個)の気体分子に**1**からNまで番号を付けて，i番目の気体分子の速度を$\boldsymbol{v}_i$とおくと，

$$\boldsymbol{v}_i=[v_{xi},\ v_{yi},\ v_{zi}]$$
$$(i=1,\ 2,\ \cdots,\ N)$$
となる。

したがって，v_x，v_y，v_zを座標軸にもつ図**4**のような分子速度の**3**次元の座標空間を作ると，各気体分子の速度$\boldsymbol{v}_1$，$\boldsymbol{v}_2$，…，$\boldsymbol{v}_N$は，この座標空間内の点として表すことができるので，これを代表点と呼ぶことにしよう。そして，図**4**には$\boldsymbol{v}_i$の代表点を特に赤で示した。

図**3** 気体分子の速度

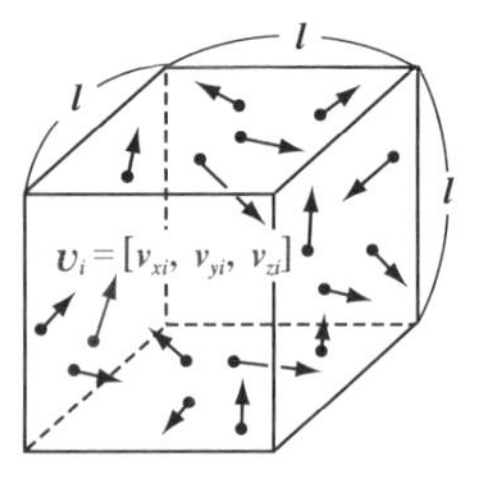

図**4** 気体分子の速度空間

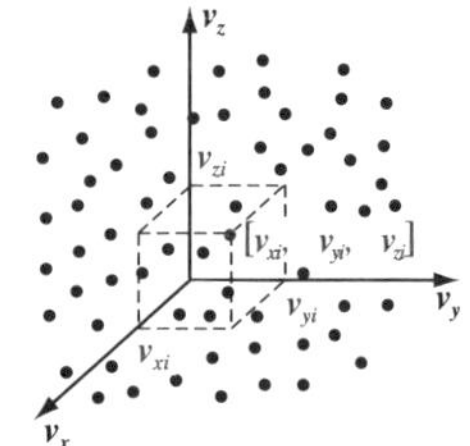

だけど，気体分子は，分子同士，分子と壁面間で頻繁に衝突を繰り返して，絶え間なく，各速度が変化しているので，ミクロ的に見た場合，図**4**の気体分子の速度空間内の代表点も時間の経過と共に絶え間なく変動していることになるんだね。

しかし，これをマクロ的に見ると条件は一変する。熱平衡状態というのは，速度空間内の各代表点は激しく動いても，全体としてマクロ的に見た場合，これらの代表点の分布が一定で時間的に変化しないように見える状態のことなんだね。そして，これから我々が求めようとしているのは，この熱平衡状態，すなわちマクロ的に見た場合の定常状態の気体の速度分布なんだ。

ここでさらに言っておくと，図**4**の速度空間内の各分子の速度を表す代表点は，連続的に自由に動けると思っているかも知れないが，実はそうで

はない。気体分子のようなミクロの粒子の運動を考える場合，実はニュートン力学ではなくて，量子力学を利用しなければいけないんだ。そして，この量子力学によると，気体の各分子の**3**つの軸 (x 軸，y 軸，z 軸) 方向の運動量の各成分は，気体が**1**辺の長さ l の立方体の容器に入っている場合，$\frac{h}{2l}$ の整数倍，すなわち飛び飛びの離散的な値しか取り得ないことが分かっている。この h は "**プランク定数**" と呼ばれるもので，

$h \fallingdotseq 6.626 \times 10^{-34}\,(\mathrm{J \cdot s})$ という，非常に小さな値の定数だ。

> h の単位が $[\mathrm{J \cdot s}]$ より，$\frac{h}{x}$ の単位は，
> $\left[\frac{\mathrm{J \cdot s}}{\mathrm{m}}\right] = \left[\frac{\mathrm{N \cdot \cancel{m} \cdot s}}{\cancel{\mathrm{m}}}\right] = \left[\frac{\mathrm{kg \cdot m}}{\mathrm{s^2}} \cdot \mathrm{s}\right] = [\mathrm{kg \cdot m/s}]$ となって，運動量 mv の単位になることが分かるね。

したがって，分子の質量を m，速度を $\boldsymbol{v} = [v_x,\ v_y,\ v_z]$ とおくと，分子の運動量 $\boldsymbol{p}$ は $\boldsymbol{p} = m\boldsymbol{v} = [mv_x,\ mv_y,\ mv_z]$ と表され，これら成分は，$\frac{h}{2l}$ を単位とする離散的な値しか取り得ないので，

$$\begin{cases} mv_x = \dfrac{h}{2l} n_x \\ mv_y = \dfrac{h}{2l} n_y \\ mv_z = \dfrac{h}{2l} n_z \end{cases} \quad \text{すなわち，} \quad \begin{cases} v_x = \dfrac{h}{2ml} n_x \\ v_y = \dfrac{h}{2ml} n_y \\ v_z = \dfrac{h}{2ml} n_z \end{cases} \quad \text{となる。} \quad (n_x,\ n_y,\ n_z : \text{整数})$$

以上をまとめると，ミクロ的に見れば図**4**の気体分子の速度空間には**1**辺の長さ $\frac{h}{2ml}$ のジャングルジムのような微細な格子構造が存在し，各気体分子の速度の代表点は，この中のある格子点から別の格子点に絶え間なく変動している。しかし，気体が熱平衡状態にあるとき，これをマクロ的に見ると，時間経過に関係なく定常的な速度分布が存在している，ということになるんだね。納得いった？

それでは，この熱平衡状態にある気体分子の速度分布を求めていくことにしよう。

ここで，**1** 分子の運動エネルギーを ε とおくと，

$$\varepsilon = \frac{1}{2}m\|\boldsymbol{v}\|^2 = \frac{1}{2}mv^2 = \frac{1}{2}m\left(v_x{}^2 + v_y{}^2 + v_z{}^2\right) \quad \cdots\cdots①$$

となる。よって，N 個のすべての分子を **1** つ **1** つ調べて分布を調べることは，数が膨大なため不可能だけれど，図 **5** に示すように，速度空間を厚さ dv の薄い球殻で分割していけば，その球殻内にも非常に沢山の速度の代表点が存在することになるけれど，それらのもつ運動エネルギーはすべて近似的に同じものとみなすことができる。何故なら，m と v^2 が等しいからだね。

($(v+dv)^2$ も $dv \fallingdotseq 0$ より，v^2 とみなせる。)

図 **5**　速度空間を薄い球殻で分割するモデル

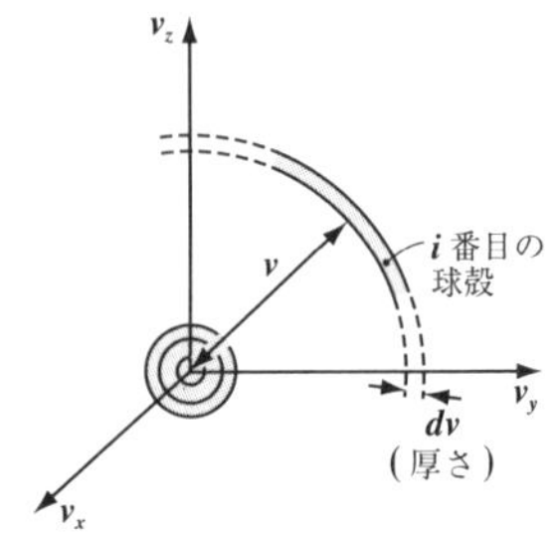

それでは，N 個の気体分子の速度の代表点を，**1** 番目，**2** 番目，**3** 番目，…，i 番目，… の球殻にそれぞれ N_1 個，N_2 個，N_3 個，…，N_i 個，… と振り分けていく場合を考えてみよう。

そして，各球殻に存在する分子 **1** 個当りの運動エネルギーもそれぞれ，ε_1，ε_2，ε_3，…，ε_i，… とおくことにすると，次の条件式が成り立つのは大丈夫だね。

$$\begin{cases} N = \sum_{i=1}^{\infty} N_i & \cdots\cdots② \\ U = \sum_{i=1}^{\infty} N_i \varepsilon_i & \cdots\cdots③ \quad (U: \text{内部エネルギー}) \end{cases}$$

N は，気体分子の総数だから当然②が成り立つ。また，内部エネルギー U は，すべての気体分子の運動エネルギーの総和だから，③も成り立つ。そして，この②と③は気体分子の速度分布を求める上での"制約条件"になっていることにも気を付けよう。

(これらは，"ラグランジュの未定乗数法"を使うときに，考慮すべき制約条件式だ。)

それでは次，N 個の気体分子をそれぞれの球殻に N_1 個，N_2 個，N_3 個，… と振り分けていく作業はマクロ的に考えたもので，マクロで見て同じ N_1 個，N_2 個，N_3 個，…に振り分けたものでもミクロに見たら，たくさんの状態の場合の数が存在するはずなんだね。このように，マクロ的に見て，N 個の分子が N_1 個，N_2 個，N_3 個，…と振り分けられたとき，その背後にあるミクロ的な状態の場合の数を $W(N_1,\ N_2,\ N_3,\ \cdots)$ とおいて，これを求めていくことにしよう。つまり，集合論でいうところの，すべての根元事象の数を調べるようなものなんだね。

(i) まず，N 個の分子から N_1 個の分子を選び出す場合の数は，${}_N\mathrm{C}_{N_1}$ となるので，

$${}_N\mathrm{C}_{N_1} = \frac{N!}{N_1!(N-N_1)!} \quad \cdots\cdots(\mathrm{a}) \quad \text{となる。}$$

(ii) 次，残りの $N-N_1$ 個の分子から N_2 個の分子を選び出す場合の数は，${}_{N-N_1}\mathrm{C}_{N_2}$ となるので，

$${}_{N-N_1}\mathrm{C}_{N_2} = \frac{(N-N_1)!}{N_2!(N-N_1-N_2)!} \quad \cdots\cdots(\mathrm{b}) \quad \text{となる。}$$

(iii) さらに，残り $N-N_1-N_2$ 個の分子から N_3 個の分子を選び出す場合の数は，${}_{N-N_1-N_2}\mathrm{C}_{N_3}$ となるので，

$${}_{N-N_1-N_2}\mathrm{C}_{N_3} = \frac{(N-N_1-N_2)!}{N_3!(N-N_1-N_2-N_3)!} \quad \cdots\cdots(\mathrm{c}) \quad \text{となる。}$$

………以下同様に計算したものとして，これら(a)，(b)，(c)，…の積を求めると，

$$\begin{aligned}
&{}_N\mathrm{C}_{N_1}\cdot{}_{N-N_1}\mathrm{C}_{N_2}\cdot{}_{N-N_1-N_2}\mathrm{C}_{N_3}\cdot\cdots \\
&= \frac{N!}{N_1!\cancel{(N-N_1)!}} \times \frac{\cancel{(N-N_1)!}}{N_2!\cancel{(N-N_1-N_2)!}} \times \frac{\cancel{(N-N_1-N_2)!}}{N_3!\cancel{(N-N_1-N_2-N_3)!}} \times \cdots \\
&= \frac{N!}{N_1!N_2!N_3!\cdots} \quad \cdots\cdots④ \quad \text{が導ける。}
\end{aligned}$$

④は単に，N 個の分子を N_1 個，N_2 個，N_3 個，…に組分けしただけのものであり，この組分けされた N_i 個の分子の速度は，i 番目の球殻内に存在する長さ $\frac{h}{2ml}$ の微細なジャングルジムの格子点のいずれかに代表点として振り分けられることになる。この格子点数を Z_i とおくと，N_i 個の代表点は重複して，同じ格子点に存在してもかまわないので，i 番目の球殻に選ば

れた N_i 個の分子の速度の代表点を配置させる場合の数は，重複順列の考え方から，$Z_i^{N_i}$ 通りとなる。

$$ {}_N C_{N_1} \cdot {}_{N-N_1} C_{N_2} \cdot {}_{N-N_1-N_2} C_{N_3} \cdot \cdots = \frac{N!}{N_1!N_2!N_3!\cdots} \quad \cdots\cdots ④ $$

これは，$i=1$，2，3，…番目のすべての球殻内の代表点についてもいえるので，その場合の数は，次のように積をとって，

$$ Z_1^{N_1} \times Z_2^{N_2} \times Z_3^{N_3} \times \cdots \quad \cdots\cdots ⑤ $$ となる。

そしてさらに，④と⑤の積が，N 個の分子を N_1 個，N_2 個，N_3 個，…と各球殻に振り分けたとき，その背後に存在するミクロ的な状態の総数 $W(N_1,\ N_2,\ N_3,\ \cdots)$ となるんだね。よって，

$$ W(N_1,\ N_2,\ N_3,\ \cdots) = \frac{N!}{N_1!N_2!N_3!\cdots} \cdot Z_1^{N_1} \cdot Z_2^{N_2} \cdot Z_3^{N_3} \cdot \cdots \quad \cdots\cdots ⑥ $$

となる。

ここまでは大丈夫だった？　エッ，疲れたって？　そうだね。それではここで一息入れて，これまでの流れを整理し，そして，この後の気体分子の速度分布を求めるための方針について解説することにしよう。

● 確率と場合の数を最大にする！

この講義の初めに示したように，体積 V の容器に N 個の気体分子を入れたとき，容器内の体積 v の小部分に存在する気体分子の数が N_1 となる確率は，

$$ P_B(N_1) = {}_N C_{N_1} p^{N_1} q^{N-N_1} \quad \cdots\cdots ① $$

$$ \left(p = \frac{v}{V},\quad q = 1-p \right) $$

図 6　$v = \dfrac{1}{2}V$ のときの気体分子の分布

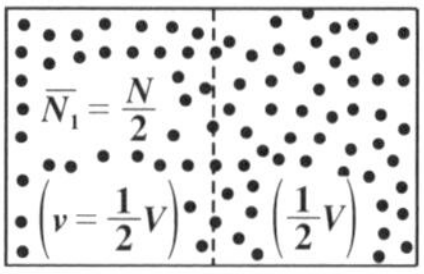

$\overline{N_1} = \dfrac{N}{2}$

$\left(v = \dfrac{1}{2}V \right)$　$\left(\dfrac{1}{2}V \right)$

だった。そしてこの $P_B(N_1)$ は $N_1 = \overline{N_1} \left(= Np = N \cdot \dfrac{v}{V} \right)$ のとき，ほとんどゆらぎなしにここで尖ったピークをもって，最大値となるんだった。

ここで，$v = \dfrac{1}{2}V$ とおくと，図 6 に示すように $N_1 = \overline{N_1} = \dfrac{N}{2}$ のときに確率 $P_B(N_1)$ は最大となり，ほとんどゆらぎはないので，我々が日頃経験するように気体分子は容器内に一様に広がり，図 6 の容器の左右 2 つの小部

分には，$\frac{N}{2}$ 個づつほぼ同数の分子が存在することになるんだね。

では，左半分の $\frac{V}{2}$ の体積の小部分のみに，N 個すべての分子が存在する，すなわち $N_1 = N$ となることは絶対にないのだろうか？　確率的には 0 ではない。確かに，①に $N_1 = N$，$p = q = \frac{1}{2}$ を代入すれば，

$$p_B(N) = \underbrace{{}_N C_N}_{1}\left(\frac{1}{2}\right)^N \underbrace{\left(\frac{1}{2}\right)^0}_{1} = \frac{1}{2^N} \neq 0$$　となるからだ。

しかし，N は 1 モルであれば，$N = \underbrace{N_A \fallingdotseq 6.02 \times 10^{23}}_{\text{アボガドロ数}}$ であるから，2^N は天文学的に巨大な数値になり，その逆数の $\frac{1}{2^N}$ は，限りなく 0 に近い数なんだ。したがって，確率的には 0 ではないが，体積 V の容器には N 個の気体分子を入れたとき，この気体分子のすべてが片側半分のみに存在し，他方は真空になるなんて現象は何千年，何万年…観察し続けたとしても，経験することはないだろうね。

これは，$N_1 = N$ の極端な場合だけでなく，$N_1 = \frac{2}{3}N$ や $N_1 = \frac{3}{5}N$…などであったとしても確率はほぼ 0 になる。つまり，$N_1 = \frac{N}{2}$ のとき確率 $P_B(N_1)$ は最大となり，ゆらぎがほとんどないため，ボク達はこの確率が最大となる状態，すなわち気体分子が左右一様に分布している状態を日頃経験していることになるんだね。

であるならば，気体分子の速度分布についても，同様のことが言えるのではないかと考えられる。これが，気体分子の速度分布を求める上での基本方針なんだ。それでは，これまで導いてきた必要な式を並べて，これからの解法の基本方針を具体的に示そう。

気体分子の速度分布を求めるには，

$$N=\sum_{i=1}^{\infty}N_i \quad \cdots\cdots ②$$
$$U=\sum_{i=1}^{\infty}N_i\varepsilon_i \cdots\cdots ③$$

まず②，③より，

$$\begin{cases} \displaystyle\sum_{i=1}^{\infty}N_i-N=0 & \cdots\cdots ②' \\ \displaystyle\sum_{i=1}^{\infty}N_i\varepsilon_i-U=0 & \cdots\cdots ③' \end{cases}$$ の制約条件の下で，

$$W(N_1,\ N_2,\ N_3,\ \cdots)=\frac{N!}{N_1!N_2!N_3!\cdots}\ Z_1^{N_1}Z_2^{N_2}Z_3^{N_3}\cdots \quad \cdots\cdots ⑥$$

を最大にするような，N_1，N_2，N_3，…を求めればいいんだね。

ン？ よく分からないって？ いいよ，説明しよう。

速度空間において，マクロで見て，**1** 番目，**2** 番目，**3** 番目，…の球殻に対して，全体で N 個ある気体分子から，それぞれ N_1 個，N_2 個，N_3 個，…を振り分けたとき，⑥の $W(N_1,\ N_2,\ N_3,\ \cdots)$ は，その背後にあるミクロ的な系の速度分布の状態の場合の数を示すもので，これは数学的には，N_1，N_2，N_3，…が与えられたときの“根元事象の総数”を表しているんだね。

そして，この根元事象の数 $W(N_1,\ N_2,\ N_3,\ \cdots)$ を最大にするということは，丁度サイコロの **1** から **6** までの目 (根元事象) に同じ $\frac{1}{6}$ の確率を割り当てたように，$W(N_1,\ N_2,\ N_3,\ \cdots)$ の各々の根元事象にも同じ等確率が割り当てられているものと考えていい。ということは，$W(N_1,\ N_2,\ N_3,\ \cdots)$ を最大にするということは，マクロ的に考えられる速度分布の確率を最大にすることと同じなんだね。

そして，気体分子の分布の時と同様に，$W(N_1,\ N_2,\ N_3,\ \cdots)$ を最大にする N_1，N_2，N_3，…をそれぞれ $\overline{N_1}$，$\overline{N_2}$，$\overline{N_3}$，…とおくと，

$N_1=\overline{N_1}$，$N_2=\overline{N_2}$，$N_3=\overline{N_3}$，…　のときに，

$W(N_1,\ N_2,\ N_3,\ \cdots)$ は尖った確率分布のピーク値として最大値をとり，これ以外の値では，すぐに **0** に近い値をとる。つまり，“ゆらぎ”は小さいと考えていい。これは，全分子数 N がアボガドロ数 $N_A(\fallingdotseq 6.02\times 10^{23})$ のような巨大な値であることから出てくる共通の性質なんだね。

したがって，⑥を最大にするような，$\overline{N_1}$，$\overline{N_2}$，$\overline{N_3}$，…の速度分布こそ，ボク達が日頃経験的に，マクロ的に観測する速度分布と考えられるわけなんだ。これで，これからの方針も理解できただろう？

しかし，⑥式の右辺は，変形するのが難しい形をしているので，⑥の $W(N_1, N_2, N_3, \cdots)$ の代わりに，この自然対数をとった $\log W(N_1, N_2, N_3, \cdots)$ の最大値を求めることにしよう。自然対数関数は単調増加関数なので，$\log W(N_1, N_2, N_3, \cdots)$ が最大のとき，真数の $W(N_1, N_2, N_3, \cdots)$ も最大となるからだ。

$\log N! = N\log N - N \quad \cdots\cdots(*s_0)$

それでは，$(*s_0)$ の公式を利用して，$\log W(N_1, N_2, N_3, \cdots)$ を，次の例題で具体的に導いてみることにしよう。

例題33　$W(N_1, N_2, N_3, \cdots) = \dfrac{N!}{N_1!N_2!N_3!\cdots} Z_1^{N_1} Z_2^{N_2} Z_3^{N_3} \cdots\cdots$⑥ のとき，

公式：$\log N! = N\log N - N \quad \cdots\cdots(*s_0)$ を用いると，

$$\log W(N_1, N_2, N_3, \cdots) = N\log N - N + \sum_{i=1}^{\infty} N_i(\log Z_i - \log N_i + 1) \quad \cdots\cdots ⑦$$

となることを示そう。

⑥の両辺は正より，⑥の両辺の自然対数をとると，

$$\log W(N_1, N_2, N_3, \cdots)$$
$$= \log N! - (\underbrace{\log N_1! + \log N_2! + \log N_3! + \cdots}_{\sum_{i=1}^{\infty}\log N_i!}) + (\underbrace{N_1\log Z_1 + N_2\log Z_2 + N_3\log Z_3 + \cdots}_{\sum_{i=1}^{\infty} N_i\log Z_i})$$
$$= \underbrace{\log N!}_{N\log N - N} - \sum_{i=1}^{\infty} \underbrace{\log N_i!}_{N_i\log N_i - N_i} + \sum_{i=1}^{\infty} N_i\log Z_i \quad \leftarrow \text{公式：}\log N! = N\log N - N \quad \cdots\cdots(*s_0)$$
$$= N\log N - N + \underbrace{\sum_{i=1}^{\infty} N_i\log Z_i - \sum_{i=1}^{\infty}(N_i\log N_i - N_i)}_{\sum_{i=1}^{\infty}(N_i\log Z_i - N_i\log N_i + N_i)} \quad ((*s_0) \text{ より})$$

以上より，

$$\log W(N_1, N_2, N_3, \cdots) = N\log N - N + \sum_{i=1}^{\infty} N_i(\log Z_i - \log N_i + 1) \quad \cdots\cdots ⑦$$

が導けたんだね。

$\sum_{i=1}^{\infty} N_i = N$ なので，⑦の右辺は，さらに簡単に $N\log N + \sum_{i=1}^{\infty} N_i(\log Z_i - \log N_i)$ と変形できるけれど，この後の式変形の都合上⑦のままにしておく。

● マクスウェルの速度分布則を求めよう！

準備も整ったので，いよいよ"**マクスウェルの速度分布則**"(気体分子の速度分布則)を求めることにしよう。その手順は次の通りだ。

$$\begin{cases} \sum_{i=1}^{\infty} N_i - N = 0 & \cdots\cdots ②' \\ \sum_{i=1}^{\infty} N_i \varepsilon_i - U = 0 & \cdots\cdots ③' \end{cases}$$ の制約条件の下で，

Σ計算の変数 i を j に変えた。理由は後で分かる。

$$\log W(N_1,\ N_2,\ N_3,\ \cdots) = N\log N - N + \sum_{j=1}^{\infty} N_j(\log Z_j - \log N_j + 1) \quad \cdots\cdots ⑦$$

を最大にする N_i $(i=1,\ 2,\ 3,\ \cdots)$ を求め，それを $\overline{N_i}$ $(i=1,\ 2,\ 3,\ \cdots)$ とおくんだね。

これは，"ラグランジュの未定乗数法" (P190) を使えばいい。まず，新たな多変数関数 $h(N_1,\ N_2,\ N_3,\ \cdots)$ を，次のように定義する。

これは，N_1，N_2，N_3，…の独立変数をもつ多変数関数だ。

$$h(N_1,\ N_2,\ N_3,\ \cdots)$$

$$= \log W(N_1,\ N_2,\ N_3,\ \cdots) + \alpha\left(\sum_{j=1}^{\infty} N_j - N\right) - \beta\left(\sum_{j=1}^{\infty} N_j\varepsilon_j - U\right)$$

$\log W(N_1,\ N_2,\ N_3,\ \cdots) = N\log N - N + \sum_{j=1}^{\infty} N_j(\log Z_j - \log N_j + 1)$

α と $-\beta$ は未定乗数。$+\beta$ ではなくて，$-\beta$ としてもいい。この方が後で都合がいいからだ。

$$= N\log N - N - \alpha N + \beta U + \sum_{j=1}^{\infty} N_j(\log Z_j - \log N_j + 1 + \alpha - \beta\varepsilon_j) \quad \cdots\cdots ⑧$$

（$N\log N - N - \alpha N + \beta U$：定数，$\log Z_j$：定数，$1 + \alpha - \beta\varepsilon_j$：定数）

そして，この多変数関数 h を，N_i $(i=1,\ 2,\ 3,\ \cdots)$ で偏微分したものを 0 とおいて，$\overline{N_i}$ $(i=1,\ 2,\ 3,\ \cdots)$ を求めればいいんだね。すなわち，

$\dfrac{\partial h}{\partial N_i} = 0$ ……⑨ $(i=1,\ 2,\ 3,\ \cdots)$ から，N_i を求めて，それを $\overline{N_i}$ $(i=1,\ 2,\ 3,\ \cdots)$ とおけばいい。このとき，$\log W(N_1,\ N_2,\ \cdots)$，すなわち $W(N_1,\ N_2,\ \cdots)$ は物理的に考えて最大となっているはずだ。

これから，気体分子の速度分布の式 $\overline{N_i}$ が求まるんだね。

この“ラグランジュの未定乗数法”による解法の流れをもう1度ここに再現しておく，

$\begin{cases} g_1(N_1,\ N_2,\ N_3,\ \cdots)=0 \ \cdots\cdots②' \\ g_2(N_1,\ N_2,\ N_3,\ \cdots)=0 \ \cdots\cdots③' \end{cases}$ の制約条件の下，

関数 $f(N_1,\ N_2,\ N_3,\ \cdots)$ ……⑦ の極値を求めるため新たな関数 h を

（今回，物理的にこれは最大値であることが分かっている。）

$h=f+\alpha g_1-\beta g_2$ で定義し，

$\dfrac{\partial h}{\partial N_i}=0\ (i=1,\ 2,\ 3,\ \cdots)$ と②′，③′から，$\overline{N_i}$ の値 N_i と未定乗数 α，β を決定する。

以上だね。これで，解法の流れがつかめたと思う。

それでは，⑨に⑧を代入して，

$$\frac{\partial}{\partial N_i}\left\{\cancel{N\log N-N-\alpha N+\beta U}+\sum_{j=1}^{\infty}N_j(\log Z_j-\log N_j+1+\alpha-\beta\varepsilon_j)\right\}=0$$

$$\frac{\partial}{\partial N_i}\left\{\sum_{j=1}^{\infty}N_j(\log Z_j-\log N_j+1+\alpha-\beta\varepsilon_j)\right\}=0$$

この Σ の各項で，$j\neq i$ のときの項はすべて N_i からみたら定数となるので，N_i で偏微分したら 0 となる。よって，Σ の各項の内 $j=i$ となる項のみが，この場合の偏微分の対象となる。

$$\frac{\partial}{\partial N_i}\{N_i(\log Z_i-\log N_i+1+\alpha-\beta\varepsilon_i)\}=0$$

（第 i 項目のものだけが残る。）

公式
$(f\cdot g)'=f'\cdot g+f\cdot g'$

$$1\cdot(\log Z_i-\log N_i+\cancel{1}+\alpha-\beta\varepsilon_i)+\cancel{N_i\cdot\left(-\frac{1}{N_i}\right)}=0$$

これをみたす N_i は $\overline{N_i}$ とおけるので，

$$\log Z_i-\log\overline{N_i}+\alpha-\beta\varepsilon_i=0,\qquad \log\overline{N_i}=\log Z_i+\alpha-\beta\varepsilon_i$$

（$\alpha-\beta\varepsilon_i=(\alpha-\beta\varepsilon_i)\log e$，$\log e=1$）

$$\log\overline{N_i}=\log Z_i+\log e^{\alpha-\beta\varepsilon_i}$$

$$\log\overline{N_i}=\log Z_ie^{\alpha-\beta\varepsilon_i}$$

∴速度分布の式として，

$\overline{N_i}=Z_ie^{\alpha}e^{-\beta\varepsilon_i}$ ……⑩ $(i=1,\ 2,\ 3,\ \cdots)$ が導けたんだね。

$i=1,\ 2,\ 3,\ \cdots$ と動かせば，$\overline{N_1}$，$\overline{N_2}$，$\overline{N_3}$，…が求まったことになるので，これは速度分布の一般式だ。

$$\overline{N_i} = Z_i e^{\alpha} e^{-\beta\varepsilon_i} \quad \cdots\cdots ⑩$$
$$(i = 1, 2, 3, \cdots)$$

から，図 7 に示すように，速度空間の原点 0 を中心として半径 v，厚さ dv の i 番目の球殻の中に，$\overline{N_i}$ 個の代表点が存在することが分かった。

図 7 速度分布 $\overline{N_i} = Z_i e^{\alpha} e^{-\beta\varepsilon_i}$

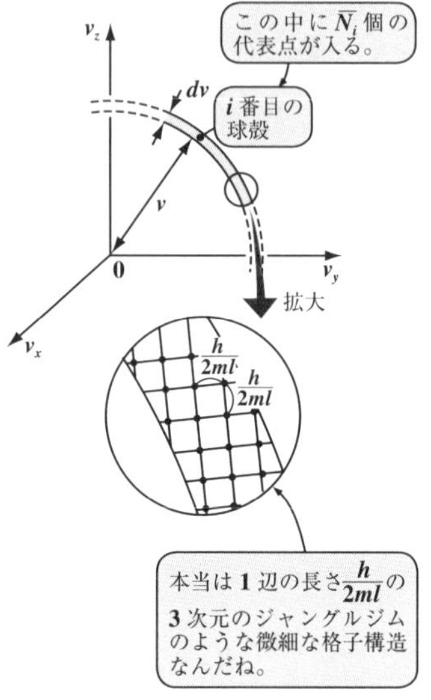

ここで，Z_i はこの i 番目の球殻内に存在する 1 辺の長さ $\frac{h}{2ml}$ のジャングルジムのような微細格子の格子点数のことなので，この球殻の体積 $4\pi v^2 \cdot dv$ を，1 つの格子の体積 $\left(\frac{h}{2ml}\right)^3$ で割ったもので近似できる。よって，

（$4\pi v^2$：球面の面積，dv：微小な厚さ）

$$Z_i = \frac{4\pi v^2 dv}{\left(\frac{h}{2ml}\right)^3} = \frac{32\pi \underbrace{l^3}_{V} m^3}{h^3} v^2 dv$$

ここで，h はプランク定数，m は分子の質量，l は立方体状の容器の 1 辺の長さなので，$l^3 = V$（容器の体積）となる。以上より，

$$Z_i = \frac{32\pi V m^3}{h^3} v^2 dv \quad \cdots\cdots ⑪$$ となる。

次，ε_i は，この i 番目の球殻内に代表点をもつ分子 1 個の運動エネルギーのことなので，

$$\varepsilon_i = \frac{1}{2} m v^2 \quad \cdots\cdots ⑫$$ となるのも大丈夫だね。

⑪と⑫を⑩に代入すると，

$$\overline{N_i} = \frac{32\pi V m^3}{h^3} v^2 dv \cdot e^{\alpha} \cdot e^{-\frac{\beta m}{2}v^2}$$
$$= \boxed{\frac{32\pi V m^3 e^{\alpha}}{h^3}} e^{-\frac{\beta m}{2}v^2} v^2 dv \quad \text{となる。}$$

γ(定数)とおく

$N = \sum_{i=1}^{\infty} N_i$ ……②
$U = \sum_{i=1}^{\infty} N_i \varepsilon_i$ ……③

ここで，$\frac{32\pi V m^3 e^{\alpha}}{h^3} = \gamma$ (定数)とおくと，

$$\overline{N_i} = \gamma v^2 e^{-\frac{\beta m}{2}v^2} dv \quad \cdots\cdots ⑬ \quad \text{となる。}$$

②と③を使って，未定係数 γ や β を求めていこう。

ここで，②より，$N = \sum_{i=1}^{\infty} \overline{N_i}$ となるはずであるが，⑬は v の微分量で表されているため，Σ 計算の代わりに，積分区間 $[0, \infty]$ の v による積分を行えば，N が求められるんだね。

$$\therefore N = \int_0^{\infty} \underbrace{\gamma v^2 e^{-\frac{\beta m}{2}v^2} dv}_{\overline{N_i}}$$
$$= \gamma \int_0^{\infty} v^2 e^{-\boxed{\frac{\beta m}{2}}v^2} dv$$
$$= \gamma \cdot \frac{\sqrt{\pi}}{4\left(\frac{\beta m}{2}\right)^{\frac{3}{2}}} \quad \cdots\cdots ⑭ \quad \text{となる。}$$

($\boxed{\frac{\beta m}{2}}$ は a)

積分公式 (P178)
$\int_0^{\infty} x^2 e^{-ax^2} dx = \frac{\sqrt{\pi}}{4a^{\frac{3}{2}}}$ ……$(*t_0)''$
を使った！

同様に，③の内部エネルギー U も，積分区間 $[0, \infty]$ の v による積分で求まる。

$$\therefore U = \int_0^{\infty} \underbrace{\frac{1}{2}mv^2}_{\varepsilon_i} \cdot \underbrace{\gamma v^2 e^{-\frac{\beta m}{2}v^2} dv}_{\overline{N_i}}$$
$$= \frac{\gamma m}{2} \int_0^{\infty} v^4 e^{-\boxed{\frac{\beta m}{2}}v^2} dv$$
$$= \frac{\gamma m}{2} \cdot \frac{3\sqrt{\pi}}{8\left(\frac{\beta m}{2}\right)^{\frac{5}{2}}} \quad \cdots\cdots ⑮$$

($\boxed{\frac{\beta m}{2}}$ は a)

積分公式 (P178)
$\int_0^{\infty} x^4 e^{-ax^2} dx = \frac{3\sqrt{\pi}}{8a^{\frac{5}{2}}}$ ……$(*t_0)'''$
を使った！

となる。**P178** で紹介した積分公式が，ここで活かされたんだね。

内部エネルギー U を気体分子の総数 N で割ると，分子 1 個当りの平均の運動エネルギー $\frac{1}{2}m<v^2>$ が求まる。

$N=\gamma\cdot\frac{\sqrt{\pi}}{4\left(\frac{\beta m}{2}\right)^{\frac{3}{2}}}$ ……⑭

$U=\frac{\gamma m}{2}\cdot\frac{3\sqrt{\pi}}{8\left(\frac{\beta m}{2}\right)^{\frac{5}{2}}}$ ……⑮

よって，⑮ ÷ ⑭を計算すると，

$$\frac{U}{N}=\frac{1}{2}m<v^2>=\frac{\frac{\gamma m}{2}\cdot\frac{3\sqrt{\pi}}{8\left(\frac{\beta m}{2}\right)^{\frac{5}{2}}}}{\gamma\cdot\frac{\sqrt{\pi}}{4\left(\frac{\beta m}{2}\right)^{\frac{3}{2}}}}=\frac{3\cdot4}{2\cdot8}\cdot m\cdot\frac{\left(\frac{\beta m}{2}\right)^{\frac{3}{2}}}{\left(\frac{\beta m}{2}\right)^{\frac{5}{2}}}=\frac{3}{4}\cdot m\cdot\frac{1}{\frac{\beta m}{2}}$$

$\therefore\ \frac{U}{N}=\frac{1}{2}m<v^2>=\frac{3}{2\beta}$ ……⑯　となる。

ここで，気体を単原子分子の理想気体とすると，

$\frac{1}{2}m<v^2>=\frac{3}{2}kT$ ……⑰　となる。

ボルツマン定数 $k=\frac{R}{N_A}=1.3807\times10^{-23}\,(\mathrm{J/K})$

⑯と⑰を比較して，

$\frac{3}{2}kT=\frac{3}{2}\cdot\frac{1}{\beta}$　　$\therefore\ \beta=\frac{1}{kT}$ ……⑱　が導かれる。

これで，係数 β が求まったので，この⑱を⑭に代入して，係数 γ も求めてみよう。

この中に係数 α は含まれている。

$N=\gamma\cdot\frac{\sqrt{\pi}}{4\left(\frac{m}{2kT}\right)^{\frac{3}{2}}}$　　$\therefore\ \gamma=\frac{4}{\sqrt{\pi}}\cdot N\left(\frac{m}{2kT}\right)^{\frac{3}{2}}$ ……⑲　となる。

以上⑱と⑲を，$\overline{N_i}=\gamma v^2e^{-\frac{\beta m}{2}v^2}dv$ ……⑬に代入すると，

$\overline{N_i}=N\cdot\frac{4}{\sqrt{\pi}}\left(\frac{m}{2kT}\right)^{\frac{3}{2}}v^2e^{-\frac{m}{2kT}v^2}dv$ ……⑬′ となる。

N と比べて

ここで，この $\overline{N_i}$ は，速さが $[v,\ v+dv]$ の範囲にあるときの微小な分子の個数のことなので，これを dN とおけるんだね。よって⑬′は，

$$dN = N\cdot\frac{4}{\sqrt{\pi}}\left(\frac{m}{2kT}\right)^{\frac{3}{2}}v^2e^{-\frac{m}{2kT}v^2}dv \quad \cdots\cdots ⑬'' $$ となる。

（$\frac{4}{\sqrt{\pi}}\left(\frac{m}{2kT}\right)^{\frac{3}{2}}v^2e^{-\frac{m}{2kT}v^2}$：確率密度，$\cdots dv$：確率，$N\cdot\cdots dv$：分子の個数）

よって，⑬″の右辺を区間 $0\to\infty$ で，速さ v により積分すると

$$\underbrace{N\cdot\frac{4}{\sqrt{\pi}}\left(\frac{m}{2kT}\right)^{\frac{3}{2}}}_{定数}\underbrace{\int_0^\infty v^2e^{-\frac{m}{2kT}v^2}dv}_{\frac{\sqrt{\pi}}{4\left(\frac{m}{2kT}\right)^{\frac{3}{2}}}}$$

（$\frac{m}{2kT}=a$）

P178 の積分公式
$$\int_0^\infty x^2e^{-ax^2}dx=\frac{\sqrt{\pi}}{4a^{\frac{3}{2}}}$$

$$= N\cdot\frac{4}{\sqrt{\pi}}\left(\frac{m}{2kT}\right)^{\frac{3}{2}}\cdot\frac{\sqrt{\pi}}{4\left(\frac{m}{2kT}\right)^{\frac{3}{2}}}=N$$ となって，

左辺の積分 $\int_0^N dN=[N]_0^N=N$ と一致することが分かる。

よって，⑬″に示すように，右辺の $\frac{4}{\sqrt{\pi}}\left(\frac{m}{2kT}\right)^{\frac{3}{2}}v^2e^{-\frac{m}{2kT}v^2}$ は速さ v を確率変数とする"**確率密度**"になっているんだね。これを $f(v)$ とおくと，

$$f(v)=\underbrace{\frac{4}{\sqrt{\pi}}\left(\frac{m}{2kT}\right)^{\frac{3}{2}}}_{定数}v^2e^{-\frac{m}{2kT}v^2} \quad \cdots\cdots ⑳ \quad (v\geqq 0)$$ となる。

⑳のグラフの形状を調べてみよう。まず，⑳を v で微分して，

$$f'(v)=\frac{4}{\sqrt{\pi}}\left(\frac{m}{2kT}\right)^{\frac{3}{2}}\left\{2v\cdot e^{-\frac{m}{2kT}v^2}+v^2\cdot\left(-\frac{m}{kT}v\right)e^{-\frac{m}{2kT}v^2}\right\}$$

$$=\underbrace{\frac{4}{\sqrt{\pi}}\left(\frac{m}{2kT}\right)^{\frac{3}{2}}\cdot e^{-\frac{m}{2kT}v^2}}_{\oplus}\cdot v\underbrace{\left(2-\frac{m}{kT}v^2\right)}_{\underbrace{\left(\sqrt{2}+\sqrt{\frac{m}{kT}}v\right)}_{\oplus}\left(\sqrt{2}-\sqrt{\frac{m}{kT}}v\right)}$$

$$f(v)=\frac{4}{\sqrt{\pi}}\cdot\left(\frac{m}{2kT}\right)^{\frac{3}{2}}v^2e^{-\frac{m}{2kT}v^2}\ \cdots\cdots ⑳$$

$$f'(v)=\underbrace{\frac{4}{\sqrt{\pi}}\left(\frac{m}{2kT}\right)^{\frac{3}{2}}e^{-\frac{m}{2kT}v^2}\left(\sqrt{2}+\sqrt{\frac{m}{kT}}v\right)}_{\text{これは常に⊕なので符号に影響しない。}}\underbrace{v\left(\sqrt{2}-\sqrt{\frac{m}{kT}}v\right)}_{f'(v)\text{ の符号(⊕, ⊖)に関する本質的な部分なので，これを }\widetilde{f'(v)}\text{ とおく。}}$$

$f'(v)=0$ のとき，

$v\left(\sqrt{2}-\sqrt{\frac{m}{kT}}v\right)=0$ より

$v=0$，または $\sqrt{\frac{2kT}{m}}$　　よって，

$f(v)$ の増減表は右のようになる。

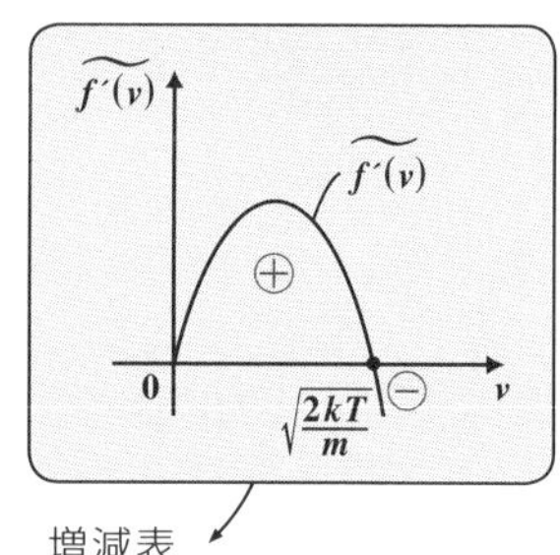

増減表

v	0		$\sqrt{\frac{2kT}{m}}$	
$f'(v)$	0	$+$	0	$-$
$f(v)$		↗	極大値	↘

さらに

$$\begin{cases} f(0)=0 \\ \displaystyle\lim_{v\to\infty}f(v)=0 \end{cases}$$ より

$f(v)$ のグラフの概形は右のようになる。

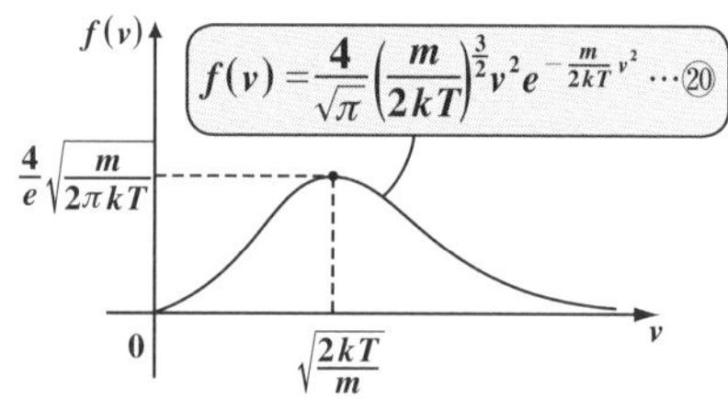

よって，$v=\sqrt{\frac{2kT}{m}}$ のとき $f(v)$ は最大となる。よって，これを

$f(v)=\frac{4}{\sqrt{\pi}}\left(\frac{m}{2kT}\right)^{\frac{3}{2}}v^2e^{-\frac{m}{2kT}v^2}\ \cdots\cdots ⑳$

に代入すると最大値 $f\left(\sqrt{\frac{2kT}{m}}\right)$ は，

$$f\left(\sqrt{\frac{2kT}{m}}\right)=\frac{4}{\sqrt{\pi}}\cdot\left(\frac{m}{2kT}\right)^{\frac{3}{2}}\cdot\frac{2kT}{m}\cdot e^{-\frac{m}{2kT}\cdot\frac{2kT}{m}}$$

$$=\frac{4}{\sqrt{\pi}}\cdot\left(\frac{m}{2kT}\right)^{\frac{1}{2}}\cdot e^{-1}=\frac{4}{e}\sqrt{\frac{m}{2\pi kT}}$$ となるんだね。

この確率密度 $f(v)$ が最大となるときの $v=\sqrt{\frac{2kT}{m}}$ を v_m とおくと，これは離散型確率分布のモード(最頻値)に相当する，確率密度 $f(v)$ の 1 つの代表値になる。

この v_m を気体分子の"最も確からしい速さ"と呼ぶことにしよう。

また，確率密度 $f(v)$ の代表値として，気体分子の速さの平均 $\langle v \rangle$ を求めよう。これは，$\underbrace{v}_{確率変数} \cdot \underbrace{f(v)}_{確率密度}$ を区間 $[0, \infty)$ で速さ v により積分すれば求まる。

ここで，先に $\int_0^\infty x^3 \cdot e^{-ax^2} dx$ （a：正の定数）を求めておこう。

$$\int_0^\infty x^3 e^{-ax^2} dx = -\frac{1}{2a}\int_0^\infty x^2 \cdot \underbrace{\left(-2axe^{-ax^2}\right)}_{\left(e^{-ax^2}\right)'} dx$$

$$= -\frac{1}{2a}\int_0^\infty x^2 \left(e^{-ax^2}\right)' dx$$

$$= -\frac{1}{2a}\left\{\underbrace{\left[x^2 e^{-ax^2}\right]_0^\infty}_{\lim_{p\to\infty}\left[x^2e^{-ax^2}\right]_0^p = \lim_{p\to\infty} p^2 e^{-ap^2} = 0} - \int_0^\infty 2x \cdot e^{-ax^2} dx\right\}$$

$$= \frac{1}{a}\int_0^\infty xe^{-ax^2} dx = \frac{1}{a}\left[-\frac{1}{2a}e^{-ax^2}\right]_0^\infty$$

$$= -\frac{1}{2a^2}\underbrace{\left[e^{-ax^2}\right]_0^\infty}_{\lim_{p\to\infty}\left[e^{-ax^2}\right]_0^p = \lim_{p\to\infty}\left(e^{-ap^2}-1\right) = -1} = \frac{1}{2a^2} \quad よって，$$

$\int_0^\infty x^3 e^{-ax^2} dx = \frac{1}{2a^2}$ ……(＊) となる。これを使おう。

求める速さの平均 $\langle v \rangle$ は，

$$\langle v \rangle = \int_0^\infty v \cdot \underbrace{f(v)}_{これに⑳を代入して} dv$$

$$= \underbrace{\frac{4}{\sqrt{\pi}} \cdot \left(\frac{m}{2kT}\right)^{\frac{3}{2}}}_{定数係数} \underbrace{\int_0^\infty v^3 \cdot e^{-\frac{m}{2kT}v^2} dv}_{\frac{1}{2\cdot\left(\frac{m}{2kT}\right)^2}}$$

（$\frac{m}{2kT}$ が a）

積分公式：
$\int_0^\infty x^3 e^{-ax^2} dx = \frac{1}{2a^2}$ ……(＊)
を使った。

$$= \frac{4}{\sqrt{\pi}} \cdot \left(\frac{m}{2kT}\right)^{\frac{3}{2}} \cdot \frac{1}{2\cdot\left(\frac{m}{2kT}\right)^2} = \frac{2}{\sqrt{\pi}}\left(\frac{2kT}{m}\right)^{\frac{1}{2}} = \frac{2}{\sqrt{\pi}}\sqrt{\frac{2kT}{m}}$$

∴速さの平均 $\langle v \rangle = \sqrt{\frac{8kT}{\pi m}}$ 　となるんだね。

次に，気体分子の速さの2乗平均 $< v^2 >$ も求めておこう。これは $v^2 \cdot f(v)$ を区間 $[0, \infty)$ で速さ v により積分すれば求まるんだね。

$$dN = N \cdot \frac{4}{\sqrt{\pi}} \left(\frac{m}{2kT}\right)^{\frac{3}{2}} v^2 e^{-\frac{m}{2kT}v^2} dv \quad \cdots\cdots ⑬''$$

$$f(v) = \frac{4}{\sqrt{\pi}} \left(\frac{m}{2kT}\right)^{\frac{3}{2}} v^2 e^{-\frac{m}{2kT}v^2} \quad \cdots\cdots\cdots\cdots ⑳$$

$$< v^2 > = \int_0^\infty v^2 \cdot f(v)\, dv$$

（これに⑳を代入して）

$$= \underbrace{\frac{4}{\sqrt{\pi}} \cdot \left(\frac{m}{2kT}\right)^{\frac{3}{2}}}_{\text{定数係数}} \underbrace{\int_0^\infty v^4 e^{-\frac{m}{2kT}v^2} dv}_{\frac{3\sqrt{\pi}}{8\left(\frac{m}{2kT}\right)^{\frac{5}{2}}}}$$

（$\frac{m}{2kT}$ が a）

積分公式 (P178)

$$\int_0^\infty x^4 e^{-ax^2} dx = \frac{3\sqrt{\pi}}{8a^{\frac{5}{2}}}$$

(a：正の定数)

$$= \frac{4}{\sqrt{\pi}} \cdot \left(\frac{m}{2kT}\right)^{\frac{3}{2}} \cdot \frac{3\sqrt{\pi}}{8\left(\frac{m}{2kT}\right)^{\frac{5}{2}}}$$

$$= \frac{3}{2} \cdot \frac{2kT}{m} = \frac{3kT}{m}$$ となるんだね。大丈夫だった?

ここで，$k = \frac{R}{N_A}$，$m = \frac{M}{N_A}$ $\left(\begin{array}{l} R：\text{気体定数} \quad M：\text{分子量(g)} \\ N_A：\text{アボガドロ数} \end{array}\right)$ より，

$$< v^2 > = \frac{3\frac{R}{N_A}T}{\frac{M}{N_A}} = \frac{3RT}{M}$$ よって，この正の平方根をとると，

気体分子の速さ v の2乗平均根となる。

$$\sqrt{< v^2 >} = \sqrt{\frac{3RT}{M}} \left(= \sqrt{\frac{3kT}{m}}\right)$$ これは，P34で求めた結果と一致する。

以上で，気体分子の速さの確率密度 $f(v)$ についての3つの代表値，すなわち (i) 最も確からしい速さ $v_m = \sqrt{\frac{2kT}{m}}$，(ii) 速さの平均 $< v > = \sqrt{\frac{8kT}{\pi m}}$，(iii) 速さの2乗平均根 $\sqrt{< v^2 >} = \sqrt{\frac{3kT}{m}}$ を求めたんだね。

これらの$\sqrt{\quad}$内の$\frac{kT}{m}$の項は共通で，これにかかる係数に着目すると，

$v_m = \sqrt{\underline{\underline{2}} \cdot \frac{kT}{m}}$，$<v> = \sqrt{\frac{8}{\pi} \cdot \frac{kT}{m}}$，$\sqrt{<v^2>} = \sqrt{\underline{\underline{3}} \cdot \frac{kT}{m}}$　より，大小関係：

($\frac{8}{\pi}$ = 2.54…)

$v_m < <v> < \sqrt{<v^2>}$ が成り立つことが，お分かりになるはずだ。

P34では，アルゴン(**Ar**，原子量 $M = 39.9$)の気体の**290(K)**(=**16.85(℃)**)における速さの**2**乗平均根が$\sqrt{<v^2>} \doteqdot 425.8$**(m/s)**となることを求めたので，同様に，同じ条件でのアルゴン(**Ar**)の気体の最も確からしい速さv_mと速さの平均$\langle v \rangle$も具体的に求めておこう。

$$\cdot\ v_m = \sqrt{\frac{2kT}{m}} = \sqrt{\frac{2RT}{mN_A}} = \sqrt{\frac{2 \times 10^3 \times 8.315 \times 290}{39.9}}$$

(分子量 M(g) $= M \times 10^{-3}$(kg)　(N_A：アボガドロ数))

$\doteqdot 347.7$**(m/s)**　となるし，同様に計算して，

$$\cdot\ <v> = \sqrt{\frac{8kT}{\pi m}} = \sqrt{\frac{8RT}{\pi M}} = \sqrt{\frac{8 \times 10^3 \times 8.315 \times 290}{3.142 \times 39.9}}$$

$\doteqdot 392.3$**(m/s)**　となるんだね。大丈夫？

では，話をもう**1**度，dNの式：

$$dN = \frac{4}{\sqrt{\pi}} N \left(\frac{m}{2kT}\right)^{\frac{3}{2}} v^2 e^{-\frac{m}{2kT}v^2} dv \quad \cdots\cdots ⑬''$$ に戻そう。

(これは，$\pi^{\frac{3}{2}}\left(\frac{m}{2\pi kT}\right)^{\frac{3}{2}}$と変形する。)

⑬″をさらに変形すると，

$$dN = 4\pi N\left(\frac{m}{2\pi kT}\right)^{\frac{3}{2}} v^2 e^{-\frac{m}{2kT}v^2} dv$$

$$= 4\pi v^2 dv N\left(\frac{m}{2\pi kT}\right)^{\frac{3}{2}} e^{-\frac{m}{2kT}v^2} \quad \cdots\cdots ⑬'''$$ となる。

(速度空間内における，半径v，厚さdvの球殻の微小体積)

$$dN = \underset{\sim\sim\sim\sim}{4\pi v^2 dv} N\left(\frac{m}{2\pi kT}\right)^{\frac{3}{2}} e^{-\frac{m}{2kT}v^2} \quad \cdots\cdots ⑬''' \text{ を,}$$

いったん半径 v，厚さ dv の球殻の微小体積 $4\pi v^2 dv$ で割り，その後で，微小体積（体積要素）$dv_x\,dv_y\,dv_z$ をかけたものは，図 8 に示すように，速度空間において，その代表点を

$$\begin{cases} [v_x,\ v_x + dv_x] \text{ かつ} \\ [v_y,\ v_y + dv_y] \text{ かつ} \\ [v_z,\ v_z + dv_z] \text{ の微小な直方体の} \end{cases}$$

中にもつ気体分子の個数になる。

図 8 マクスウェルの速度分布則

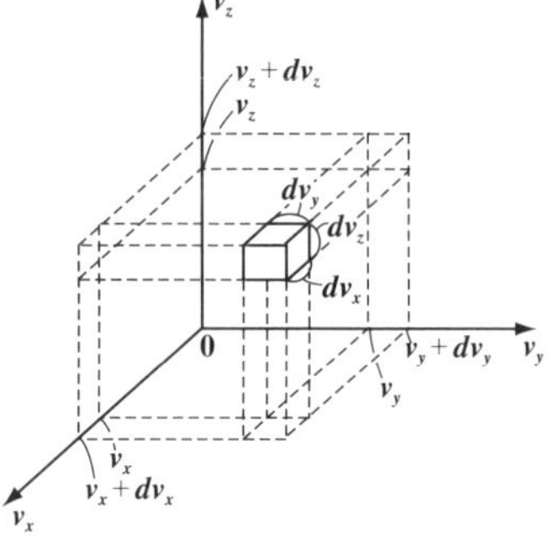

ここで，速さ v は，速度ベクトル $\boldsymbol{v} = \begin{bmatrix} v_x \\ v_y \\ v_z \end{bmatrix}$ の大きさであるので，

$v^2 = \|\boldsymbol{v}\|^2 = {v_x}^2 + {v_y}^2 + {v_z}^2$ となることに気をつけて，さらに，

この気体分子の個数を $N \cdot f(v_x,\ v_y,\ v_z)\,dv_x\,dv_y\,dv_z$ とおくと，

$$N \cdot f(v_x,\ v_y,\ v_z)\,dv_x\,dv_y\,dv_z = N\left(\frac{m}{2\pi kT}\right)^{\frac{3}{2}} e^{-\frac{m}{2kT}({v_x}^2 + {v_y}^2 + {v_z}^2)}\,dv_x\,dv_y\,dv_z \quad \cdots\cdots (*u_0)$$

となるんだね。これを“**マクスウェルの速度分布則**”，または“**マクスウェル・ボルツマンの速度分布則**”という。

$(*u_0)$ の右辺を“確率密度”，“確率”，“分子の個数”の関係で示すと，次のようになる。

$$N\left(\frac{m}{2\pi kT}\right)^{\frac{3}{2}} e^{-\frac{m}{2kT}({v_x}^2 + {v_y}^2 + {v_z}^2)}\,dv_x\,dv_y\,dv_z$$

確率密度 $(f(v_x, v_y, v_z))$

確率

分子の個数

$\left(\frac{m}{2\pi kT}\right)^{\frac{3}{2}} = A$（定数）とおき，
$\frac{m}{2}({v_x}^2 + {v_y}^2 + {v_z}^2) = \varepsilon$ とおくと，
$f(v_x,\ v_y,\ v_z) = Ae^{-\frac{\varepsilon}{kT}}$ と
シンプルに表せる。

微小体積 $4\pi v^2 dv$ を，$dv_x\,dv_y\,dv_z$ で置き換えることがコツだったんだね。

それでは，$f(v_x,\ v_y,\ v_z) = \left(\frac{m}{2\pi kT}\right)^{\frac{3}{2}} e^{-\frac{m}{2kT}({v_x}^2 + {v_y}^2 + {v_z}^2)}$ ……㉑ が，確率密度

として，次の必要条件の式(*)をみたすことを確認しておこう。

$$\int_{-\infty}^{\infty}\int_{-\infty}^{\infty}\int_{-\infty}^{\infty} f(v_x,\ v_y,\ v_z)\,dv_x\,dv_y\,dv_z = 1 \ (\text{全確率}) \ \cdots\cdots(*)$$

速さ v は，$v \geqq 0$ より，積分区間は $[0,\ \infty)$ だったけれど，$v_x,\ v_y,\ v_z$ は速度ベクトル $\boldsymbol{v}$ の成分なので，負の値も取り得る。よって，$v_x,\ v_y,\ v_z$ での積分区間は，いずれも $(-\infty,\ \infty)$ となることに注意しよう。

まず，((*)の左辺)に㉑を代入して，

$$((*)\text{の左辺}) = \int_{-\infty}^{\infty}\int_{-\infty}^{\infty}\int_{-\infty}^{\infty} \underbrace{\left(\frac{m}{2\pi kT}\right)^{\frac{3}{2}}}_{\text{定数}A} \underbrace{e^{-\frac{m}{2kT}(v_x{}^2+v_y{}^2+v_z{}^2)}}_{e^{-\frac{m}{2kT}v_x{}^2}\cdot e^{-\frac{m}{2kT}v_y{}^2}\cdot e^{-\frac{m}{2kT}v_z{}^2}} dv_x\,dv_y\,dv_z$$

$$= \left(\frac{m}{2\pi kT}\right)^{\frac{3}{2}} \cdot \int_{-\infty}^{\infty} e^{-\frac{m}{2kT}v_x{}^2}dv_x \int_{-\infty}^{\infty} e^{-\frac{m}{2kT}v_y{}^2}dv_y \int_{-\infty}^{\infty} e^{-\frac{m}{2kT}v_z{}^2}dv_z$$

変数は，$v_x,\ v_y,\ v_z,\ \cdots$ 何を使っても同じことなので，これらを u に統一すると，この3重積分は，$\left(\int_{-\infty}^{\infty} e^{-\frac{m}{2kT}u^2}du\right)^3$ になる。

$$= \left(\frac{m}{2\pi kT}\right)^{\frac{3}{2}} \Bigg(\int_{-\infty}^{\infty} \underbrace{e^{-\frac{m}{2kT}u^2}}_{\text{偶関数}} du\Bigg)^3 = \left(\frac{m}{2\pi kT}\right)^{\frac{3}{2}} \left(2\int_0^{\infty} e^{-\frac{m}{2kT}u^2}du\right)^3$$

$$= 8\left(\frac{m}{2\pi kT}\right)^{\frac{3}{2}} \Bigg(\underbrace{\int_0^{\infty} e^{-\overbrace{\frac{m}{2kT}}^{\alpha}u^2}du}_{\frac{1}{2}\sqrt{\frac{\pi}{\frac{m}{2kT}}}}\Bigg)^3$$

積分公式 (P178)
$$\int_0^{\infty} e^{-ax^2}dx = \frac{1}{2}\sqrt{\frac{\pi}{a}}$$

$$= 8\left(\frac{m}{2\pi kT}\right)^{\frac{3}{2}} \times \frac{1}{8}\left(\frac{2\pi kT}{m}\right)^{\frac{3}{2}}$$

$= 1$ (全確率) $=$ ((*)の右辺)　となって，

$f(v_x,\ v_y,\ v_z)$ が，確率密度であるための条件式(*)をみたすことが分かったんだね。以上で，マクスウェルの速度分布則の解説は終了です。これは，実力を鍛えるのに最適なテーマなので，よく復習してマスターしよう！

● ボルツマンの原理も押さえておこう！

それでは最後に，“**ボルツマンの原理**”：

$\overline{N_i} = Z_i e^{\alpha} e^{-\beta\varepsilon_i}$ ……⑩
$\beta = \dfrac{1}{kT}$ …………⑱

$$S = k\log W(\overline{N_1}, \overline{N_2}, \cdots) \quad \cdots\cdots(*v_0)$$

についても解説しておこう。S はエントロピー，k はボルツマン定数，そして，$W(\overline{N_1}, \overline{N_2}, \cdots)$ は，$W(N_1, N_2, \cdots)$ の最大値だね。速度空間内の **1** 番目，**2** 番目，**3** 番目，…の球殻に，マクロ的に $\overline{N_1}$ 個，$\overline{N_2}$ 個，$\overline{N_3}$ 個，…の分子の速度の代表点が存在するとき，ミクロ的にみた状態の場合の数が最大となるということで，このような速度分布を我々は日頃観測していることになる。何故なら，このとき確率が最大となるからだ。

しかし，このような場合の数の最大値 $W(\overline{N_1}, \overline{N_2}, \cdots)$ の対数が，エントロピー S と密接に関係していることに，戸惑いを感じておられる方も多いと思う。ここでは，このボルツマンの原理 $(*v_0)$ から出発して，これまでマクロ的な熱力学で解説したエントロピーの定義式：

$dS = \dfrac{d'Q}{T}$ ……$(*a_0)'$ **(P118)** を導いてみようと思う。

そのための準備として，まず“**分配関数**”ζ(ゼータ)を定義しよう。速度空間内で，$[v,\ v+dv]$ の範囲(すなわち，i 番目の球殻内)に代表点をもつ気体分子の個数 $\overline{N_i}$ は，⑩，⑱より，

$\overline{N_i} = Z_i e^{\alpha} e^{-\frac{\varepsilon_i}{kT}}$ $(i = 1,\ 2,\ 3,\ \cdots)$ となる。これを変形して，

$Z_i e^{-\frac{\varepsilon_i}{kT}} = \overline{N_i} e^{-\alpha}$ ……(a) $(i = 1,\ 2,\ 3,\ \cdots)$ となる。

ここで，この左辺の $i = 1,\ 2,\ 3,\ \cdots$ の和を ζ とおこう。すると，

$\zeta = \sum_{i=1}^{\infty} Z_i e^{-\frac{\varepsilon_i}{kT}}$ ……(b) となる。

この ζ のことを“**分配関数**”または“**状態和**”と呼ぶ。

(a)の右辺を使っても，分配関数 ζ を表すことができる。

$$\zeta = \sum_{i=1}^{\infty} \overline{N_i} \underbrace{e^{-\alpha}}_{\text{定数}} = e^{-\alpha} \underbrace{\sum_{i=1}^{\infty} \overline{N_i}}_{N}$$

$\therefore\ \zeta = Ne^{-\alpha}$ ……(c) が導ける。

(c)の両辺は正より，この両辺の自然対数をとると，

$$\log\zeta = \log Ne^{-\alpha} = \log N + \underbrace{\log e^{-\alpha}}_{-\alpha}$$

$\therefore \log\zeta = \log N - \alpha$ ……(c)′ も導ける。

この ζ や $\log\zeta$ が様々な式変形をするときの鍵となるんだよ。

ここでは，次の例題で，この $\log\zeta$ を T で微分したものを計算してみよう。

> 例題 **34**　次の式が成り立つことを確かめてみよう。
>
> $$\frac{d}{dT}(\log\zeta) = \frac{U}{NkT^2} \quad \cdots\cdots(*1)$$

$(*1)$ の左辺 $= \dfrac{d}{dT}(\log\zeta) = \dfrac{d\zeta}{dT}\cdot\underbrace{\dfrac{d}{d\zeta}(\log\zeta)}_{\frac{1}{\zeta}} = \dfrac{1}{\underbrace{\zeta}_{Ne^{-\alpha}\ ((c)より)}}\cdot\dfrac{d\zeta}{dT}$　（合成関数の微分）

$$= \frac{1}{Ne^{-\alpha}}\cdot\frac{d}{dT}\left(\sum_{i=1}^{\infty}Z_ie^{-\frac{\varepsilon_i}{kT}}\right) \quad ((b)より)$$

$$= \frac{1}{Ne^{-\alpha}}\sum_{i=1}^{\infty}Z_i\underbrace{\frac{d}{dT}\left(e^{-\frac{\varepsilon_i}{kT}}\right)}_{-\frac{\varepsilon_i}{k}\cdot\left(-\frac{1}{T^2}\right)e^{-\frac{\varepsilon_i}{kT}}}$$

（Σ 計算の各項を項別に T で微分できるものとした。）（合成関数の微分）

$$= \frac{1}{Ne^{-\alpha}}\cdot\frac{1}{kT^2}\cdot\sum_{i=1}^{\infty}\varepsilon_i\underbrace{Z_ie^{-\frac{\varepsilon_i}{kT}}}_{\overline{N}_ie^{-\alpha}\ ((a)より)}$$

$$= \frac{e^{-\alpha}}{Ne^{-\alpha}kT^2}\underbrace{\sum_{i=1}^{\infty}\overline{N}_i\varepsilon_i}_{U(内部エネルギー)} = \frac{U}{NkT^2} = (*1)\ の右辺$$

以上より，

$$\frac{d}{dT}(\log\zeta) = \frac{U}{NkT^2} \quad \cdots\cdots(*1)$$ が成り立つことが確認できた。

それでは，ボルツマンの原理：

$$S = k\log W(\overline{N_1},\ \overline{N_2},\ \cdots) \quad \cdots\cdots(*v_0)$$

からスタートして，公式：

$$dS = \frac{d'Q}{T} \quad \cdots\cdots(*a_0)'$$ を導いてみよう。

$$Z_i e^{-\frac{\varepsilon_i}{kT}} = \overline{N_i} e^{-\alpha} \quad \cdots\cdots\cdots\cdots(\mathrm{a})$$
$$\zeta = Ne^{-\alpha} \quad \cdots\cdots\cdots\cdots\cdots\cdots(\mathrm{c})$$
$$\frac{d}{dT}(\log\zeta) = \frac{U}{NkT^2} \quad \cdots\cdots(*1)$$

まず，P207 に示した

$$\log W(N_1,\ N_2,\ \cdots) = N\log N - N + \sum_{i=1}^{\infty} N_i(\log Z_i - \log N_i + 1) \quad \cdots\cdots⑦$$

のN_1，N_2，…，N_i，…に，それぞれ$\overline{N_1}$，$\overline{N_2}$，…，$\overline{N_i}$，…を代入して，変形すると，

$$\log W(\overline{N_1},\ \overline{N_2},\ \cdots) = N\log N - N + \sum_{i=1}^{\infty} \overline{N_i}(\log Z_i - \log \overline{N_i} + 1)$$

$$= N\log N - N + \sum_{i=1}^{\infty} \overline{N_i}(\log Z_i - \log \overline{N_i}) + \underbrace{\sum_{i=1}^{\infty} \overline{N_i}}_{N}$$

$$= N\log N + \sum_{i=1}^{\infty} \overline{N_i}\log \underbrace{\frac{Z_i}{\overline{N_i}}}_{e^{\frac{\varepsilon_i}{kT}}\cdot e^{-\alpha} = e^{\frac{\varepsilon_i}{kT}-\alpha}\ ((\mathrm{a})\text{より})}$$

$$= N\log N + \sum_{i=1}^{\infty} \overline{N_i}\underbrace{\log e^{\frac{\varepsilon_i}{kT}-\alpha}}_{\left(\frac{\varepsilon_i}{kT}-\alpha\right)}$$

$$= N\log N + \sum_{i=1}^{\infty} \overline{N_i}\left(\frac{\varepsilon_i}{kT}-\alpha\right)$$

$$= N\log N + \frac{1}{kT}\underbrace{\sum_{i=1}^{\infty} \overline{N_i}\varepsilon_i}_{U(\text{内部エネルギー})} - \alpha\underbrace{\sum_{i=1}^{\infty} \overline{N_i}}_{N}$$

$$= \underbrace{N\log N - N\alpha}_{N(\log N - \alpha) = N\log\zeta\ ((\mathrm{c})'\text{より})} + \frac{U}{kT}$$

$$\therefore \log W(\overline{N_1},\ \overline{N_2},\ \cdots) = N\log\zeta + \frac{U}{kT} \quad \cdots\cdots(\mathrm{d})$$ となる。

よって，この(d)を $(*v_0)$ に代入してみよう。すると，

$$S = k\left(N\log\zeta + \frac{U}{kT}\right)$$

$$\therefore\ S = kN\log\zeta + \frac{U}{T}\quad\cdots\cdots(*v_0)'$$ となる。

ここで，エントロピー S を V と T の関数，すなわち，$S = S(V,\ T)$ とみて，その全微分を求めると，

$$dS = \frac{\partial S}{\partial V}dV + \frac{\partial S}{\partial T}dT\quad\cdots\cdots(\mathrm{e})$$ となる。

ここで，V 一定の定積変化を考えると，$dV = 0$ より，S は T のみの関数となる。よって，(e)と $(*v_0)'$ より，

$$dS = \frac{dS}{dT}dT = \frac{d}{dT}\left(\underbrace{kN}_{\text{定数}}\log\zeta + \frac{U}{T}\right)dT$$

$$= kN\underbrace{\frac{d}{dT}(\log\zeta)}_{\frac{U}{NkT^2}\ ((*1)\text{より})}dT + \underbrace{\frac{d}{dT}\left(\frac{U}{T}\right)}_{\frac{\frac{dU}{dT}T - U\cdot 1}{T^2}}dT$$

公式 $\left(\frac{g}{f}\right)' = \frac{g'f - gf'}{f^2}$

$$= \frac{U}{T^2}dT + \frac{1}{T}\underbrace{\frac{dU}{dT}dT}_{dU} - \frac{U}{T^2}dT$$

$$= \frac{dU}{T}\quad\cdots\cdots(\mathrm{f})$$ となる。

ここで，V 一定のとき，熱力学第 1 法則：$d'Q = dU + p\underbrace{dV}_{0}$ について，

$dV = 0$ となるので，$dU = d'Q$ だね。これを(f)に代入すればエントロピーの定義式：$dS = \frac{d'Q}{T}$ ……$(*a_0)'$ が導かれるんだね。

ボルツマンの原理 $(*v_0)$ により，統計的な情報量として定義されたエントロピーがマクロ的に熱力学で定義されたエントロピーの公式と見事に一致することは驚異に値するね。そう…，エントロピーとは，情報量（乱雑さ）の大きさを表す指標だったんだね。面白かった？

以上で，熱力学の講義はすべて終了です。ここまで読み進めてこられるのは大変だったと思う。特に最後の“マクスウェルの速度分布則”については，様々な基礎知識が必要となるため，重く感じたかも知れないね。

でも，どのテーマも出来るだけ分かりやすく親切に解説しているので，今消化不良の箇所があっても，**2** 回，**3** 回と繰り返し読んで頂ければ必ずマスターできると思う。

熱力学は“熱機関の効率”という実用的な面だけでなく，“時間の矢”や“宇宙の熱的死”などの哲学的なテーマ，さらに，“確率・統計論”を駆使する数学的なテーマなどなど…，様々な要素を包含しているため，興味が尽きない学問分野なんだね。

エッ，情報量(エントロピー)が大き過ぎて，頭がパニックになりそうだって？　確かに，面白いけれどマスターするのに時間がかかるかも知れないね。でも，焦ることはない。今は少し疲れておられるだろうから一休みして，そして，反復練習に入られたらいいと思う。

この「**熱力学キャンパス・ゼミ 改訂 7**」では，解説を詳しく親切に行ったため，どうしても練習問題の数が限られてしまっている。したがって，本書をマスターした後，さらに問題演習を希望される方のために，「**演習 熱力学キャンパス・ゼミ**」も発刊している。是非チャレンジして，この面白い熱力学の世界を堪能して頂きたい。

読者の皆様のさらなる成長を心より楽しみにしています…。

マセマ代表　馬場敬之(けいし)

講義 7 ● マクスウェルの速度分布則　公式エッセンス

1. スターリングの公式

(1) $\log N! \fallingdotseq N\log N - N$　(2) $(\log N!)' \fallingdotseq \log N$　(N：自然数，$N >> 0$)

2. 積分公式

(1) $\displaystyle\int_0^\infty x^2 e^{-ax^2}dx = \frac{\sqrt{\pi}}{4a^{\frac{3}{2}}}$　　(2) $\displaystyle\int_0^\infty x^4 e^{-ax^2}dx = \frac{3\sqrt{\pi}}{8a^{\frac{5}{2}}}$　など

3. 二項分布→正規分布

二項分布（離散型）　→　正規分布（連続型）

$B(n,\ p)$　　$n >> 0$　　$N(\mu,\ \sigma^2)$

・確率関数　　p：一定　　・確率密度

$P_B(x) = {}_nC_x p^x q^{n-x}$　　$x >> 0$　　$f_N(x) = \dfrac{1}{\sqrt{2\pi}\sigma} e^{-\frac{(x-\mu)^2}{2\sigma^2}}$

$(x = 0,\ 1,\ 2,\ \cdots,\ n)$　　(x：連続型変数)

・$\begin{cases} 平均 = \mu = np \\ 分散 = \sigma^2 = npq \end{cases}$　　・$\begin{cases} 平均 = \mu = np \\ 分散 = \sigma^2 = npq \end{cases}$

4. ラグランジュの未定乗数法

$f(x,\ y)$，$g(x,\ y)$ が連続な偏導関数をもつとき，$g(x,\ y) = 0$ の制約条件の下で，関数 $z = f(x,\ y)$ が点 $(a,\ b)$ で極値をもつならば，$(x,\ y) = (a,\ b)$ において，

$$\frac{\partial}{\partial x}\{f(x,\ y) - \lambda g(x,\ y)\} = 0 \quad かつ \quad \frac{\partial}{\partial y}\{f(x,\ y) - \lambda g(x,\ y)\} = 0$$

が成り立つ。

5. マクスウェルの速度分布則

速度空間において，体積 $dv_x dv_y dv_z$ の小さな直方体の中にその代表点をもつ気体分子の数は，$N \cdot \left(\dfrac{m}{2\pi kT}\right)^{\frac{3}{2}} \cdot e^{-\frac{m}{2kT}(v_x{}^2 + v_y{}^2 + v_z{}^2)} dv_x dv_y dv_z$ となる。

6. ボルツマンの原理

エントロピー $S = k\log W(\overline{N_1},\ \overline{N_2},\ \cdots)$

（k：ボルツマン定数
$W(\overline{N_1},\ \overline{N_2},\ \cdots)$：気体分子の速度分布において，実現可能なミクロな状態の場合の数の最大値）

 # Term・Index 

あ行

か行

さ行

た行

な行

は行

ま行

ら行

スバラシク実力がつくと評判の
熱力学 キャンパス・ゼミ
改訂 7

著　者　馬場 敬之
発行者　馬場 敬之
発行所　マセマ出版社
〒 332-0023 埼玉県川口市飯塚 3-7-21-502
TEL 048-253-1734　FAX 048-253-1729
Email：info@mathema.jp
https://www.mathema.jp

編　集　七里 啓之
校閲・校正　高杉 豊　秋野 麻里子
制作協力　久池井 茂　滝本 隆　木本 大輔
野村 直美　野村 烈　滝本 修二
野村 大輔　間宮 栄二　町田 朱美
カバーデザイン　馬場 冬之
ロゴデザイン　馬場 利貞
印刷所　中央精版印刷株式会社

平成 20 年 8 月 23 日　初版発行
平成 25 年 9 月 20 日　改訂 1　4 刷
平成 27 年 3 月 29 日　改訂 2　4 刷
平成 29 年 5 月 21 日　改訂 3　4 刷
平成 30 年 5 月 22 日　改訂 4　4 刷
令和 2 年 3 月 16 日　改訂 5　4 刷
令和 3 年 9 月 5 日　改訂 6　4 刷
令和 5 年 2 月 7 日　改訂 7　初版発行

ISBN978-4-86615-286-8 C3042